U0393296

崔玉涛
宝贝健康公开课 升级版

崔玉涛 著

北京出版集团公司

北京出版社

图书在版编目（CIP）数据

崔玉涛宝贝健康公开课：升级版 / 崔玉涛著. —
北京： 北京出版社，2018.8
ISBN 978-7-200-14353-9

Ⅰ. ①崔… Ⅱ. ①崔… Ⅲ. ①婴幼儿—哺育②小儿疾
病—常见病—防治 Ⅳ. ①TS976.31②R72

中国版本图书馆CIP数据核字(2018)第196471号

崔玉涛宝贝健康公开课　升级版
CUI YUTAO BAOBEI JIANKANG GONGKAIKE SHENGJI BAN

崔玉涛　著

*

北 京 出 版 集 团 公 司
北 京 出 版 社　　出版

（北京北三环中路6号）
邮政编码：100120
网　　址：www.bph.com.cn
北 京 出 版 集 团 公 司 总 发 行
新 华 书 店 经 销
北京瑞禾彩色印刷有限公司印刷

*

165毫米×230毫米　16开本　20.25印张　259千字
2018年8月第1版　2020年3月第2次印刷
ISBN 978-7-200-14353-9

定价：68.00元
如有印装质量问题，由本社负责调换
质量监督电话：010-58572393

序一

布鲁诺被教廷烧死前说了一句话：地球依然围着太阳转！封建专制可以烧死一个人，但烧不死真理。但围观的人们却以为是一个疯子在满口胡诌，有的欢喜，有的义愤填膺，只有少数人黯然神伤。这就是历史，延续到今天的科学史。

它昭示我们，在提升群体科学素质方面，是由科学家的鲜血铸就，以生命为代价的。为此，科学普及比科学研究还重要，还迫切。

种族繁衍，延续后代，是一种生物学现象和自然规律，人类社会亦如此。但科学知识可以使我们更好地培育后代，预防疾病，促进身心健康，提高能力发育。儿科医师的目标是培育身心健康的、没有慢性疾病危险因素的新一代。儿科医师的责任是不让孩子变成病人，这是健康医学的宗旨与目标，也是我们中国医师协会与儿童健康专业委员会的宗旨。

母乳喂养是人类的基本生理过程和自然进程。从旧石器时代起就有乳房崇拜。因为没有一个婴儿不是靠母乳生存、发展的。到了封建专制时期，教会、卫道士、僧侣以及一些富人，将母乳喂养变成奴役穷人、增强神权的工具，把一个纯粹的生物学过程掺杂了极其丑恶的私货。晚近，一些女权运动继承历史的糟粕，疯狂地攻击配方粉，类似当年英国的"破坏机器运动"，开历史的倒车。

在儿科临床的历史上，配方粉是为拯救那些无法进行母乳喂养的婴幼儿生存、发育的医学手段和医学行为，是多少代儿科医师梦寐以求的科学研究成果。国际组织对婴幼儿配方粉有极其严格的管理，从营养标准制定到生产准入、质量管理、市场准入、召回、标签等。这些知识，不应该仅仅停留在我们专家的知识库里，应当走到民间去，让广大民众掌握，以推进儿童的健康发展。这就要靠科学普及工作。

在儿科领域，诸如此类的题目还有很多，群众急需知道。崔玉涛大夫呕心沥血10年，积以跬步，集册于此，敬奉读者。这是一位学术有成的大家的绵薄之作，但字里行间浸透着智慧、爱心、细心呵护。我赞成这种治学精神、这种服务态度、这种持之以恒的追求。

有感于崔玉涛教授的为人，遂为序，以为榜样。

亚洲儿科营养联盟主席

Codex CAC IEG 核心组成员

中国医师协会儿童健康专业委员会主任委员

丁宗一

序二

以前确实没有想过会遇上崔大夫这样的医生。

没去他所在的医院前，我一直以为医院就是冰冷、嘈杂、充满消毒水味道的地方。我小时候很崇拜医生的职业，常在家里假扮医生，觉得医生都很威严，说话言简意赅，关键是写的病历必须让病人看不懂，呵呵。现在自己有了孩子，才发现我真的很想知道病历上面所写的内容，甚至想问清楚病因以及用药的缘由，而且觉得医生才是与自己珍爱的生命休戚相关的人！

和崔大夫的交流全是关于孩子。在交流中，我学到了很多重要的育儿知识：比如，他强调给小婴儿添加辅食时不要添加调味品；又比如，他反复提醒爸爸妈妈们孩子高烧时第一时间要退烧，以免引起高热惊厥，服用退烧药时一定要大量饮水，才能有效退烧；再比如，他一再强调不能孩子一有感冒发烧，家长就要求医生使用抗生素，必须结合血象指标来判断。其实，滥用抗生素的现象在中国的孩子身上已经非常严重了，我觉得只有负责任的大夫才会把真相深入浅出、很透彻地讲给父母，希望他们能够理解大夫并且一起配合，用科学安全的方法养育孩子。

认识崔大夫不久，我有一个好朋友她7个月大的宝宝因为不会爬被某医院怀疑脑部有问题，被要求做核磁共振。她哭着来找我，我建议她赶快飞来北京挂崔大夫的号，结果不是什么脑部问题，只是因为家长平时给孩子的锻炼太少导致的。现在一年过去了，孩子发育得好好的……

在此，也要抱怨一下，崔大夫的号很难挂，通常都会预约到一两个月以后。不过还好，他一直笔耕不辍地发微博，在公共信息平台上无偿地与所有的爸爸妈妈分享育儿知识，解答疑问。他的每条微博我都会仔细阅读，不放过任何一条信息。

现在更好了，有一本详细的书籍给父母们阅读，作为一个过于"操心谨慎"的妈妈，我是多么期盼国内有越来越多如此实用的中西合璧而理念现代的育儿指导，因为有很多像我这样的妈妈在坚持亲力亲为地育儿，她们更需要像崔大夫这样有丰富临床经验的医生的指导和支持！

期待这本书的早日问世！

著名影视演员
马伊琍

序三

与崔玉涛大夫相识是在几年前新浪举办的一个有关母婴健康的论坛上。

显然他是现场璀璨的明星。当然以年轻妈妈为主，她们看他的眼神像遇到了自己的救世主。

后来，我听说他供职的医院收费不菲，崔玉涛大夫在那里当儿科主任，但即使如此昂贵的收费，要约上他，也需要排队一个月以上。找他给孩子看病的不乏社会名流，他们都无怨无悔地选择了耐心等待。后来，在很多不同的场合，我经常听到关于崔大夫的赞誉，除了医术高超，就是感慨他对孩子健康的真心关怀。

孩子生病是每个家长最揪心的事，恨不得遍访名医，吃光所有的特效药。但崔大夫从来都坚持少吃药，少打针，按照孩子自身的身体条件，发挥其自身免疫力和抵抗力，并不断在家长怀疑的眼神中创造惊喜。

崔大夫用完美的效果，告诉家长们：医疗不仅是一门科学，更是一种责任。

他爱这个事业。而这份爱源于他已经将爱孩子当成自己的习惯。

在出诊的过程中，为了尽可能使焦灼的父母们得到安慰和帮助，他养成了一个对自己有些残酷的习惯：每天清晨，出诊之前坚持写微博，普及基本的养育知识，并尽可能地回答网友的提问。请注意：这都是公益的。崔大夫曾经跟我说：在我们大夫眼里，每个家长都是平等的，他们都是爱自己孩子而深陷无助的家长。

他写的很多微博已经超越了医学的范畴，而这些常识的免费传播，使太多家长获得了科学育儿的知识，并在与崔大夫的互动中逐步成长为孩子健康的卫士，也因此免除了不断地带着孩子四处求医的奔波和花费。崔大夫也由此完成着一个令人惊喜的转型：从一个称职的儿科名医向社会公益人士的蜕变。这也生动地诠释了自古以来人们对医务工作者的期许：妙手回春、悬壶济世、大医精诚。

　　面对所有的求助者，崔大夫总是面带微笑，态度谦逊而友善，耐心细致地回答着所有靠谱或不靠谱的问题，不厌其烦，有求必应。我们都知道，现在医患关系紧张，发生了不少大家都不愿意看到的事故和纠纷，但崔大夫淡定从容地昭示了这样一个道理：每个大夫都能在这个体制转型的年代，用真诚的爱和执着的行动获得患者的尊重和理解。

　　一句话：与其抱怨环境，不如坚持自己发光。

　　现在，这些凝聚着崔大夫智慧结晶的文字终于结集出版了。想必这本书会成为众多迷失在育婴困局中的家长们的福音。

　　在此送上真挚的敬意。

知名时评人

石述思

自序

自1986年首都医科大学儿科系毕业，开始在北京儿童医院工作，我就一直关注《父母必读》杂志。没想到，在2001年参加北京世界儿科大会期间，我邂逅了当时还是编辑，现在已成《父母必读》杂志主编的恽梅女士。后来，在与杜廼芳、徐凡及恽梅三位主编的交谈中，我们碰撞出了试写专栏——《崔大夫诊室》的想法。

从2002年1月刊开始试写，这一写就写了十余年，今年已进入第十二个年头。11年来，坚持每月必写一篇专栏文章，实事求是地说，并非易事。头两年，进行得相当顺利。因为当时已做了15年儿科医生的我，有太多的事情想与大家分享。可是，在坚持的过程中，想说的似乎都渐渐地说得差不多了。在与《父母必读》主编、编辑及读者的多次交流中，我听取了大家的建议，并且几次对栏目进行改版，终于度过了艰难的"瓶颈期"。到今天，似乎又有了说不完的话题、叙不完的事情。在此，非常感谢曾经的责任编辑恽梅和现在的责任编辑覃静。她们在《崔大夫诊室》栏目的坚持中，做出了极大的贡献。

11年来，在坚持《崔大夫诊室》以及其他科普工作的过程中，我不断地思考这样一个问题：为何要做医学科普？是为了教会家长成为一名家庭儿科医生，是为了约束儿科医生的工作，是为了延伸儿科医生工作的范畴，还是将其作为儿科医生与家长交流的纽带？

在不断的实践、交流中，我真切地体会到，家长需要的是真实的、不受任何利益驱动的、符合中国国情的儿童医学科普知识。儿科医学科普应该是儿科医生与家长交流的纽带和儿科临床工作的延伸。虽然，以一己之力，我并不能满足家长的全部需求，但应该努力朝这个方向去做。

每次门诊时，每次与家长交流时，每次参加国内外会议时，对各种疾病及养育问题的新知，我无时无刻不在体会、学习，并加深理解，而且在第一时间将各种知识和体会用于临床。在实践中，我又不断地总结、提高，然后继续用于临床，并通过《父母必读》杂志的《崔大夫诊室》栏目和微博等公众媒体形式，向更多家长宣传。

坚持不懈宣传的目的，就是希望通过自己的力量，尽可能地向大家普及带有自己体会的国内外关于儿童疾病和养育方面的知识。虽然不能保证这些都是最新的知识，但有一点我是非常肯定与自信的，那就是它们是有着深厚实践基础的。我真心希望通过自己的科普工作解除家长的部分焦虑，为儿童的健康成长尽绵薄之力。

在本书面市之际，衷心感谢多年给予我大力支持的各位朋友。我想唯有用坚持不懈的努力和孜孜不倦的求索方能回报大家的信任和厚爱。

于参加美国过敏年会的途中
2013年2月21日

再版序

　　《崔玉涛宝贝健康公开课》出版5年之后，我们推出了本书的升级版，在以下方面做了更新：

　　1.全新音频：我将用关键词的形式为你画重点。通过音频将本书的亮点、重点告诉家长，让你可以在最短的时间内了解到本书的精华。

　　2.新知识、新视角的内容更新：辅食添加与加盐的时间，欧洲与中国的建议为何有所不同？为什么孩子的口味越来越"西化"？二胎时代来临，如何更好地养育两个孩子？海淘产品越来越多，药物和食物适合海淘吗？疫苗接种为什么能促进免疫力成熟？这些内容你都能在升级版这本书中找到答案。

2018年7月

目录 Contents

扫码听崔大夫讲
20个养育关键词

第一部分

营养与饮食

喂养宝宝是一门学问——要保证营养和卫生，适应宝宝发育的需要；喂养宝宝更是一门艺术——想让宝宝快快乐乐地接受你"推销"给他的食物，常常需要你发挥想象和创意。

喂养宝宝的过程，也是一个交流的过程。你给宝宝的不仅是食物和营养，还有你对营养的理解、饮食习惯的建立，以及你对宝宝的爱。

想让宝宝爱吃饭，不挑食、偏食，那么从他出生开始，在给他选择食物、做饭、喂饭，乃至喂养宝宝时的情绪等事情上，你都需要认真对待。

下面的几个单元里，你将了解到在喂养宝宝这件"天大的事情"上的各个关键点。

给宝贝最棒的母乳

本单元你将读到以下精彩内容：

● 母乳喂养能给宝宝提供近乎完美的营养，是任何其他营养物质都无法取代的。

● 千万不要过多添加额外的营养素，否则会破坏母乳天然的营养价值，反而得不偿失。

● 如果妈妈因为身体原因需要服用一般消炎药物或治疗感冒的药物，绝大多数情况下，还可继续母乳喂养，只是服药前应征求医生的意见。

● 千万不要将断母乳演化成妈妈和宝宝身心备受创伤的过程。

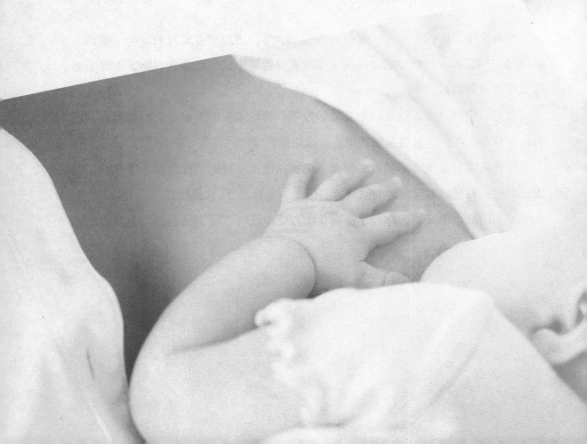

[第1课]

母乳，给宝宝近乎完美的营养

在诊室里，我一直向父母们强调母乳是小宝宝的最佳食品，它能给宝宝提供近乎完美的营养，是任何其他营养物质都无法取代的。让人欣慰的是，越来越多的父母已经能够很清楚地认识到母乳喂养的好处。

不过，也有一些新手妈妈还会有这样那样的担心：母乳真的能满足宝宝所有的营养需求吗？纯母乳喂养的宝宝要不要补充微量营养素呢？下面是发生在诊室里的两个真实案例：

要解答他们的问题，我们需要先来好好了解一下母乳的独特优势和神奇之处：

妈妈在生育宝宝之后，乳房开始分泌乳汁。母乳是具有生物学特异性、对宝宝健康有着独特优势的奇妙的液体营养物质。

母乳根据分泌的时间可分为初乳、过渡乳和成熟乳

初乳一般指头12天内的乳汁，虽然看起来稀薄，但是含有极丰富的蛋白质，可达每升14～16克，其中以能够帮助宝宝抵御病原菌侵袭的免疫球蛋白A（简称IgA）最为丰富。IgA在宝宝肠道内可主动与细菌、病毒甚至霉菌结合，避免它们黏附于宝宝肠黏膜上，迫使病原菌通过排便离开人体。这种生物学优势目前还不能通过人工模拟的方法很好地实现。

孩子出生30天后，妈妈的乳汁就变为成熟乳。这时候的乳汁不仅含有丰富的营养物质，而且还会根据宝宝生长过程的变化，调整其中营养物质的含量。比如，3～4个月的成熟乳中所

诊室镜头回放1
为什么还要补充维生素D？

2个月的强强出生后一直是母乳喂养，生长发育正常，精神状况良好，爸爸妈妈很是欣慰。我叮嘱他们应该给孩子添加维生素D制剂，以预防佝偻病。但他们非常疑惑：难道母乳喂养不够好吗？这么健康的孩子怎么会得佝偻病呢？预防佝偻病为什么不补钙而要补充维生素D呢？

诊室镜头回放2
要不要补充其他微量营养素？

2个月的莹莹生长发育也非常正常，可是她妈妈还是有很多担心：要不要给宝宝补充钙、铁等微量营养素呢？

含蛋白质为每升8～10克，而6个月后的成熟乳中蛋白质含量为每升7～8克。这是因为随着孩子的成长，每千克体重需要的蛋白质密度在减少，以适于身体各个脏器的发展，特别是肾脏。这种蛋白质浓度的降低是非常合理的。

母乳中约20%～25%的蛋白质不仅是作为营养素存在，还具有各自独特的作用：促进营养素的吸收，刺激肠道建立正常菌群，促进宝宝肠道和全身免疫的成熟等。母乳的碳水化合物中除了乳糖外，还含有非常独特的低聚糖。低聚糖作为宝宝肠道正常菌群的食物，可以扶植益生菌生长，营造健康的肠道环境。健康的肠道不仅可以保证营养素吸收更加完全，而且还可保证宝宝排便舒适，很少出现便秘。更为关键的是，良好的肠道环境能保证肠道内益生菌的健康生长，促进肠道局部和全身免疫的发育，预防感染性疾病、过敏性疾病的发生。

吃母乳，这些营养素已经足够

乳糖

乳制品，包括母乳在内，其中的碳水化合物主要是乳糖。这种由葡萄糖和半乳糖组成的双糖，必须在位于小肠黏膜上的乳糖酶的作用下才可被分解，为宝宝所吸收利用。乳糖分解是个逐渐的过程，这样可以保证宝宝在两餐之间能够基本均匀地获得能量。现在很多家长都给孩子添加葡萄糖水或类似的营养品。大量葡萄糖迅速进入宝宝体内，会造成体内血糖突然升高，过后又会突然降低，直接影响宝宝体内器官的功能，特别是影响大脑的功能，对宝宝有害无益。

脂肪

母乳中含有丰富的脂肪，不仅数量多，而且种类丰富。脂肪中的长链多不饱和脂肪酸，以DHA和ARA（中文专业名词）为代表，对宝宝的神经系统（包括大脑、眼睛等）和免疫系统发育非常有利。但是，它们在母乳中的含量只是微量。这就提醒我们，虽然DHA和ARA具有非常重要的作用，但是仍然不能过多补充，否则也会带来意想不到的不良作用。

微量营养素

母乳中已经含有足够宝宝生长发育的钙、锌等微量营养素。不要只从所含的量上分析母乳中的营养物质是否充足，关键是要看吸收效果。因为不同的物质结构吸收效果也不同。人体需要的营养物质，并不是简单的元素水平，而是复杂的有机水平。即使是蛋白质、脂肪和碳水化合物这三大营养物质，也是以糖蛋白等多种复杂形式存在的。既然这样，我们就不难理解单纯补充无机钙、锌等会给孩子带来什么——很可能补充效果远远低于对他机体损伤的后果！比如，补钙过多会引起便秘和其他营养素（锌、铁、镁等）吸收的减少等。所以，均衡营养很重要，单独突出一种或几种营养素，不但达不到预期的效果，反而会增加宝宝机体的负担，造成更多营养素的缺乏。

不过，母乳也存在一些小小的不足

维生素D含量不足

纯母乳喂养的宝宝，从出生后15天～2个月内，必须每天添加维生素D200～400国际单位。

维生素K含量不足

出生后的宝宝接受的第一次注射就是维生素K，以预防母乳喂养期间维生素K不足的问题。

铁含量不足

妈妈在怀孕期间传送给宝宝的铁只够宝宝出生后使用4～6个月，所以宝宝在添加辅食时必须食用富含铁的辅食。当然，只富含铁也不够，还应该含有其他营养物质。这样一来，强化铁的营养米粉应该是首选的宝宝辅食，而不再是传统的蛋黄，因为营养米粉更加不易引起过敏反应。

诊室小结

- 母乳喂养能给孩子提供近乎完美的营养，是任何营养物质都无法取代的。
- 提倡母乳喂养，但要适当弥补不足。
- 千万不要过多添加额外的营养素，否则会破坏母乳天然的营养价值，反而得不偿失。

[第2课]
4位妈妈母乳喂养的困惑

有人说母乳喂养是母爱的第一项修炼。它不仅仅需要妈妈们坚定的信心、坚持不懈的努力，同时也需要具体的帮助和心理上的强大支持。因为在坚持母乳喂养的过程中，妈妈们会遇到各种各样的问题和困惑。希望通过对下面4个有代表性的真实案例的分析，能对你也有所帮助。

医学上的确有"母乳性黄疸"这个诊断。到目前为止，医生们对其发病原因还不十分清楚。可能与宝宝体内某些消化母乳所需的酶水平不足有关。无论是何种原因所致，临床上发现并不是所有母乳喂养的孩子都会出现这种情况。即使出现"母乳性黄疸"，一段时间后（一般出生后1~2个月内）也会自行消失。

但是为了预防黄疸过高造成的大脑受损，对于胆红素水平较高的"母乳性黄疸"可采取蓝光照射治疗或服用一些退黄的药物，例如，茵栀黄口服液等。现在，我们很少建议为了治疗"母乳性黄疸"而采用暂时停喂母乳的方法。这种方法确实可以使孩子体内胆红素水平有所下降，但是，突然停止母乳喂养改用配方粉喂养可造成有些宝宝的不适应，同时暂停母乳期间，如果妈妈没有将乳房内的母乳用奶泵抽吸完全，还有可能造成乳管内乳汁蓄积，抑制了乳汁的生成并出现不适感，甚至会造成乳腺发炎。而且，暂停母乳后，重新开始母乳喂养，往往还会出现母乳相对不足等相关问题。

宝宝为什么会拒绝奶瓶？

虽然现代工业已生产出很多种仿人工的乳胶乳头，但是，与妈妈的乳头相比，人工乳头的质地及口感还是有相当的区别。还有，宝宝吸吮妈妈的乳头不仅可以获得乳汁，还可以得到妈妈的爱抚。所以，在接受一段时间纯母乳喂养后，绝大多数的宝宝会拒绝奶瓶喂养。

但是，现代社会妈妈的社会工作较多，有些时候要暂时离开宝宝。如果孩子接受奶瓶喂养，这个问题比较好解决；如果孩子不接受奶瓶喂养，就会引起孩子哭闹。

怎样避免这种情况的发生？

为了避免这种情况的发生，可以在母乳喂养初期即采用间断奶瓶喂养的方法：每周1~2次采用奶瓶喂养。当然，如果母乳充足，可以将乳汁吸出后用奶瓶喂养。这样可以让宝宝适应乳胶奶头及自行吃奶，为妈妈偶尔离开打下基础。如果宝宝已经拒绝奶瓶喂养，妈妈可以间断地将母乳吸出，倒入奶瓶进行喂养。喂养时最好抱着宝宝。这样，在反差较小的前提下，使宝宝逐渐适应奶瓶喂养，逐渐过渡到可以由其他人抱着孩子用奶瓶喂养，再过渡到自己躺着喝奶。纯母乳喂养的妈妈在上班前，一定要用1~2周的时间，通过循序渐进的方式使宝宝接受奶瓶喂养。用奶瓶喂养并不意味着一定要加配方粉，可用吸出的母乳喂养。

一些妈妈，特别是剖宫产的妈妈，在孩子刚出生的头几天，母乳尚不充足。这时，坚持纯母乳喂养有可能造成孩子喂养不足。喂养不足不仅使宝宝体重降低，还会引起排便不足，导致大量胆红素（引起黄疸的物质基础）堆积在体内，形成严重的黄疸。黄疸过高可损伤大脑，而充分喂养才能加速胆红素通过排便排出体外。因此，在宝宝出生头几天，如果妈妈确实存在母乳不闹，嘴在不停地寻找奶头。周围的朋友建议她给孩子添加一些配方粉，但李颖担心宝宝吃了配方粉就不再喜欢吃母乳了。

可是，这样坚持了3天，她发现孩子不仅体重减轻了很多，超过了出生体重的10%，而且皮肤还出现明显的黄疸。

经过测定，孩子的血液胆红素已高达275毫摩尔/升（16.1毫克/分升），进行蓝光照射24小时后，孩子的黄疸加重趋势得到控制。在蓝光照射的同时，给孩子进行了适当的静脉液体的补充。

这时，李颖也接受了我们的建议。每次母乳喂养20～30分钟后，添加一些配方粉，直至孩子吃饱。孩子出生后5天，已经不再需要添加配方粉了，孩子的身体很快恢复了正常，李颖全母乳喂养的愿望也实现了。

足，可以添加一些配方粉，最好是部分水解配方粉。

具体需要怎样做？

为了不影响今后的母乳喂养，可以采用下面的方法：

每次喂养都保持每侧乳房喂养10～15分钟，两侧一共20～30分钟后，立即添加配方粉至孩子吃饱。这样，随着妈妈乳汁的不断增多，需要添加配方粉的量越来越少，最后达到全母乳喂养。这种办法不仅可以减少孩子出生后体重的降低，而且也利于控制黄疸的水平。

小提示：如何判断母乳是否充足？

新手妈妈可以通过下面几个母乳喂养充足的指标来判断一下：

● 1个月以内的宝宝经常有黄绿色大便，有的宝宝甚至每次吃完奶都会大便，每天要排尿6～8次。小便的颜色呈淡黄色或无色，每次的尿量能浸透尿布。

● 宝宝在吃奶时，可以听到"咕嘟、咕嘟"的吞咽声，吃奶后，宝宝表现出明显的满足感。宝宝不吃奶时，精神状态也很好，感觉很满足、很快乐。

● 2个月以内的宝宝，在两次哺乳之间能安静而满足地入睡。

● 在喂奶之前，妈妈感觉乳房胀满，喂奶时有下乳感；喂奶后，乳房变得柔软。

● 看宝宝的体重是否按照正常规律增长。0～3个月的宝宝每周体重增加量应该在150克以上；3～6个月的宝宝，平均每周增加105克。

轻微疾病不应暂停喂母乳

妈妈患有轻微疾病时，不应停止母乳喂养。只是喂养时，需要注意适当的隔离，比如，患呼吸道感染时，妈妈需要在喂养时戴上口罩；患皮肤疾病时，妈妈要避免孩子皮肤与患病处接触；患消化道疾病时，妈妈在喂养前一定要认真洗手等。只要不是乳房局部感染，引起妈妈患病的病菌很难通过乳汁进入孩子体内，而妈妈对抗这种病菌产生的抗体却可通过乳汁进入孩子体内，增加孩子对抗疾病的能力。

服用的药物通过胃肠道吸收进入血液，再进入身体的各个组织内。乳房也是人体的一个组织，当然可以接受从血液带来的药物。乳汁是由乳房内分泌细胞产生的，当然也会含有一些药物成分。乳汁中所含的药物成分比血液内浓度稍低。一般消炎药物、治感冒的药物等对孩子影响不大。若妈妈因身体原因需要服用这些药物时，还可继续进行母乳喂养。只是服药前应征得医生的意见。有些药物在妈妈母乳喂养期间最好不服用，例如，环丙沙星等奎诺酮类抗生素、抗凝血药物、治疗神经或精神病的药物等等。药物在乳汁中分泌，可用L1～L5表示（详见附录1第302页）。

诊室镜头·回放4
哺乳的妈妈生病了，能吃药吗？
李敏的女儿2个月，也是一直接受母乳喂养。可近几日，李敏得了重感冒。为此她十分发愁：是否还能继续母乳喂养？是否可以吃药？

诊室小结

母乳应该是孩子的第一食物，也是最佳食物。但如果理解有误或方法不当，就会出现各种各样的问题。只有做到正确喂养，才能达到真正的最佳。

[第 **3** 课]

怎样应对宝宝吐奶？

在母乳喂养过程中，宝宝吐奶是经常会遇到的问题。是什么原因引起宝宝吐奶？有什么方法能够减少这种现象呢？先看看这个案例吧。

3个月的小宝宝为什么会经常呕吐？

一天，一位妈妈怀抱着刚刚3个月的宝宝来到诊室，急切地希望我能治好孩子的呕吐。这位妈妈说，宝宝出生后十几天起就经常出现吐奶的现象。起初吐奶的量和次数不多，也咨询过一些医生，但由于宝宝的情况较轻，常规检查也未发现异常，所以一直未能确定吐奶的原因，当然也没有进行针对性的治疗。可最近两周，情况明显加重，特别是这两天，呕吐次数更加频繁，呕吐量也明显增多。加上以前的情况，这位妈妈认为，宝宝的病情可能在不断恶化，担心他患了较为严重的疾病。

宝宝为什么会吐奶呢？

其实，这个宝宝的情况相当典型，医学上称为胃食道反流。它是指宝宝在不费气力的情况下即可呕出一两口奶，吐奶多与打嗝并存。

导致反流的原因主要是食道与胃衔接处，医学上称之为贲门的地方，环状肌肉的力量薄弱。加上宝宝的胃在体内多处于横位（而成人为斜位），吃进胃中的奶汁在宝宝用力或打嗝的时候容易从胃中返回食道，再通过口腔呕出。形象地说，宝宝的胃就像一个敞开口的瓶子被斜着放置，里面装满的水很容易被轻微的振荡摇出瓶口。

这种情况常在宝宝出生后半个月到1个月时出现，出生后2个月左右最为严重。当然，每个宝宝的反流轻重不同，随着年龄的增长，情况逐渐好转。一般出生后7个月贲门处的环状肌肉功能基本成熟，吐奶情况也会明显好转，甚至消失。宝宝会走路后的3个月内，非常严重的反流也会逐步消失。

由于这种反流只是将宝宝吃进的少部分奶汁返出，而且是机械原因导致的，没有呕出的大部分奶汁会被宝宝正常吸收、消化、利用，所以，伴有胃食道反流的宝宝很少存在营养不足的问题。

向宝宝的妈妈解释了呕吐的原因后，我将宝宝留在了医院。首先，延长了他喂养的时间间隔，由原来的0.5～1小时延长到2～3小时。其次，将每次喂养的时间控制在5～7分钟。此外，喂奶后将他的体位保持在上半身抬高30°，且右侧卧的姿势。经过两天的控制疗法，宝宝吐奶的次数和量明显减少，而且喂养时间的延长也没有加重吐奶的情况。

家庭护理

在宝宝临出院时，我又嘱咐他的妈妈，每2～3小时喂养一次，每次喂养7～10分钟，喂奶后将孩子竖起，用手轻拍后背，促进孩子打嗝后，将孩子右卧位姿势放在床上。

在回家两周后，他的妈妈在电话中告诉我，宝宝基本情况很好，体重又增长了不少，偶尔出现吐奶，吐奶的量很少，看来并无大碍。

怎样减少吐奶的次数和量？

遇到宝宝吐奶的情况，爸爸妈妈千万不要着急，通过科学的方法减少吐奶的次数和量是治疗的关键。具体的方法是：

适当减少喂养量、控制喂养及间隔时间

胃内容量过大可诱发胃食道反流的发生。喂养量应掌握在平时喂养量的2/3。为保证吃进的奶汁有充分的时间由胃内排入肠中，应间隔2.5～3小时喂养一次。

避免宝宝的腹压过高

腹压增高会挤压胃部，诱发吐奶。宝宝的纸尿裤不要包得过紧，更换得不要过勤，更换纸尿裤时不要将腿抬得过高。另外，不要过紧地拥抱宝宝，刚吃完奶时不要引逗宝宝。

经初步检查发现，宝宝的生长发育正常，精神状态很好；身高、体重均高于同龄宝宝的平均水平；皮肤光滑、弹性极好，没有水分摄入量不足的征象；每天均有大便排出，排出量也不少。

我发现，在就诊的过程中，宝宝真是不断地吐奶，每次一口。吐出的奶是未经消化的奶汁。但吐奶后，宝宝的精神状态很好，没有烦躁、哭闹的现象。继续询问病史得知，由于呕吐频繁，妈妈担心宝宝吃得不够，所以每次呕吐后不久都再给他补充母乳。这样一来，宝宝在清醒时每间隔半小时到1小时就要喂一次奶。但他在睡眠时却很少出现呕吐。

应保证宝宝每次吃奶后打2～3个嗝，但不能为了打嗝而影响宝宝的吃奶进程

一定要记住，控制吃奶量和避免纸尿裤过紧比打嗝更重要。

吃奶后，将宝宝上身抬高且右侧卧，保持这样的体位至少30分钟

如果家中有可调节角度的宝宝座椅最为方便。若自己调节宝宝床垫，一定要注意不仅是将宝宝的头抬高，最重要的是将上半身抬高，而且还要将他的臀部用厚垫顶住，避免下滑，失去应有的体位。

及时更换被呕吐物污染的衣服、被褥

混入胃酸的奶汁将散发出刺鼻的难闻气味，这些气味对宝宝是不良刺激，也容易继发呕吐。

小提示

什么情况需要看医生？

大多数情况下，小宝宝的吐奶是由于胃食道反流所致，但也可能有其他原因。在初步治疗不见效果或发现呕吐物中带有血丝，呕吐后出现呛咳等现象时，应带孩子找医生就诊。如果吐奶控制较为满意，但孩子体重增长缓慢或出现了其他问题都应及时向医生请教，以免耽误孩子的诊断和治疗。

养育笔记

第二单元
配方粉喂养

本单位你将读到以下精彩内容:

- 婴儿配方粉不是"母乳化奶粉"。现代工业也不能保证婴儿配方粉中所含的营养成分的种类、结构和数量完全等同于母乳。
- 如果宝宝进食正常,又不存在发育或其他问题,配方粉喂养的宝宝不必再添加钙、维生素D等营养素。
- 建议使用纯净水冲调配方粉。因为矿泉水内含有一些矿物质,会影响配方粉内本身矿物质的含量,有可能影响配方粉内物质间的平衡。
- 宝宝不爱喝配方粉,很少与配方粉的味道有直接关系,多与喂养方式、其他食物干扰、牛奶不耐受等有关。

[第4课]
配方粉喂养的热点问题

在诊室咨询的过程中，发现很多爸爸妈妈对配方粉还是有一定的误解，比如，有些人会认为配方粉的营养要胜过母乳，所以他们宁愿放弃母乳喂养，而给宝宝选择价格很贵的配方粉。此外，在配方粉喂养的过程中，爸爸妈妈也会遇到很多技术性的问题。在这一课里我们会逐一解决。首先让我们对配方粉有个正确的认识。

婴幼儿配方粉与普通配方粉有何不同？

母乳是小宝宝的最佳食品，它不仅可以提供充足的营养，提供宝宝用于抵抗病菌侵袭的抗体，而且还可通过母乳喂养增加母婴间的交流。母乳喂养对小宝宝的身心发育起到了至关重要的作用。可是，由于各种原因，有些妈妈不能进行母乳喂养或母乳量不足时，无奈只能选择或添加婴儿配方粉。

婴儿配方粉与普通配方粉不同，是以母乳所含的营养成分为蓝本，根据正常婴儿生长发育的需求，以牛奶为原料，经过科学的加工，在去除牛奶中多余成分的基础上，添加或补充婴儿生长发育所必需的成分。

由于宝宝在发育的每个阶段对营养素的种类和数量需求不同，婴儿配方粉厂家也据此生产了系列婴儿配方粉，以适合不同发育阶段的孩子。目前，市场上可以买到几十种以上的婴儿配方粉，每种婴儿配方粉的成分稍有差别。这是由于每个厂家所采用的营养配方略有差异，生产工艺上有各自的特点造成的。不过，成分上的微小差异不会对宝宝的生长发育造成偏差。

经常更换品牌，宝宝获得的营养会更丰富吗？

这种说法不成立，因为虽然是不同品牌的配方粉，但营养成分几乎都相同，对宝宝的发育和健康来说，几乎不会产生差异。

其次，不建议经常给宝宝换配方粉品牌。1岁以内的宝宝，他的消化系统发育不成熟，如果频繁地适应不同品牌的配方粉可能会增加消化负担，甚至引发消化不良。1岁以上的宝宝，一日三餐逐渐成为主要营养，换不换配方粉对他的影响也不大，如果经常更换配方粉品牌，他可能会因为口味不同而厌烦喝奶，所以不如让宝宝保持自己的口味和习惯。

怎样判断配方粉适不适合宝宝？

只要宝宝不拒绝，食用后没有不适症状，生长发育也很正常，就说明这种配方粉是适合宝宝的。

如何计算宝宝每顿吃多少？

对于健康婴儿，只要宝宝进食量充足，婴儿配方粉可以提供婴儿所需的营养素。在婴儿消化功能正常的情况下，一天24小时内进食量充足的简单计算方法是：

摄入的配方粉量（毫升）= [婴儿体重（千克）× 100] ×（1.5~1.8）

比如，一个宝宝体重为3千克，他每日婴儿配方粉的摄入量应为：

[3 × 100] ×（1.5~1.8）=450~540（毫升）

一般小宝宝每3~4小时进食一次，每次喂养量约60~70毫升。如果宝宝的体重为7千克，他每日配方粉的摄入量1000~1300毫升，每次喂养量130~160毫升。

需要注意的是：每个宝宝的发育水平及吸收能力等不完全相同，只要在上述简单公式计算的范围内都是正常的。此公式只适用于出生后4个月内的小婴儿。

如何掌握喝配方粉的量？

配方粉的量的确不好掌握，但是妈妈每次可稍微多冲调一些配方粉，如果宝宝这次没有喝完，妈妈观察一下剩下的量，就知道宝宝这次喝了多少配方粉，下次冲调时按照这个标准掌握量就可以。反之，如果宝宝把配方粉都喝完了还有点意犹未尽，就说明这次冲调的量有点少，下次需要多冲一点。而且宝宝不断在成长，食用配方粉的量也在不断变化，这需要妈妈细心摸索。

一定要4小时喂一次吗？

喂养的间隔时间不是绝对的。通常配方粉的包装上会标明喂奶的间隔时间，但这也是一个平均值。每个宝宝的消化速度都不一样，早吃或晚吃一会儿没有太大影响，不用把时间卡得那么死。要学着找到适合自己宝宝的规律。

如何冲调配方粉？

婴儿配方粉中所含的营养成分，不是用简单物理方式混匀而成的，而是根据各种营养物质的特性，选择其稳定的状态，经过复杂的方法混合而成的。婴儿配方粉中的很多成分在高温（高于70～80℃）下会出现变性，从而影响营养效果。所以，婴儿配方粉冲调使用的水温应为40～60℃。

在冲调配方粉时，要先加温水，再根据所加水量，按照说明书的要求加入适量的配方粉。充分混合后，即可喂给宝宝。

过去，我们推荐使用温开水冲调婴儿配方粉。现在，建议使用纯净水冲调配方粉。因为矿泉水内含有一些矿物质，会影响配方粉内本身矿物质的含量，有可能影响配方粉内物质间的平衡。

一定要吃够包装上推荐的食用量才可以吗？

不一定。配方粉的包装上推荐的食用量只是作为参考的平均值，宝宝的食量有大有小，就是同一个宝宝，也会出现有时吃得多，有时吃得少的现象。如果宝宝的食量稍稍高于或低于推荐量，那也没关系，通常10%～20%内的差距不会带来大影响。

其实，更多妈妈关心的是宝宝吃多吃少会不会影响生长发育，作这个判断不要以食量为基础，而是要观察宝宝的生长发育过程。只要宝宝生长发育过程在生长曲线的正常范围内一直平缓地上升，那么即使他比别人吃得少也没关系。但是如果宝宝的生长曲线短时间出现大的波动，或一直超出正常范围，就要咨询医生，是否需要调整他的饮食。

配方粉被打开后能保存多久？

一般打开的配方粉，应该在4周内用完。因为配方粉里含有很多不稳定活性物质，潮湿、污染、细菌等因素都会影响配方粉的质量。如果宝宝在4周内不能将一大罐配方粉饮用完，下次可以购买小罐的或者小包装的配方粉。

宝宝为什么不接受配方粉？

宝宝不接受配方粉一般有两种可能。一种是形式上不接受，就是指母乳喂养的宝宝不接受配方粉，如果妈妈的母乳真的不够宝宝吃，必须添加配方粉，那么给宝宝喂配方粉的工作就需要由其他的家人来执行，否则宝宝闻到妈妈身上的母乳味道，肯定会更加抗拒配方粉。如果碰到执拗的宝宝，用尽了办法也不接受配方粉，甚至已经影响到他的生长发育，而妈妈的奶水又非常少，这时就可以考虑直接母乳喂养，将母乳吸出来放在奶瓶里试试，不足的喂养用配方粉补充。

宝宝不接受配方粉还有一种可能，就是身体上不接受，这可能因为宝宝对配方粉不耐受或过敏。如果经医生断定，宝宝真的对配方粉过敏，就可以考虑给宝宝食用经过特殊工艺加工而成的水解蛋白配方粉。

既吃母乳又吃配方粉，宝宝会消化不良吗？

如果宝宝身体健康，没有任何疾病，就不会出现消化不良的问题，如果宝宝出现消化不良，就要考虑是不是宝宝的胃肠道存在健康问题，或者宝宝对牛奶蛋白不耐受或过敏。

宝宝喝了配方粉出现便秘怎么办？

配方粉本身不会引起宝宝便秘，如果宝宝有便秘的症状，爸爸妈妈就要考虑是不是在给宝宝喝了足够的配方粉后又给宝宝额外添加了钙，或者没按照标准冲调配方粉，冲调的配方粉过稠也会导致宝宝便秘。

多喝水有利于缓解宝宝便秘吗?

通常建议爸爸妈妈在两次喂奶之间给宝宝少量地喝一些水。尤其是天气炎热或者宝宝出汗多的时候,水量也要相对增加。可以通过观察小便的颜色来判断是否该给宝宝喝水。如果小便是无色透明的,说明他身体里的水分够了;如果小便发黄,说明他需要喝一些水了。

奶伴侣能和配方粉放在一起冲调吗?

最好不要,因为这样会影响配方粉的配比,使配方粉的营养不均衡,建议爸爸妈妈最好不要将奶伴侣和配方粉放在一起冲调。实际上,没有医学意义上的奶伴侣。

当宝宝生病时,是否能将药物混入配方粉内一同服用?

对于存在佝偻病、贫血等慢性疾病或生长发育问题的婴儿,医生会建议在饮食的基础上添加钙、维生素D或铁制剂等。但是,不要将这些药物加入配方粉内喂养。若宝宝生病需要服用一些药物时,为了掩盖药物本身的不良味道,可以将某些药物混入配方粉内一同服用。但前提是此药物不会影响配方粉中的营养成分。给宝宝服药前,仔细阅读药物说明书或询问药剂师,即可得知药物能否与配方粉混合服用。即使药物能与配方粉混合服用,也要注意将药物混入少许配方粉中先服用,待确定宝宝已完成药物的吞咽后,再喂其余的配方粉。以免因疾病造成的进食减少,影响药物的服用,或药物改变了整瓶配方粉的味道,造成宝宝进食量的减少。

需要额外补充钙和维生素D吗?

如果宝宝进食正常,又不存在发育或其他问题,配方粉喂养的宝宝不必再额外添加钙、维生素D等营养素。如果爸爸妈妈根据宝宝每日进食总量,按照婴儿配方粉罐/袋上标明的成分进行计算,你会发现宝宝已摄入了足够种类和足够数量的营养素,所以采用婴儿配方粉喂养宝宝的同时,就等于给他们补充了钙、维生素D等宝宝必需的营养。

小提示

需要特别指出的是,婴儿配方粉的出现确实保证了不能母乳喂养或母乳喂养不足的

婴儿的健康生长发育。但婴儿配方粉还存在一些不足。比如，婴儿配方粉中不含有母乳中的抵抗疾病的抗体、与人体代谢有关的酶等。而且现代工业也不能保证婴儿配方粉中所含的营养成分的种类、结构和数量完全等同于母乳。这就是为何将曾经使用的"母乳化配方粉"更名为"婴儿配方粉"的原因。

诊室小结

综合以上因素，还是应大力提倡母乳喂养。

● 对于各种原因不能提供充足母乳的妈妈来说，可以给婴儿添加婴儿配方粉。

● 为了能够尽可能接近母乳喂养的效果，即使妈妈的奶很少，也应竭尽全力给婴儿提供"仅有"的母乳，并用配方粉来补充母乳的不足。

● 最好不要在配方粉内添加其他营养成分或不能加入的药物。

养育笔记

[第5课]
宝宝不爱喝配方粉的常见诱因

小宝贝开始不好好喝奶了，看着他的奶量日渐减少，妈妈们心里可真着急。究竟是什么原因造成宝宝奶量减少的呢？

诊室镜头回放1

依赖母乳

已经1岁零3个月的冬冬脸色发黄，每天喝奶只有300毫升左右，固体食物吃得也很少。爸爸、妈妈怀疑宝宝缺钙，可微量营养素检查发现宝宝血钙水平正常，而血锌和铁的水平较低。于是爸爸妈妈给宝宝补充了锌和铁的复合制剂，但过了一个月，冬冬的食欲并没有改善，只好来到诊室求助。

经过检查，我发现宝宝确实面色发黄，生长速度有所减慢，但没有发现其他异常现象。在体检过程中，由于宝宝认生哭闹，妈妈马上让宝宝吸吮母乳。看到这一幕，我才得知，原来妈妈还坚持着母乳喂养。经过进一步询问，妈妈告诉我，其实她的母乳已经很少，但看到宝宝吃配方粉和固体食物的量不足，担心宝宝营养跟不上，所以才一直坚持母乳喂养。现在每天晚上都要喂母乳至少3次，有时甚至更频繁，否则宝宝就会哭闹，睡觉不踏实，妈妈感到很累，但仍想等宝宝吃饭情况改善后再断奶。

这下宝宝喝奶和吃固体食物偏少的原因非常明了了——正是母乳喂养方式不当造成了宝宝对配方粉和固体食物没有兴趣。6个月以上的宝宝，即使妈妈母乳充足，纯母乳喂养也会导致宝宝某些营养素缺乏，比如，由于铁摄入不足出现的贫血问题。而对于已经1岁零3个月的宝宝来说，每天的食物主要来自母乳，必然会出现铁缺乏，甚至还会出现其他很多营养素缺乏现象。所以，生长发育正常的宝宝，满6个月后都要开始添加固体食物，比如，米粉、菜泥、肉泥、蛋黄等，如果宝宝拒绝吃或吃得很少，并出现生长发育迟缓或营养素缺乏性疾病时，就要考虑终止直接母乳喂养，可将母乳吸出用奶瓶喂养。对于1岁以上特别依赖母乳喂养的宝宝，比如，上面提到的冬冬，应该尽快终止母乳喂养，这样才能迫使宝宝对配方粉和固体食物产生兴趣，改善营养素缺乏现象，保证宝宝的正常生长发育。

宝宝的奶量快速减少，必然与进食其他食物或饮品有关。如果添加的食物或饮品的味道与配方粉反差很大，就容易造成宝宝对喝奶兴趣降低。特别是用奶瓶喂养果汁，很容易造成这类问题。孩子应该在4～6个月后开始接受辅食喂养。辅食指的是除母乳和婴幼儿配方粉以外的任何固体和液体食物，当然果汁、菜水也属于辅食。采用奶瓶喂养果汁或菜水特别容易造成厌奶，因为配方粉味道相对淡，果汁或菜水味道相对重，都采用奶瓶喂养，很容易造成宝宝对味道重的果汁或菜水产生浓厚的兴趣。小乐接受的又是味道相当重的橙汁，还是通过奶瓶喂养，当然容易造成厌奶。改用小勺喂果泥或果汁，宝宝就不容易出现厌奶了。

我告诉小乐的爸爸妈妈，可以在配方粉中添加少许橙汁，让宝宝对配方粉重新产生兴趣，奶量恢复正常后，再在2周内逐渐减少配方粉中果汁的含量，最终恢复为纯配方粉。同时，将孩子喝的橙汁逐渐变淡，再过2周换成白水。至于水果，可以通过小勺开始喂些相对较淡的苹果泥和香蕉泥。小乐的爸爸妈妈照此办理，果然让小乐重新恢复了奶量。

平平的表现是对配方粉耐受不良。对比母乳和配方粉，其中蛋白质的差别最大。所以，对于配方粉耐受不良的现象，首先应该考虑更换为水解蛋白的特殊配方粉。由于配方粉源自牛乳或羊乳，蛋白质组成虽然经过加工改造，但是与母乳仍然差距较大。孩子越早接触配方粉，耐受性相对就越差，所以，宝宝出生后要尽可能坚持纯母乳喂养。如果母乳真的不足，应该添加部分水解蛋白的配方粉，这样可以减少宝宝出现牛奶蛋白不耐受的机会。平平在改吃深度水解配方粉后，情况明显见好，不仅呕吐次数减

诊室镜头回放2

果汁惹的祸

小乐4个月了，从出生起一直接受配方粉喂养，现在每天的奶量可以达到700～800毫升。近两周，小乐的奶量骤减，每天喝的奶还不到300毫升，可是宝宝并没有表现出明显的异常。他爸爸妈妈告诉我，每次喂奶时，宝宝喝奶都非常积极，但是喝了几口后就突然停下了。尽管增加了喂奶次数，宝宝也没能达到以前正常的奶量。经过详细询问得知，两周前家长开始用奶瓶给小乐喂橙汁，此后宝宝的奶量就下降了。

诊室镜头回放3

对配方粉不耐受

平平10个月，从出生开始接受母乳喂养，生长发育非常正常。其间妈妈有几次身体不舒服而暂停喂母乳，所以很早就给平平加了配方粉。宝宝满6个月后，妈妈开始恢复上班，并采用配方粉喂养。刚开

始，宝宝每次喝150毫升奶，每3～4个小时喝一次。很快，爸爸妈妈发现孩子喝奶期间容易出现恶心，喝奶后会呕吐，甚至喝奶后2个小时还会出现呕吐现象。此后逐渐发展到每天必然呕吐一次，而且喝奶量直线下降。近来，每次只能喝50毫升奶。起初妈妈认为是配方粉不好，奶瓶和奶头也不适合宝宝。于是更换了配方粉品牌和奶瓶、奶头，可情况并未好转。虽然宝宝吃辅食比较正常，但4个月来体重增长还不足500克。

少，而且喝奶量也明显增多，体重也平稳恢复。

其实，平平的妈妈不应过早给宝宝添加配方粉，母乳喂养期间，如果妈妈没有特别的传染性疾病或乳房本身感染，轻易不要中断或暂停母乳喂养。即使在服用药物期间，比如，解热镇痛的对乙酰氨基酚、抗感染的阿莫西林等，都可以坚持母乳喂养，因为这些药物很难进入乳汁内。如果哺乳期的妈妈生病需要服药，可以咨询医生，尽可能选择不容易进入乳汁的药物。

诊室小结

宝宝不爱喝配方粉，很少与配方粉的味道有直接关系，多与喂养方式、其他食物干扰、牛奶不耐受等有关。遇到宝宝不爱喝奶时，爸爸、妈妈应该考虑这段时间宝宝的进食种类或习惯是否有所改变，并及时与儿科医生交流，发现问题及时纠正，尽可能避免宝宝出现生长发育问题。

养育笔记

[第6课]

特殊配方粉：帮助宝宝度过特殊时期

　　婴幼儿配方粉进入中国已经快30年了，现在爸爸妈妈都知道，母乳不足或由于各种原因不能进行母乳喂养时，配方粉是最好的选择，它能给宝宝提供良好的营养保证。当然，这些都是针对健康的宝宝而言。对于一些患有特殊疾病的宝宝或处于疾病期间的健康宝宝，普通的婴幼儿配方粉并不适合他们，而那些不同特点的婴幼儿特殊配方粉在这种情况下就能派上用场了。

特殊配方粉的特殊功效

　　所谓婴幼儿特殊配方粉，其实是针对婴幼儿配方粉而言的。婴儿配方粉的定义是：能够满足4～6个月内的健康婴儿生长发育所需全部营养素的配方粉。幼儿配方粉的定义是作为6个月以后婴幼儿营养主要来源的配方粉。婴幼儿配方粉主要来自于牛乳，经过一系列加工，使其成分尽可能接近于母乳，但与母乳还有很大的差距。这样对于母乳不足或不能进行母乳喂养的健康婴幼儿来说，婴幼儿配方粉就成了他们营养的最佳补充来源。但是，婴幼儿配方粉也不是所有宝宝都适用的。宝宝生病时，再给他吃普通的婴幼儿配方粉，就有可能出现问题。

腹泻引起的乳糖酶损失

　　强强患了轮状病毒性肠炎，轮状病毒可导致肠道急性严重损伤，出现水样腹泻，并快速引起脱水。静脉合理输液可以很快

诊室镜头回放1

宝宝患上了轮状病毒性肠炎

8个月的强强两周前患上了轮状病毒性肠炎，出现高烧和脱水。经过积极治疗，3天后，宝宝的情况得到了控制。可是已经过了2周，强强的腹泻仍然没有停止，家长只好带着强强来到诊室求助。

纠正脱水。轮状病毒在体内存活时间也就5～7天。那么，为何强强得病后2周仍然腹泻不止？这是因为轮状病毒在损伤肠道的同时，将肠黏膜上分解消化乳糖的乳糖酶一起大量破坏，造成轮状病毒腹泻后几周内小肠黏膜上乳糖酶缺失，引发乳糖不耐受现象，导致持续腹泻现象。婴幼儿配方粉中的碳水化合物基本上就是乳糖。所以，患轮状病毒肠炎后食入婴幼儿配方粉就会引发乳糖消化不良，促进肠道蠕动增强，延长腹泻时间。虽然后期的腹泻不再与轮状病毒有关，但仍然影响宝宝的健康。

对策

将婴幼儿配方粉暂时改换为不含乳糖的特殊配方粉，就可避免因乳糖不耐受出现的腹泻现象，并可保证特殊配方粉中其他营养素的吸收，利于感染后的婴幼儿快速恢复健康，也可在每次喂养前，添加外源性乳糖酶。

牛奶蛋白过敏

这个例子中的娟娟则是非常典型的牛奶蛋白过敏。过敏可以导致皮肤反应，出现湿疹。所以，宝宝的湿疹不是因为湿热所致，也不是真正的皮肤病，是过敏症状在皮肤上的表现。

对策

我建议娟娟的爸爸妈妈停止使用婴幼儿配方粉，改喂氨基酸婴幼儿特殊配方粉。2周后，娟娟的皮疹基本消失，皮肤恢复润滑。坚持喂氨基酸特殊配方粉2个月后，改用牛奶蛋白深度水解的配方粉6个月，再换成牛奶蛋白部分水解的配方粉。现在娟娟1岁多了，已经能接受一些蛋糕、奶酪等奶制品食物，而且对鸡蛋、鱼等也没有出现不良反应。

特殊疾病

有些宝宝由于遗传等因素，造成体内一些代谢蛋白质的酶缺乏或不足，如果吃普通的婴幼儿配方粉，会出现蛋白质代谢问题，继之影响大脑等器官发育成熟，莺莺因为患苯丙酮尿症，肝脏中缺少一种正常代谢苯丙氨酸的酶。体内缺乏这种酶，会导致苯丙氨酸及其代谢产物在体内蓄积。这些物质在体内蓄积浓度过高，就会引起婴幼儿脑萎缩和智力低下，造成终身残疾。

对策

母乳是苯丙酮尿症宝宝最好的营养品。病情严重或母乳不足时，应该添加低苯丙氨酸含量的婴幼儿特殊配方粉。添加特殊配方粉越早，宝宝大脑受损就越轻。有很多患病的宝宝就是早早采用母乳和特殊配方粉喂养，他们的生长发育，特别是脑发育与正常宝宝相比没有任何差别。

诊室镜头回放3

宝宝患上了苯丙酮尿症

莺莺出生后不久就被诊断为苯丙酮尿症。最初2个月，妈妈还有充足的母乳，后来由于精神压力过大，母乳迅速减少，这样宝宝就会面临残疾的风险。此时，妈妈听说婴幼儿特殊配方粉能够提供充足营养，同时又可避免莺莺病情的加重。难道婴幼儿特殊配方粉真的如此神奇吗？

诊室小结

食品不仅可以保证宝宝正常的生长发育，而且还能够纠正一些和营养相关的健康问题，这就是营养治疗。现在，营养治疗已经越来越为大家所重视。只有选择合理的食品才能获得理想的效果，而合理的食品营养应该是因人而异的。所以，听从专业人员的推荐，才能让宝宝获得最佳的营养。这就是当代推崇的个体化营养方案的理念。

辅食添加步步来

本单元你将读到以下精彩内容：

- 辅食添加时间中西方差异背后的文化背景。
- 何时加盐，中西方的不同。
- 让宝宝喜欢吃饭远远比让他吃饱重要得多！
- 积极愉悦的进食环境和方式才能养育健康的孩子。
- 家庭的饮食口味应该让孩子从小就熟悉，家的味道从小就融入孩子的记忆中，这样以后他才不会挑食。

[第**7**课]

辅食添加，需要耐心等待

辅助食物添加对宝宝的生长发育关键而有益。但是，辅助食物添加的时间、种类和顺序如果不够科学合理，可能会给孩子造成一些问题，甚至延误或影响他的生长发育。

在添加辅食时，有些心急的爸爸妈妈很容易就将时间表提前了。

在诊室里，欣欣的爸爸妈妈提出了他们最困惑的3个问题。

提问1：孩子是不是进入了厌奶期？该怎么办？

在孩子的生长发育过程中并不存在厌奶期的问题。孩子出现厌奶，多半与味觉发育过早有关。过早用较重的甜味、酸味、咸味等刺激孩子，都可造成他们味觉过早发育，从而出现厌恶配方粉、米粉等味道较淡的食物。欣欣开始不喜欢婴幼儿配方粉淡淡的味道，原因就是过早添加果汁，造成孩子味觉受到较大的刺激。

解决方法

对于已经出现厌奶问题的宝宝，暂时不要直接喂果汁，而是将果汁加到配方粉中，恢复他对配方粉的兴趣。然后，逐渐降低婴儿配方粉中果汁的含量，最后恢复到纯婴幼儿配方粉的喂养，中断果汁喂养。在宝宝满4～6个月后，再添加淡淡的果泥，以补充来自水果的营养。

预防方法

在宝宝至少满4个月后，再添加淡淡的果汁或果泥等。

诊室镜头回放

孩子的奶量在减少

前段时间，欣欣妈妈带着6个月的宝贝来到诊室，告诉我，从5个月起，欣欣开始不喜欢喝奶，也不喜欢吃蛋黄和没味道的菜泥，可非常喜欢喝果汁、钙水，每次喝奶量在逐渐减少。原来每天能喝800多毫升，现在已降至400毫升。不仅喝奶量减少，体重增长也开始变得缓慢。现在已将近两周体重几乎没有增加。下面是她的喂养记录：

1个月：母乳喂养，接近1个月时妈妈没有奶了，只好换为配方粉。

2个月：配方粉喂养非常顺利，欣欣的生长发育很正常。

3个月：开始添加了果汁、钙水以及维生素D滴剂。

4个月：试添加蛋黄、菜泥、米粉等。

提问2： 早些添加辅助食品是否会让宝宝发育得更好？

　　婴幼儿营养米粉是婴儿最佳的初期辅助食品。但是，对于4个月以内的小婴儿来说，很难接受富含淀粉的婴幼儿营养米粉。这是因为婴儿体内能够消化淀粉的淀粉酶要到4~6个月后才可成熟，过早添加不仅达不到增加营养的目的，反而增加了婴儿胃肠道的负担。

　　婴幼儿配方粉中所含的营养素，包括钙、锌、铁、维生素D等，应该是相当充足的。粗略估算，4~6个月的婴幼儿每天只要摄入500毫升以上的婴幼儿配方粉，就可满足对这些营养素的需求。不仅如此，其他婴儿营养添加剂，例如蛋白粉、奶伴侣、牛初乳等最好不要随意添加，因为这些营养添加剂可能会引起婴幼儿出现过敏(湿疹)、肠道异常(便秘或腹泻)、代谢异常(高血糖)等不应发生的问题。

小提示

辅食添加应该从什么时候开始？

　　由中国营养学会编著的《中国孕期、哺乳期妇女和0~6岁儿童膳食指南（2007）》中指出：从6月龄开始，需要逐渐给宝宝及时合理地添加一些非乳类食物。也就是说，辅食添加要从宝宝满6个月开始。

　　不过，这仅仅是从群体指导层面给出的一个参考时间。而具体到每个宝宝来说，需要根据他的个体发展程度和肠胃适应能力来具体分析，而不是依靠预定的时间表来进行。

　　其实，宝宝是不是已经准备好了，聪明的小家伙会给妈妈发出一些信号。如果你发现宝宝出现下面的征象，就表明单纯的乳类食物已经不能满足宝宝生长发育的需要了，小家伙已经用这些方式告诉妈妈——嘿，可以给我添加辅食啦！

　　● 母乳喂养儿每天喂8~10次或配方粉喂养儿每天总奶量达1000毫升时，宝宝看上去仍显饥饿。

　　● 足月儿体重达到出生时的2倍以上（或大约6.8千克），低出生体重儿体重达到6千克时，给予足够乳量体重增加仍不满意。

　　● 宝宝头部已经有一定的控制能力，倚着东西可以坐着。

　　● 开始对成人的饭菜感兴趣，如喜欢抓妈妈正要吃的东西，并喜欢将物品放到嘴里，出现咀嚼动作。

　　● 用勺喂食物的时候，他会主动张开嘴，能用舌头将泥糊状食物往嘴巴里面送，并咽下去，不会被呛到。

除此之外，添加辅食前，爸爸妈妈可以给宝宝做个简单评估：

● 胃肠和肾脏状况，包括母乳或配方粉消化的吸收情况，宝宝是否有便秘或腹泻，是否有过敏；是否有明显的胃食道反流以及排尿是否正常等。

● 神经成熟度，包括宝宝的吞咽能力，看见大人吃饭时是否有明显的想吃的表现。

提问3：蛋黄、米粥、面条等是最佳辅助食品吗？

婴幼儿辅助食品也在更新换代。蛋黄、米粥、面条等成人食品中当然含有很多营养物质，但是对于婴幼儿来说，所含种类和数量还不足。成人是靠食用多种食物完成自身营养的需求的，而食物种类和数量非常有限的婴幼儿仅靠部分成人食品(蛋黄、米粥或面条)作为辅助食品是相当不够的，还应该选择经过营养强化的婴幼儿食品——营养米粉、泥状食品，等等。过去，蛋黄作为婴幼儿辅食添加的主要内容，现在，情况已经稍稍发生了改变。其原因不是蛋黄本身的营养作用减弱了，而是被更好、更科学的婴幼儿辅助食品所替代。

小提示

关于婴儿喂养，目前可以明确的事实

● 母乳是婴儿最佳的食品。母乳喂养不仅给宝宝的生长发育提供了最完美的营养，还可以保持母婴的密切接触，满足婴儿心理的需求。

● 母乳不足或不能进行母乳喂养的时候，采用婴儿配方粉喂养是最佳的选择。

● 以牛乳或羊乳为基础特别加工而成的婴幼儿配方粉可以满足4~6个月内婴儿生长发育所需的全部营养。

● 目前，婴儿配方粉与母乳间还存在一定差距，但先进品牌的婴儿配方粉已非常接近母乳了。所含营养物质的种类和含量都在尽可能模拟母乳。在成分模拟母乳的同时，已开始从功能上模拟母乳了。而且，味道非常淡，也与母乳十分接近。

● 对于4~6个月内的婴幼儿，纯母乳喂养(只需添加维生素D)、部分母乳和婴儿配方粉混合喂养或全部婴儿配方粉喂养，就可满足他们的生长发育需要。

● 辅助食品的添加应该从婴儿满4~6个月才开始，不要延误，也不要过早。

[第 **8** 课]

辅食添加时间，按欧洲标准还是中国标准？

足月的孩子从4个月大开始，胃肠道功能和肾脏功能就已经发育得足够成熟，有能力处理辅食了。到了4～6个月，孩子已经具备必要的动作技能，能够安全地应对辅食。关于开始添加辅食的时间，欧洲的居民膳食指南和我国的居民膳食指南有所不同，有的家长因此产生疑惑：为什么不同的地方添加辅食的时间会不同？到底哪种建议更好？

生活在哪里，就遵循哪里的指南

我国2016版的居民膳食指南中，建议在孩子满6个月时添加辅食，而欧洲2017年的居民膳食指南则建议在孩子4～6个月时添加辅食。有的家长会说："欧洲国家肯定比咱们先进啊，按照他们的居民膳食指南肯定没错！"实际情况是这样吗？当然不是，居民膳食指南是根据当地的文化背景和饮食习惯来制定的，所以欧洲居民膳食指南中特意强调，膳食指南只是给生活在欧洲的居民制定的。可见，生活在哪里，就应该遵循哪里的居民膳食指南。

有的家长会问，孩子一定要满6个月才可以添加辅食吗？可不可以提前添加？这要看孩子的具体情况。如果孩子4个多月时身长和体重都增长正常，还是建议在孩子满6个月时添加辅食。如果家长觉得自己已经很努力了，孩子却出现了生长变缓的情况，想提前给孩子添加辅食，要带孩子去看医生，在医生的建议下可适当提前，在孩子满4个月后开始添加辅食。

辅食的种类要考虑文化背景

很多家长都会问到这样一个问题：孩子吃什么辅食比较好？国外带回来的辅食是不是更有营养？养育没有标准答案，适合的就是最好的。辅食添加的具体种类要考虑传统文化背景、家庭饮食习惯和喂养习惯，比如你所居住的地方经常吃什么食物，你们的家里的饮食习惯是什么，而不是先考虑它是不是进口的。

添加辅食总的原则是为孩子提供多样化饮食，包含不同口味和质地的食物，也包括带苦味的绿色蔬菜。孩子都应该吃到富含铁的辅食，包括肉类、强化铁的食物等。至于吃什么肉和菜，取决于你们所生活的地方的饮食习惯和文化因素及生活中能方便地买到哪些新鲜的食物。

早加、晚加都不对

辅食添加不能早于4个月，也不能晚于6个月。

满4个月前开始添加辅食，有可能增加孩子以后肥胖的概率，还可能增加孩子过敏的风险。而在孩子满6个月后，推迟过敏性食物添加的时间，并不能降低过敏风险，反而会使孩子失去品尝各种食物的机会。所以，要按时添加辅食，不能提前也不能拖后。

诊室小结

- 居民膳食指南是根据当地的文化背景和饮食习惯来制定的，生活在哪里，就应该遵循哪里的居民膳食指南。
- 辅食添加的具体种类要考虑传统文化背景、家庭饮食习惯和喂养习惯。
- 辅食添加不能早于4个月，也不能晚于6个月。

[第9课]
多大可以吃盐？

食物加盐，1岁还是2岁？

珍珍的宝宝1岁了，小家伙看见大人吃饭，嘴也跟着动，还张大嘴要吃。大家会偶尔给他吃上几口大人的饭菜。珍珍一个在欧洲的好朋友却建议她2岁以后再让宝宝吃加盐的食物，因为欧洲的宝宝都是从2岁以后才在食物中加盐的。珍珍听了后，不再让家里人给宝宝吃大人饭了。可宝宝不干，一看到大人吃饭小嘴就张得大大的，啊啊地叫，示意他要吃。而奶奶也不乐意："小孩子不吃盐怎么有劲儿？宝宝早就该吃点有味道的东西了！"

现在很多家长都知道，不能过早给孩子吃盐。可是到底孩子多大年龄才可以在食物中加盐，家长却不是很清楚。

为什么要推迟吃盐？

盐的主要成分钠是人体必需的元素，可以调节人体的酸碱平衡，维持人体正常的血压和神经肌肉的兴奋性。盐虽然不可缺少，但也不能摄入过多，因为过量摄入钠，会导致将来出现高血压、心脏病等疾病。

孩子天生就喜欢咸味和甜味，接触盐和糖越早，他对咸味和甜味的喜好就越强烈，长大后口味就越重，盐和糖摄入得就越多，影响身体健康。让孩子迟一些尝试咸味和甜味，那么他将来对咸味和甜味的偏好就会少一点，相对盐和糖的摄入也会少一些。

口味可以塑造

虽说孩子先天偏好甜味和咸味，不喜欢苦味，这一点我们无法改变。但是，我们可以塑造孩子后天的口味偏好，方法就是辅食中不加盐、不加糖，不让孩子过早接触到咸味和甜味。同时在孩子4~6个月后按时给孩子添加各种辅食，让他在味觉发育的敏感期品尝到各种口味的食物，包括带点苦味的绿色蔬菜，这样将来孩子就能比较顺利地接受食物的各种味道。

何时加盐？与饮食文化有关

家长会有疑问：推迟让孩子接触咸味和甜味，到底推迟到什么时候？我国的居民膳食指南中建议孩子1岁以内辅食不加盐等调味品，而欧洲则是建议孩子2岁前辅食不加盐等调味品。为什么会有不同的建议？这与东西方饮食文化有关系，没有谁对谁错。

我们通常在孩子1岁左右就让他跟着大人一起上桌吃饭了，虽然还是吃他自己的饭菜，但大人偶尔也会给孩子吃几口大人的菜。这时候的孩子对大人吃的饭菜很感兴趣，也愿意和大人一起吃，如果一直不让孩子吃，不利于培养孩子吃饭的兴趣，因为吃饭不仅仅是为了获得营养，还应该让孩子感受到吃饭的愉悦感。所以我们的居民膳食指南建议在孩子1岁以后，根据他的接受度，可以少量在食物中加盐。

欧洲国家的成品辅食种类多，家长一般都选择给孩子吃成品辅食到2岁，所以他们的孩子2岁以前很少吃到原始食物。根据他们的饮食习惯，欧洲国家建议孩子2岁以后和家人一起吃饭，那么，建议孩子2岁以后才摄入盐和糖也就顺理成章了。

诊室小结

● 让孩子迟一些尝试咸味和甜味，那么他将来对咸味和甜味的偏好就会少一点，相对盐和糖的摄入也会少一些。

● 按时给孩子添加各种辅食，让他在味觉发育的敏感期品尝到各种口味的食物，包括带点苦味的绿色蔬菜，这样孩子将来就能比较顺利地接受食物的各种味道。

● 东西方的饮食习惯有差异，这种差异决定了孩子接受含盐食物的年龄，没有谁对谁错。

[第]**10**[课]
第一次添加辅食怎么做?

前面介绍了辅食添加的时间进程,但是真正该怎么操作呢?米粉应该怎样冲调?具体添加的量应该是多少?……这里整理了在诊室里经常会被问到的问题,进行解答。

在一天中的什么时候喂给他吃?

第一次喂辅食对新妈妈和宝宝来说意义都很重大!因此也建议你挑个最方便的时间,比如,上午9点钟,一来,宝宝已经美美地睡了一觉,这会儿的心情应该不错;二来,现在离准备午餐的时间还早,你也可以有充分的时间和耐心来进行第一次尝试。

在宝宝顺利地接受第一餐之后,不妨选择在早、中或晚正餐的时间来添加,因为添加辅食的目的是以后逐渐用辅食来代替此顿奶。

在开始之前,需要做哪些准备?

最重要的准备就是让自己放松下来,使宝宝有机会在一种轻松的气氛下来享受美餐。另外,就是别忘了关掉电视和很吵的音乐,营造一种安静、愉快的气氛。

在喂之前,可以把宝宝放到儿童餐椅里面,让他舒服地坐好,然后给他围上围嘴就可以啦!

米粉要怎么冲调比较好？

在已洗净的宝宝餐具中加入1份量米粉，量取4份温开水，温度约为70℃；将量好的温开水倒入米粉中，边倒边用汤匙轻轻搅拌，让米粉与水充分混合。倒完水后要先放置30秒，让米粉充分吸水，然后再搅拌；搅拌时调羹应稍向外倾斜，向一个方向搅拌；如有结块颗粒，可边搅拌边用调羹将结块压向碗壁，以便压散结块。

理想的米糊是：用汤匙舀起倾倒能成炼乳状流下。如成滴水状流下则太稀，难以流下则太稠。

怎么喂给他？

将冲调好的米糊放在宝宝的小碗里，然后用婴儿专用的软橡胶小勺装半勺食物，面带微笑地喂给宝宝吃。或者在开始的几天，你可以用洗净的奶瓶盖当作宝宝的小碗，因为这时候，他的食量非常小。

另外，为了鼓励宝宝的这次"小冒险"，你记得要用热切的眼神来给他打打气！

宝宝为什么把食物顶出来了呢？

实际上，这是小宝宝的一种自我保护的本能。由于这些食物宝宝原来没有尝过，味道也从来没有接触过。于是，小家伙就变得非常警惕。这并不表示宝宝不接受这种食物。

妈妈可以过一两天再试试。几次甚至十几次之后，宝宝会逐渐接受新的食物。所以，还需要妈妈有足够的信心和耐心才行。另外，也可以想一些办法，比如，用母乳、配方粉来冲调，或者把新的食物掺在他已经接受的其他食物里面。

怎么知道宝宝吃辅食是否顺利？

你可以通过以下几点来判断：

● 宝宝吃辅食的过程是否适应。在开始添加辅食后，要观察宝宝有没有出现腹泻、呕吐、皮疹等过敏反应。如果宝宝出现过敏反应，或者宝宝的大便中把新添加食物的原物排出来的话，应立即停止添加的新食物，等一周以后再试着重新添加。如果腹泻情况严重，要及时补充水分并及时就医。

● 吃完后宝宝是否吃饱了，是否有满足感。

● 宝宝的大便是否正常（包括次数、性状）。如果大便中带有原始食物的颗粒，可以将辅食加工得再细致些。如果大便量增多，可适量少喂些。

● 宝宝的生长是否正常。

添加辅食后，是不是可以给宝宝断奶了？

这是很多妈妈都问到的问题。如果6个月后的宝宝仅仅接受全母乳喂养，所摄入的营养不能满足其生长发育，所以应该添加辅食了。但是，这并不意味着坚持母乳喂养就没有意义了。对于6~12月龄的宝宝来说，虽然要及时合理添加辅食，但奶类仍然是这个阶段婴儿营养的主要来源。为了保证宝宝的正常生长发育，每天要摄入600~800毫升的奶，最好能继续坚持母乳喂养到宝宝2岁。如果由于各种原因不能保证母乳喂养，应使用较大品牌婴儿配方粉混合或人工喂养。

诊室小结

从各个方面考虑，给宝宝添加辅食时要注意下面几点：

● 1岁以内宝宝的食物不应包括鸡蛋清、鲜牛奶、带壳的海鲜和大豆等。

● 1岁半以内，奶仍然应该是宝宝的主食，不要喧宾夺主。

● 宝宝的磨牙长出来之前，应该让他吃泥糊状食品。

● 在添加辅食的同时，不要主动减少母乳或配方粉的喂养。

● 喂完辅食后，别忘了让宝宝喝几口白水漱口，以预防龋齿。

[第]11[课]
辅食：快乐吃，健康吃

6个月以后，宝宝就开始吃奶以外的食物了。让宝宝喜欢吃饭远远比让他吃饱重要得多！

大家先来看看这张照片。这是我到美国出差时照的。这是在一家比萨店里，我进去时，看到一对夫妇带着一个11个月左右的孩子在吃饭。孩子的面前放着一些意大利面条，他的父母在旁边吃自己的，而他正在用手抓面条，想吃进嘴里，弄得满手、满脸、满身都是面条酱，他一直在努力地吃，但努力了将近20分钟，一根面条也没吃进去，即使这样，他仍然兴致勃勃。20多分钟过去后，他开始烦了。这时他的爸爸妈妈才拿出他的食物喂他吃，他只用了5分钟就把自己的食物吃进去了。

小家伙吃完后，我问他的爸爸妈妈，为什么刚开始不帮助他把面条吃进去，他们说："我们进来吃饭是因为我们饿了，但没有必要一定要喂饱他以后我们才能吃自己的，这样不尊重孩子，因为他可能那会儿并不饿，我们只要在他需要的时候提供帮助就可以了。不管是我们还是孩子，都要享受自己的生活。"

让孩子享受吃饭

我之所以那么喜欢这张照片，是因为这个孩子是在享受吃饭，他很有兴趣，而不是被动地在吃。我们应该让孩子有这种享受的感觉，而不是把吃饭当成吃药那样。

我们给孩子添加辅食，不光是保证他的生长，还要让他有兴趣，让他有参与感。所以，不用给孩子严格规定吃饭的时间，到了某个时间点就一定要让孩子吃饭。像上面提到的那对父母那样，让孩子有参与感，营造一种吃饭的氛围，让他有饿的感觉，这样才能培养孩子对吃饭的兴趣，而不是一到时间就把他抱到餐桌前，不管他饿不饿。

积极的进食环境和方式才能养育健康的孩子。除了让他和爸爸妈妈一起吃，让他自己参与，你们还可以花一些心思让孩子喜欢吃饭，比如给他选择漂亮的小碗、小勺子，系条有他喜欢的小动物的围嘴等。还要注意的是，孩子吃饭时，父母不要多说话，否则会分散孩子的注意力，影响他的进食。

把家的味道带给他

给孩子吃辅食，很多妈妈都会打听："你家孩子都吃什么辅食？"其实，不要听人家的孩子、国外的孩子吃什么，最应该考虑的是，我们家的孩子吃什么，因为这个时候是孩子接受各种味道的敏感期。给孩子做辅食只是一段时间的事，他将来是要和大人一起吃饭的，家庭的饮食口味应该让孩子从小就熟悉，家的味道从小就融入孩子的记忆中，这样以后他才不会挑食。

如果孩子小时候吃辅食时你只考虑营养，没有考虑到你们常吃的菜，那他以后对家里的菜就不会感兴趣。比如，只给他吃胡萝卜、南瓜等辅食，而没有给他吃青菜，他长大后对青菜就不容易接受；如果从小就吃黄油等，那他就会习惯那样的味道，长大后就不会爱吃米饭和炒菜。

避免过敏

添加辅食后，要避免孩子食物过敏。有的家长不怎么在意，以为该吃还得让他吃，慢慢适应就好了。其实，这样反复刺激，会导致孩子真正过敏，对他的身心健康都会有影响。在添加辅食时，发现孩子对某种食物过敏，采取暂时躲避3~6个月的时间的治疗方法，等他的免疫功能慢慢成熟后再接触，孩子长大些可能就不过敏了。躲避某种食物缺失的营养可以用其他办法补充，没有必要冒着过敏的风险坚持让他吃。

1岁以前，辅食不用加盐

1岁以前，孩子吃的食物中都不用加盐。理由是，不管是吃母乳、配方粉，还是吃辅食，里面都含有一定的钠，因为不是氯化钠，所以感觉不到咸味。这些食物里的钠已经足够满足孩子的需要了。如果再加盐，对于钠的摄入就明显多了。

除了盐，酱油等其他调味料也不用加，这对于帮助孩子从小建立健康的饮食习惯很重要。现在小学生的高血压率在逐年增加，我们千万不要把孩子"送"到这个群体当中去。

甜水少喝！

还有一个很重要的习惯要培养，就是要让孩子养成喝白水的习惯。不要为了让孩子喜欢喝水，就往水里加果汁、糖等，虽然有味道的水孩子爱喝，但对他的健康会有影响。

在孩子吃的食物中都有碳水化合物，其中含有或多或少的糖分，如果再给他喝甜水的话，就会摄入过多糖分，不仅会影响孩子的牙齿健康，而且还会带来潜在的、长远的、更深层的影响，比如，会对孩子的心脏、胰腺健康带来影响。

有的爸爸妈妈会问，不能吃蔗糖，那加点儿葡萄糖行吗？在这里我要提醒大家，千万不能给孩子吃葡萄糖，它要比吃蔗糖、乳糖的危害大出好几倍！因为我们的身体能直接吸收的糖是单糖，葡萄糖就是单糖，而蔗糖、乳糖是双糖，不能直接被身体吸收。如果让孩子吃葡萄糖，身体里的血糖就会急剧升高，为了控制血糖，身体里的胰岛素就会加快分泌，而这些糖分很快被代谢掉后，血糖降低了，胰岛素又会快速减少分泌。胰腺快速分泌胰岛素又快速降低分泌，这样喝一次葡萄糖，就会使胰腺受到两次重捶，对孩子今后胰腺的发育会有很大损伤，孩子将来患胰腺疾病、患糖尿病的概率就要大很多。

诊室小结

● 我们养育孩子，不只是为了他日历上的明天好，更要为了他长远的明天考虑。孩子吃饭不是一天两天的事，是一辈子的事，一定要让孩子愉快地吃。只要有兴趣，每个孩子都能好好吃饭。

● 让孩子从小感受家的味道，和家里人一起进餐，他才能真正融入家庭生活。

● 少盐少糖，让孩子有一个健康的未来。

[第]**12**[课]

添加辅食后，宝宝怎么老不长？

添了米粉，烦配方粉
8个月的戎戎现身长只有68厘米，体重只有8.2千克。在同等月龄的宝宝中属于偏低的。而她4个月时的身长为64厘米，体重为6.8千克，在同等月龄中还属于中等偏高水平。这是为什么呢？

经过检查，孩子身体完全健康。原来，近两个月，小家伙越来越不爱喝配方粉了。由于妈妈母乳不足，戎戎出生后主要依靠配方粉喂养。起初几个月喂养一直非常顺利，自从添加米粉后，她就越来越不喜欢喝配方粉了。现在，只有睡觉前迷迷糊糊时才肯喝奶，一天配方粉的总入量也就300毫升左右。为了能让戎戎尽可能多喝些，妈妈又不敢给她喂太多的米粉。看着孩子增长缓慢，可把戎戎的爸爸妈妈急坏了。

一二十年前，孩子一开始添加的辅食主要是鸡蛋黄、烂米粥、烂面条，等等；而现在，父母们可以从市场上买到强化铁的婴儿营养米粉、各种婴儿泥状食物罐头，等等。从食物基础上看，宝宝在添加辅食后不应存在营养提供的问题，生长发育自然也不应存在问题。可事实上，很多宝宝在添加辅食后，会出现厌奶、拒绝辅食或食欲差等诸多喂养方面的问题。这些问题直接影响了他们的生长发育。下面通过几个实例讲述与辅食添加有关的喂养和生长发育问题。

宝宝为什么会喜新厌旧？

在添加辅食后，有些宝宝会对辅食感兴趣，有些宝宝会对奶感兴趣。其原因主要是奶与辅食间存在着味觉差异，宝宝会识别味道，从而选择自己更喜欢的味道。有的宝宝喜欢奶的味道，有的宝宝喜欢米粉的味道。另外，喝奶和喂辅食采用的是不同的喂养方式：一种是直接吸吮妈妈的乳房或奶瓶；而另一种是大人喂孩子咽。多数孩子喜欢喝奶胜于吃辅食，少数孩子喜欢吃辅食胜于喝奶，就像戎戎那样。

● 对于前者，为了提高宝宝对辅食喂养的兴趣，可以在每次喂辅食后再给他喝一定的奶，让他知道吃完辅食就有奶喝。

● 对于干脆不吃辅食等着喝奶的宝宝，我们发现，将米粉混入奶中他就喝，说明他不是拒绝米粉，而是不喜欢用勺喂养。这样可以适当拉长两顿之间的时间，让宝宝有点饥饿的感觉，让他知道不吃辅食，就没奶喝，以此建立良好的循环。

● 对于不喜欢奶瓶喂养的宝宝，可以考虑用配方粉冲调米粉，用勺喂，或是及时更换其他形状的奶瓶，并在奶中加入适当果汁或米粉，改变奶的味道，从而增加他使用奶瓶的兴趣。当婴儿能够接受奶瓶喂养后，逐渐减少配方粉中所添加米粉和果汁的量，最终全部换成配方粉。

宝宝为什么拒绝米粉？

孩子的味觉随着月龄在发育，其发育特点如同阶梯。同一味觉发育水平可维持一定的时间。最初味觉发育的年龄多是在出生后7～8个月。爸爸妈妈可以发现本来辅食吃得好好的，突然开始拒吃辅食，会把喂到嘴里的食物吐出来。有些父母认为孩子学坏了，其实，这种现象正是发育中的孩子的味觉在发生变化的表现，是一种正常的生理过程。我们只要适当调整辅食的味道，就可以保证孩子对食物的兴趣。孩子3岁左右时，其味觉与大人基本相同。

可是，因为不知道宝宝味觉发育的特点，父母常常采用了错误的做法，比如用筷子或小面包块、小馒头块蘸成人吃的调料、菜汤，甚至酒等让孩子吸吮，刺激孩子的味觉。起初，孩子的反应会令全家大人开心，可长此以往，孩子的味觉过早发育，就会出现壮壮的情况，对辅食不感兴趣。

吃饭为什么这么难呢？

强强的实例是典型的喂养方式不当所致。因为喂养方式有时比食物的营养更为重要。良好的喂养方式不仅可以保证食物营养的摄入，而且还能使孩子养成集中注意力的习惯。

为了让孩子多吃一些饭而采用大人说唱的办法，往往达不到预期效果，反而让他精力分散，哪件事都做不好，而且孩子还学会了要挟大人。这种不好的习惯往往是大人助长出来的。起初，

诊室镜头回放2

喝奶，拒绝米粉

11个月的壮壮每天喝奶还可以，可就是不喜欢吃米粉。但是对"有味道"的食物却很感兴趣，于是爸妈就用馒头或面包蘸点菜汤，逗逗孩子。虽然壮壮每天能喝一定量的配方粉，可身长、体重增长得也不是很理想。

诊室镜头回放3

一顿饭，一个说唱团

一谈到喂强强吃饭，全家人就陷入"恐怖"之中。每次喂饭要花很长时间，而且全家人还要拿出各自的绝活——连唱带跳。即使这样，孩子每次也吃不了多少。于是，在强强玩耍时，大人只能乘其不备迅速将一勺食物送入他的嘴中。奶奶说，她一天的工作就是在不停地给孩子喂饭、喂饭。虽然全家付出了如此巨大的劳动，可并未得到应有的回报。强强比同龄的孩子要"小1号"。

孩子吃饭时很乖，可能偶尔一次没有吃完大人"指定"的辅食量，大人便觉得孩子的营养摄入不足，在孩子玩耍时乘机将剩余食物用勺塞入孩子嘴内，直至完成大人的"预期目标"。还有为了让孩子愉快进食，在孩子吃饭时，大人唱歌、讲歌谣等。几次下来，孩子就将吃饭与玩、唱混淆了，出现吃饭不集中精力的现象。

● 为了提高孩子吃饭的兴趣，大人在喂孩子吃饭时，自己也在吃东西，大人的咀嚼动作可以感染孩子，提高孩子的食欲。切忌在孩子吃饭时，大人说过多的话，甚至唱歌、跳舞等。

● 对于已养成吃饭注意力不集中习惯的孩子，可以适当采用饥饿疗法，待孩子饥饿时就会集中精力吃饭了。当然这种疗法比较"残忍"，但却行之有效。

小提示

对于辅食的添加，不仅要注意营养的问题，还要注意喂养方式等诸多问题。

● 辅食的提供，应该采用小勺喂养。为了提高孩子对辅食的兴趣，可选用漂亮的小碗和勺。最好勺和碗的颜色反差较大，这样有助于锻炼孩子的注意集中能力。

● 开始添加辅食不要另选时间，而是在上午及下午喂奶前，先喂辅食，再补些奶。固定喂养的时间，容易使孩子接受辅食喂养。

● 就像大人一样，孩子每餐饭吃的量也是不同的。不要为了消灭这种差异，而采取"追捕式喂养"。

● 让孩子和大人一起吃饭，大人们不妨稍微夸大进食的动作。嘴里嚼着食物，这是向孩子传递一个非常良好的信息——吃饭是件有趣的事情。

● 遇到孩子出现进食习惯不良的情况，切记采用按时按顿的方针，加上适当的饥饿方法，调整喂养方式。

营养素需不需要补

本单元你将读到以下精彩内容：

- 微量元素在人体内虽然含量很少，但所起的作用却特别重要。
- 过多或不适当补充不仅不能促进孩子健康生长，反而会出现其他营养物质吸收受阻等问题。
- 合理均衡的饮食是最好的营养素补充剂。
- 佝偻病并非由缺钙引起的，而是体内缺少维生素D造成的。

[第]13[课]
营养素的特殊与平常

诊室镜头回放1

吃牛初乳起了湿疹

3个月的宝宝出现全身湿疹已将近两个月。由于宝宝吃的是母乳，所以医生起初的治疗方案都是针对妈妈所做的——停止进食海鲜、牛奶、豆浆等容易引起宝宝过敏的食物，但均未见效。后来通过对宝宝24小时起居情况的详细了解才得知，为提高宝宝的免疫力，妈妈从宝宝出生后15天起就开始给他添加牛初乳。医生建议立即停用牛初乳，此后宝宝的湿疹大为好转，但根除湿疹却仍要花费很大的力气。

诊室镜头回放2

补钙和多种维生素出现便秘

冬冬已经6个多月。由于妈妈乳汁不足，很早就开始给冬冬喂配方粉。现在除了每天喝800毫升配

虽然在孩子的生长发育中，父母并不常用"特殊"这两个字，但在实际养育孩子中，却不断追求"特殊"——他长得是否比同龄孩子高，比同龄孩子重，走路或说话是否比其他孩子早，是否给孩子补充了牛初乳、DHA……在爸爸妈妈们平日关心的话题中，每每都在诠释着"特殊"的含义，于是，一些特殊的营养素也就成了爸爸妈妈关注的焦点。但是，给孩子用这些特殊的营养素，却有可能出现你不想要的"特殊"效果。

营养素：特殊的 vs 平常的

从上面几个片断都可以看出父母们对"特殊"营养素的特殊关注。"特殊"应该与"平常"相对应。那么，孩子在生长中所需要的"平常"营养素应该包括什么呢？没有一个专家能给出确切的定义或确定其全部的范围。这是因为大家公认母乳应该包括宝宝生长发育所需的所有"平常"营养素，而现今的科学技术还不能完全分析出母乳中所含营养素的全部种类和全部精确含量。这样，随着对母乳研究的不断进展，一些过去不被我们认知的营养素不断出炉，比如，胡萝卜素、核苷酸、DHA、低聚糖、益生菌、视黄素等。

对于母乳成分的研究进展，自然导致婴幼儿营养食品的进步。婴幼儿配方粉、婴幼儿营养米粉等都会添加这些近期发现的母乳中包含的营养素，而爸爸妈妈自然也就成了这些"特殊"营养素的追求者。在追求"特殊"营养素的过程中，爸爸妈妈反而逐渐失去了对"平常"营养素的依赖。

母乳，营养的黄金来源

众多研究已经表明，母乳就是孩子生长发育中营养的黄金来源。母乳及母乳喂养过程给孩子带来的益处是任何营养品所不能替代的。初期的母乳——初乳中，含有很高水平的免疫球蛋白IgA，可以提高孩子的先天免疫能力；而牛初乳中所含的免疫球蛋白是IgG，不可能达到与人初乳相同的提高宝宝免疫能力的效果，这些不能利用的免疫球蛋白只能作为普通蛋白质，如果孩子不能接受，还可能引起过敏，就像第一个例子里宝宝的情况那样。从2012年9月1日起，中华人民共和国卫生部已明确规定，所有婴儿配方食品中禁止添加牛初乳。人初乳中不仅含有丰富的IgA，还含有高密度的脂肪、高含量的特殊低聚糖及通过乳管、乳头和乳头周围皮肤混入母乳中的对孩子生长发育非常有益的细菌。

随着孩子的生长，母乳成分也会随之变化。其中蛋白质的含量由低到高，再由高逐渐降低；脂肪含量也会逐渐降低。这样的变化完全符合孩子的正常生长发育规律。有些人认为4个月后的母乳中蛋白质和脂肪含量有所下降，所以母乳的营养价值也在下降，这是完全错误的。

另外，母乳中众多营养素不仅可以保证孩子正常的生长和发育，还会显示出与孩子正常生理功能密切相关的特殊作用——超越营养的作用，英文称为"Nutrition beyond nutrition"。这些超越营养素的"特殊"作用对宝宝免疫系统的成熟、大脑智能和视力的发育有非常重要的意义，同时对成年后肥胖等相关代谢疾病的预防非常重要。目前，很多研究婴幼儿配方粉的公司在产品中添加一些"特殊"营养素，就是为了尽可能模拟母乳的营养和超越营养的效果。但目前还没有一家公司能够在其产品中完全模拟母乳。这也是因为人类对母乳尚在研究中，母乳中还有很多营养素尚未被发现，还有很多营养素的作用尚未明了。

方粉以外，还添加了两次以米粉、蔬菜为主的辅食。近来冬冬经常便秘，爸爸妈妈认为可能是平时给冬冬喝的水不够，可是当我了解了孩子每次排尿的情况后，却没有发现缺水的表现。再详细了解孩子的喂养情况，才得知孩子从出生后15天开始就每天服用钙和多种维生素制剂。我建议爸爸妈妈先停用钙和多种维生素制剂，3天后大便性状开始见好。

诊室镜头回放3
需要补充DHA吗？
丁丁2个月，妈妈的母乳基本充足，每天只要添加100毫升左右的配方粉即可。丁丁的身长、体重、头围等生理指标都很正常，而且还能咿咿呀呀地发声，趴着时能将头抬至垂直位，专注地看妈妈的脸等。即使这样，父母还是担心孩子的智力发育，问医生是否需要给孩子添加DHA，也就是所谓的脑黄金。

营养素：一个好汉三个帮

随着科学的进步，我们会越来越明了各种营养素对婴幼儿生长发育的作用，越来越明了婴幼儿生长发育中所需营养素的种类，但是，任何营养素在人体内都不可能孤立地起作用，比如，钙的利用需要维生素D，但是钙的吸收需要肠道内正常的肠道细菌，需要磷等元素的辅助；DHA 等对婴幼儿大脑和视觉的作用依赖于其他长链多不饱和脂肪酸（比如，花生四烯酸）和饱和脂肪酸等；钙摄入过多会影响同为二价阳离子的铁、锌、镁、铜等元素的吸收，未被吸收的钙剂还会与肠道中脂肪酸结合形成钙皂引起便秘，就像冬冬的情况那样。所以，单独补充某一种营养素，并不一定能起到你想要得到的作用，反而会带来意想不到的麻烦。

养育笔记

[第14课]
微量营养素补充不是必做功课

在诊室里，经常有父母问我："我的宝宝要补钙吗？""孩子晚上睡觉不踏实，是不是缺锌？"关于微量营养素补充，父母们很担心，也很焦虑。那么，微量营养素对于孩子生长发育的作用到底有多大？每个孩子都需要补充微量营养素吗？下面先来看看在《崔大夫诊室》栏目的一次现场座谈中，妈妈们和我的几段对话：

现场咨询1：我女儿是不是缺锌？

周晓燕：我女儿现在6个月了。我担心她有点缺锌，因为她有枕秃，而且睡觉的时候比较爱出汗，一个晚上我得给她换两三条枕巾。另外，孩子两个月前长了鹅口疮，最近两个月，我们一直不敢给她吃鱼、虾等食物，所以我担心她营养跟不上，造成缺锌。不过，孩子的精神状态和发育都比较好。

崔大夫：孩子加辅食之前是采取什么喂养方式？现在饮食怎么样？

周晓燕：母乳喂到半个月，半个月以后加了一些配方粉。孩子3个月后就吃配方粉了。

崔大夫：现在的固体食物吃得怎么样？

周晓燕：她比较爱吃肉类，喜欢喝粥，蔬菜得用一些办法她才会吃。她对各种零食比较感兴趣。

现场咨询2：一定要检查微量营养素吗？

孟林松：我女儿1岁零10个月，我们一直按照医院规定定期去查微量营养素，查了几次，孩子都不缺，所以也没有给她补。

崔大夫：你认为有必要给孩子查微量营养素吗？

孟林松：我认为需要查，但是我觉得数据不见得完全准，还要看孩子平时的表现。

崔大夫：那你没担心过孩子会缺什么营养素吗？比如缺钙，你给孩子补过钙吗？

孟林松： 我没给孩子补过钙。孩子7个多月的时候有一点缺钙，我们咨询过医生，医生说这是正常的，孩子在这个月龄都有些缺钙，以后只要在饮食上注意就行了。但现在我比较担心孩子会缺微量营养素，因为她不怎么吃蔬菜。

现场咨询3：怎么判断孩子是否缺乏微量营养素？

徐漫： 我的女儿快1岁零4个月了，我也担心她缺微量营养素。她夜里不好好睡觉，一个晚上得吃三四次奶，无奈之下，我在她1岁零2个月时断了母乳。之后她吃饭和睡觉都比以前好了。

崔大夫：孩子多大加的辅食？

徐漫： 6个月。

崔大夫：一直没给孩子补过营养素吗？

徐漫： 补过。在孩子1岁的时候给她补了一段时间复合微量营养素。因为刚给她断奶时，她特别不爱喝配方粉，有时候根本不喝，即使喝也最多就是三四十毫升，我们担心她营养跟不上，就给她补了一些。

崔大夫：你怎么判断孩子缺乏微量营养素？

徐漫： 我觉得她睡觉不是特别安稳，刚入睡的前2个小时她睡得比较好，其他时间她老在不停地翻身。有时候翻身动作大了，她还会叫唤一声或者哭一下。

微量营养素 VS 宏量营养素

谈到微量营养素，就不可避免地要从宏量营养素讲起。

在我们人体的营养需求中，宏量营养素最为重要，宏量营养素一般分为三大类：蛋白质、脂肪和碳水化合物。其他的我们统称为微量营养素。我们人体需要的微量营养素有30多种，但是现在我们实际能检测的也就五六种，包括大家比较熟悉的钙、锌、铁、铜、铅。

宏量和微量的区别就是人体对它们需要的量是多少，以及它们占人体组成成分中的量是多少。宏量营养素在人体整个组成中占有相当大的比例，我们对它的需要量很大，它对人体的作用也最大；而微量营养素占的比例很小，人体对它们的需要量也就只是微量。

所以，微量营养素虽然有很重要的作用，但既然它们在人体中的存在是微量，所起的作用也只能是辅助作用，而不可能是主要作用。刚才大家提到的一些认为孩子缺乏微量营养素的表现，比如，睡得不踏实、有枕秃等，其实都不是这几种微量营养素来决定的。

微量营养素有没有必要测？

因为我们人体中的微量营养素含量很少，所以很难通过血液直接检测到孩子体内的含量，现在给孩子查微量营养素，并不是直接检测血液里微量营养素的含量，而是通过与一个标准进行对比来判断的，也就是说，并不是直接检测出血液中微量营养素的含量，而是通过与微量营养素的标准比测出来的。所以，测定过程中的误差相当大。只要操作时有一点点的误差，对比出来的数字就会差出很多。

之所以会出现误差，并不是说仪器不准，实验员操作不认真，而是其中有不可避免的误差因素。比如从指尖或耳垂取血，采集血液过程中，组织液和血液一同被挤出，造成血液稀释；空气中含有微量营养素，如果采血后没有马上化验，空气中的微量营养素就会沉淀在血液里；采血的过程中要用碘酒、酒精消毒，它们当中的微量营养素也有可能被一起采到血液当中。这些因素都会影响到检测结果，所以微量营养素的检测数据并不是很准确。

用不用补充微量营养素？

虽说微量营养素只是一个参考，可是如果真的查出孩子的某项元素偏低，爸爸妈妈都会不由自主地就想办法去给他补，想着补总比不补强吧。

可是，补还真有可能出问题。因为我们平常关注的钙、铁、锌等微量营养素，几乎都是二价阳离子，它们在胃肠道初步吸收的途径都是一样的。如果你只给孩子补充了其中的一种，比如，钙就会减少其他微量营养素的吸收。因为我们人体在吸收微量营养素的时候，转换的途径都是一样的，一种元素的力量强了，其他元素相对就要被削弱。所以父母会发现，给孩子补了钙，过一段时间发现孩子又缺铁了、缺锌了，实际上并不是孩子的食物中铁少了、锌少了，而是钙的量太多了，使铁、锌无法被吸收。

既然不能随便补充微量营养素，那怎么才能保证孩子获得均衡而充足的营养呢？

添加辅食前

母乳+维生素D

母乳中真正重要的是三大营养素，也就是蛋白质、脂肪和碳水化合物。母乳所含的各种物质中最多的是脂肪，在母乳提供总的热量中占了55%。排在第二位的是碳水化合物，第三位是蛋白质。可见，这三种营养素对于小宝宝来说是最重要的，尤其是脂肪。而母乳中各种微量营养素的含量也不相同，有的相对多，比如钙、铁、锌；有的相对少，比如锰、铜、碘。所以我们又将它们分成微量营养素和微微量营养素。

虽然母乳喂养能够提供孩子所需的几乎全部营养素，但它并不是十全十美的，母乳中还缺3种营养素：维生素K、维生素D和铁，宝宝出生后都会注射维生素K，宝宝体内铁的储备可以满足4~6个月宝宝的生长需要，所以吃母乳的孩子只需要补充维生素D。

哺乳妈妈每周50种食物

在母乳喂养期间，只要妈妈饮食正常，就能够保证孩子的微量营养素和微微量营养素的供给。那么，妈妈的饮食应该注意哪些呢？并不是想怎么吃就怎么吃，而要保证食物的种类和量足够。妈妈们一般比较注意食物的量，但是很少注意种类。我们建议母乳喂养的母亲每周要吃50种食物。通过食物搭配使母乳中的营养素尽可能提高。这样母乳中含的微量营养素就足够了。

配方粉喂养，不用再额外补充任何营养素

对于配方粉喂养的宝宝来说，他们所需的各种营养成分的比例已经调配好了，比例很均衡。只要孩子每天喝500毫升以上的配方粉，就不用再额外补充任何营养素。

添加辅食后

按时添加辅食

孩子慢慢长大，肠蠕动比小时候快了，流质的食物在胃肠道存留的时间变短，还没有得到充分吸收就会被排出体外，无法保证孩子快速生长发育的需求，这时必须添加固体食物来保证这些营养素在胃肠道里存留的时间。只有存留时间足够，才能保证较高的吸收率。所以孩子6个月以后必须添加辅食。

另外，肠道功能要逐渐成熟，才能更好地消化吸收各种营养素。而固体食物可以促

进肠道功能成熟。因为肠道对液体食物的吸收比较容易，而对固体食物的吸收相对就比较难，肠道需要通过慢慢适应、接受固体食物的性状，来促使自己的功能不断成熟。

选对辅食种类

在我接触的很多孩子中，有这么一个现象：孩子出生后，生长发育得一直很好，但开始添加辅食后，孩子的生长发育却变得慢起来。这种情况并不在少数。爸爸妈妈觉得很困惑：孩子吃得很好，量也足够，为什么还长得慢了？

很多妈妈在给孩子添加辅食的时候，选的是蛋黄、面条、蔬菜、水果等。实际上，对于刚开始添加辅食的孩子来说，婴儿营养米粉是最好的选择。和配方粉一样，米粉也有个配方的概念，就是以米作为最基本的原料，添加了很多的营养素，比如，DHA、铁等，所以它是一种营养均衡的食物。而其他的辅食营养都做不到那么全面，比如，蛋黄，它的铁含量虽然比较高，对宝宝来说固然重要，但其他的营养素就不够好。米粥、菜泥、面条等辅食不是不好，而是营养不够全面。

所以，给孩子添加辅食时，首先应该选择强化铁的婴儿营养米粉。在此基础上，再逐渐添加菜泥、果泥、肉泥等。

做他喜欢的味道

经常有妈妈跟我说，给孩子精心准备的饭菜他却不爱吃。那要看你做的味道如何了。味道是跟家庭的生活环境和习惯有关的，给孩子做饭时，千万不能脱离这个环境，比如，有的家庭做菜偏甜，有的偏酸，给孩子做饭时，你稍微加一点点糖或醋，就和你们的口味一致了。

另外，孩子的味觉发育是呈阶梯状的。也就是说，他的味觉在一段时间内会一直维持一个水平，到了一定的时候，突然就会上升一个幅度，上升后又会维持一段时间，就像走台阶一样。所以，当你发现孩子不爱吃饭了，说明他进入了下一个阶梯，这时你只要将味道调得比以前重一点点，他就会重新对饭菜感兴趣了。这样的口味维持一段时间后，他又不接受了，这时你再稍微加重一点味道。而不要以为孩子的口味是爬坡似的，今天加一滴，明天就要加一滴半，后天加两滴。

学会咀嚼，才能充分吸收

要从食物中获得营养，不仅要让孩子吃下这些食物，而且还要能够很好地消化、吸收。所以，要等到孩子具备咀嚼的能力，才给他吃块状的食物；否则的话，要不他就囫囵吞枣地咽下去，要不就吐出来。即使咽下去了，也消化不了。

那么怎么帮助孩子学会咀嚼呢？给他吃块状的食物并不能帮助孩子学会咀嚼，而是要教会他咀嚼。但是孩子毕竟很小，你跟他说："要好好嚼！"他根本听不懂，所以，你要做给他看，也就是说，他吃的时候你也吃。和父母一起吃饭，对于孩子来说是件愉快的事，而且看到你的咀嚼动作，孩子会下意识地模仿。也可以在喂孩子吃饭时，你在嘴里嚼块口香糖，让孩子观察你的嘴是怎么动的，这样他才能慢慢学会咀嚼。

每餐多准备些

妈妈们给孩子喂饭时，是不是孩子把你准备的饭都吃完才觉得他吃饱了？其实，这是爸爸妈妈的一个固定思维，孩子全吃完了，很可能他没吃饱；孩子没吃完，其实对于他来说量已经够了。而且，孩子的饭量并不是每一餐都一样的，要允许他有上下20%的差距，也就是说，每次多准备20%的量。我们每餐的饭量还不一样呢，孩子也如此。如果你每餐都要求孩子全吃进去的话，很快就会出现追着给孩子喂的情况，这样会让孩子对吃饭逐渐产生厌恶感，而愉快进食对孩子来说很重要，千万别为了把最后那几口喂到孩子嘴里，而把他吃饭的乐趣给喂没了！

诊室小结

● 宝宝出生后，母乳喂养最为重要。

● 充足的喂养量、良好的喂养方式，再结合生长的评估，就能够让宝宝获得充足的营养，而不必额外补充营养剂。

● 如果宝宝的生长出现问题，要先从妈妈、宝宝自身和喂养方式上考虑，不要马上进入"缺"和"补"的怪圈中。

[第15课]

枕秃并不一定是缺钙

从出生后2~3个月起，很多父母都发现孩子头枕部的头发开始稀少。遇到这种现象，大家会不约而同地认为这是缺钙的表现。情况真的是这样吗？

为什么会出现枕秃？

几乎每个宝宝从出生后2个月开始都会出现脑后、颈上部位头发稀少的现象。只是每个宝宝枕部头发稀少程度不同。严重者枕部几乎见不到头发，医学上称为枕秃。形成枕秃的原因可以这样解释：

1. 宝宝入睡时常常出汗，有时甚至大汗淋漓，这样一来枕头就会被汗液浸湿。孩子也会感到不适，出现身体动作增多，包括左右摇晃头部。宝宝头枕部经常与枕头或床面摩擦，头发就会变少。

2. 宝宝两个月后开始对外界的声音、图像产生兴趣。特别是妈妈，不仅声音可以吸引孩子，而且外表也可引起孩子的注意。此阶段，由于孩子只能平躺，要想追逐妈妈，只能通过转头才可达到。这样经常左右转头，枕部的头发受到反复摩擦，就会出现局部脱发。

3. 宝宝所枕的枕头或平躺的床面较硬，都可对枕部头发产生压迫，其结果也可造成局部头发变少及生长缓慢。

妞妞的头发越来越少了

4个月的妞妞健康活泼。出生后一直是纯母乳喂养，每天喂7~8次。虽然妞妞出生时的体重只有2.95千克，但是现在已长到了7千克。一切都非常顺利，可就是有一件事令爸爸妈妈有些不安——妞妞头枕部的头发越来越少。家里的亲戚、周围的朋友一致认为这是缺钙的表现，应该给孩子补些钙剂。父母没有经验，生怕给孩子补错了，于是，来到医院征求我的意见。

经过检查，我发现妞妞的生长发育情况完全正常，而且还非常聪明伶俐。当把妞妞放置于平卧位时，她会自己转头追逐声音和玩具，稍一引逗就能翻过身子，变成俯卧位。

诊室镜头回放2

宝宝最近开始大量掉头发

浩浩刚2个月，出生时头发黝黑浓密，不知为什么，最近开始大量掉头发。父母听朋友们讲，这可能是缺钙的表现。于是，每天都按时给浩浩补充钙剂。百天时，爸爸给浩浩剃了个光头，希望他的头发能长得好点。半个月后，头发倒是逐渐长起来了，可是发型出现了怪怪的变化——枕部头发寥寥无几。这下，可把浩浩的爸爸妈妈急坏了，难道钙剂补充得还不足吗？于是，来到医院希望抽血检查孩子是否缺钙，以及缺钙的严重程度。经过检查，浩浩的生长发育正常，只是爸爸妈妈说小家伙平日非常爱出汗。血液检查也证实血钙水平正常。爸爸妈妈有点儿迷惑了，究竟是什么原因导致孩子枕部脱发呢？

怎样解决？

耐心等待宝宝逐渐强壮起来，一般6个月后，孩子可以自主翻身、抬头，甚至会坐后，头皮枕部与床面或枕头摩擦的机会就会减少，头发就会重新长出。

不要给孩子穿戴和覆盖过多，减少孩子平日出汗，特别是睡觉时出汗，这是减轻枕秃的好方法。

请不要轻易将枕秃与缺钙挂钩

当然，枕秃与缺钙并非没有关系。平日我们担心孩子缺钙，其实就是担心孩子患上佝偻病。很多人都认为缺钙可以引起宝宝患上佝偻病，然而佝偻病的真正原因是宝宝体内缺少维生素D。宝宝体内缺少维生素D会影响宝宝对钙的吸收以及钙在骨骼中的沉积，从而影响骨骼发育。

佝偻病确实较为严重，所幸的是现在发生率正在迅速降低。原因是母亲怀孕前、怀孕期间以及产后哺乳期间的营养状况已大大改善，宝宝出生后接受母乳的质量也在大大提高。如果母乳不足，目前又有利于宝宝生长的营养均衡的婴儿配方粉、营养米粉等宝宝食品。充足的营养保证，加上合理的喂养（纯母乳喂养期间应该给宝宝提供维生素D的补充），才可摆脱佝偻病等营养性疾病对宝宝的困扰，保证宝宝的健康成长。

在宝宝营养得到保证的前提下，排除宝宝存在一些慢性消耗性疾病的同时，遇到枕秃等问题，要从良性角度出发。遇到难以解决的问题，可以积极向医生请教，千万不要忙于给孩子添加任何额外营养素或药物，避免出现不应有的不良后果。如果爸爸妈妈真是担心孩子有缺钙问题，可以到医院进行静脉血的相关检查。但要注意的是，头发和末梢血的检查也非常容易出现检测误差，造成假象。

佝偻病的主要症状

佝偻病多发生于2~3岁前的孩子。初期表现以精神症状为主，如不活泼、爱急躁、睡不安、易惊醒、常多汗。因为多汗，当然就有可能出现枕秃。如果进一步发展，就会出现骨骼的变化。

3~6个月的宝宝

● 在枕骨、顶骨中央处的骨骼，出现类似乒乓球样的弹性感觉，称为颅骨软化。

8~9个月以上的孩子

● 额、顶部对称性的颅骨圆突，称为方颅。

● 前囟门过大而且闭合延迟（正常宝宝一般在18个月左右即可闭合）。

● 牙齿萌出延迟。

● 胸廓下部几根肋骨在与肋软骨的交接处有似珠子样的凸起——称为肋骨串珠，还有的孩子有肋骨外翻。

● 严重者出现鸡胸，以及今后可出现的罗圈腿（O形腿）、X形腿，脊柱可出现后弯、侧弯等。

需要提醒爸爸妈妈注意的是，仅出现上述一项或两项症状并不能确诊为佝偻病。

[第]16[课]
"吃得好"也会营养不良吗？

小辉的睡眠问题出在哪儿？

小辉出生时体重已达4千克。也许是得到了父母高个子的遗传优势，出生后，他的生长发育速度很快。6个月龄时，体重和身高就达到相当于大多数孩子9～10个月龄的水平。在小辉的喂养上，父母可谓不惜代价，不仅选择了非常好的配方粉，而且也及时地给孩子补充了钙粉和维生素D。他们认为自己的孩子长得快，更需要足够和全面的营养，配方粉中营养成分均衡，肯定优于米粉等辅食，应当是最佳选择。因此，对孩子6个月龄后的辅食添加并没有特别在意。随着孩子一天天长大，他们发现了一个问题：孩子有时会无原因地哭闹，特别是夜里

生活条件好了，吃穿不愁，父母们自然会想尽办法为自己的宝宝提供"充足而优质"的营养物质，希望给孩子一个最好的人生开端。可是，在追求"充足而优质"的营养物质的同时，新的营养误区也跟着来了。

小辉的睡眠问题的检查和治疗

从外表看，孩子十分健壮。不仅表现在身长、体重上，而且神经系统发育也未发现明显问题。一边给孩子做检查，一边与爸爸妈妈交谈。在这个过程中，孩子的确会突然哭闹，不过，过一会儿又能自行缓解。综合起来分析，孩子这种情绪不稳定的现象，加上生长过快、爸爸妈妈对辅食添加不及时，都说明可能存在微量营养素的缺乏，特别是锌缺乏。

经检查，孩子的静脉血锌为57.6微摩尔/升（正常值范围是76.5微摩尔/升～170微摩尔/升）。于是，医生嘱咐爸爸妈妈增添辅食，停用钙和维生素D，并要适当服用一些葡萄糖酸锌口服液（一天2次，一次5毫升）。

3天后，孩子的情绪稳定多了，夜间睡眠也有了明显的改善。

辅食的营养比不上母乳或配方粉？

由于母亲怀孕期间营养充足，现在出生体重较重的宝宝越来越多。再加上孩子出生后能够得到母乳或营养充足的配方粉，像小辉这样生长发育较快的宝宝也越来越多。

这样就面临着一个新的问题，如何喂养生长发育较快的宝宝？一般爸爸妈妈都是选择母乳或价格高的进口配方粉。在孩子生后头4～6个月内，这种做法非常正确。可是，一旦孩子超过4～6个月后，一是营养需求增加；二是孩子的胃肠蠕动加快，流质的母乳或配方粉在胃肠内存留时间就会逐渐缩短，致使营养吸收率逐渐下降。这时，就应该开始添加婴儿米粉等辅食。有些爸爸妈妈仅仅从营养角度出发，认为米粉等辅食不如母乳或配方粉好，因此，对辅食添加并不十分积极。其实，辅食本身不仅可以及时提供丰富的营养，还可增加母乳或配方粉在宝宝胃肠存留的时间，这样就能提高宝宝对母乳或配方粉的吸收率。当然，辅食添加对宝宝整个的生长发育也有相当重要的作用。

睡觉时，会突然哭醒。而且，这种情况越来越严重。

小辉9个月时，父母带着他来到了我的诊室。

必须要补充钙和维生素D吗？

对于生长过快的宝宝，爸爸妈妈比较容易接受给孩子添加钙和维生素D。其理由是，这样可以帮助孩子的骨骼生长发育。目前，大多数爸爸妈妈都给孩子添加了钙和维生素D。是否必须这样做呢？其实，对于母乳喂养的宝宝，最需要适当服用钙等营养添加剂的人应该是妈妈；而对于人工喂养的宝宝，只要爸爸妈妈选择了婴儿配方粉，而且孩子进食量正常，就没有必要再添加钙和维生素D了。因为，婴儿配方粉中已添加了足够的钙、维生素D，以及其他宝宝生长发育所需的营养素。

如何补锌？

现在，这个问题是小辉父母最想知道的。

锌分布于人体所有活细胞内，它参与人体内大多数代谢活动，特别是在维持免疫功能方面有重要作用。锌缺乏表现为食欲减退、易出皮疹、情绪不稳定、味觉异常、体重减退，甚至免疫功能抑制。

贝壳类海鲜、深色肉（瘦牛肉、猪肉）、豆类及干果、牛奶、鸡蛋等都富含锌。食用富含锌的食品时必须同时食入充足的动物蛋白（例如，瘦肉、鱼等）。动物蛋白能提高锌在人体内的利用率。如果仅仅是服用药物性锌制剂，未能同时食入足量的动物蛋白，将不能取得很好的疗效。但是，其他微量营养素的过多摄入，例如大量补钙、补铁都可影响人体对锌的吸收。同样，过多补充锌制剂，也会影响人体对其他微量元素的吸收。最好的办法是给宝宝提供营养丰富、均衡的食物。

在小辉的例子中，问题就在于添加辅食不足，以及不适当地补充了钙剂和维生素D。增加动物蛋白的摄入不仅可以给身体提供充分的蛋白质，还能保证锌、铁等微量营养素的提供。单独且不适当地补充某种微量营养素（例如，钙、锌、铁等）都将影响人体对其他微量营养素的吸收和利用。

诊室小结

微量营养素在人体内虽然含量很少，但所起的作用却非常重要。过多或不适当地补充不仅不能促进孩子健康生长，反而会出现其他营养物质吸收受阻等问题。合理均衡的饮食是最好的营养素补充剂。若孩子出现微量营养素缺乏问题，应在医生指导下，适当补充。

如果爸爸妈妈想知道孩子体内微量营养素的水平，只有通过取静脉血才能获得相对准确的结果。通过检测头发所获得的数据与孩子体内实际水平差距较大。一般通过从手指取微量末梢血即可检查钙、锌、铁、铜、镁等微量营养素，但结果不够准确。

第五单元
每个孩子都能好好吃饭

本单元你将读到以下精彩内容：

- 孩子是不是有很好的咀嚼能力是整个消化吸收过程中最早的，也是最关键的一步。
- 咀嚼是个循序渐进的过程，既要等待磨牙的萌出，又要及早训练咀嚼功能。
- 教孩子咀嚼要用行动来教，最简单的方法就是，喂孩子吃的时候，你的嘴里也要嚼，而且尽可能夸张地嚼。
- 要等到孩子长出磨牙后，才给他吃块状的食物。
- 别让孩子的口味从小被西化，从小让他接受家的味道。

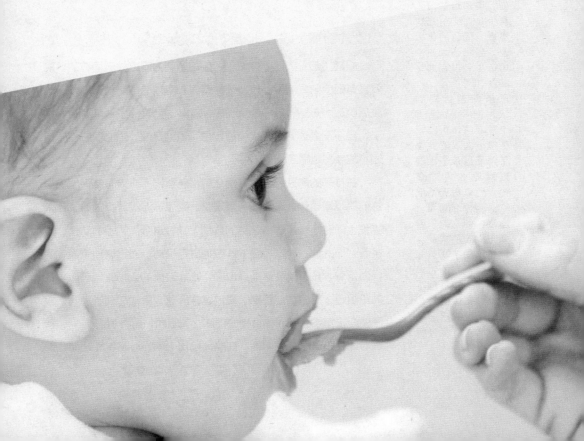

[第17课]

会吃东西的条件：学会咀嚼＋长出磨牙

宝宝大便次数增多，而且消化得不好

乐乐10个月，前面的4颗小牙已长出，生长发育一切正常。只是原来乐乐每天大便1～2次，大便性状非常正常——黄色软便，可最近他每天至少排便3次，每次量多，而且消化极差，经常在大便中可以见到没有消化的食物。

乐乐的爸爸妈妈认为孩子已经10个月，应该可以吃些接近大人的食物了，而且孩子也很喜欢吃大人的食物，所以每天给他吃3顿大人的饭菜。当然，他吃的东西要比大人的软些、烂些。孩子吃得非常愉快，吃的时候会咀嚼，速度也不慢。可是体检时却发现，近来孩子的体重增长速度有所减缓。

宝宝长到6个月左右，牙齿开始萌出，2岁到2岁半，乳牙才基本长齐，其中磨牙开始长出的时间大约在1岁半。那么，根据这样的出牙规律，孩子什么时候应该能够咀嚼小块状的食物呢？是先学会咀嚼再吃块状的食物，还是先给他提供块状食物让他慢慢学会咀嚼？需不需要训练孩子的咀嚼功能？要是需要训练，又应该怎么训练呢？

咀嚼的前提：咀嚼肌动作有效＋长出磨牙

咀嚼虽然是人的本性之一，但咀嚼能力不是先天固有的，需要具备两个前提条件——磨牙的存在和有效的咀嚼动作。孩子出生后6个月左右，前面的门牙开始萌出，这时他虽然可以啃食物了，但还不能达到磨碎食物的作用，也就是说，这时候的小牙齿还不能参与咀嚼工作。

在孩子的磨牙还没有萌出之前，爸爸妈妈应该有意识地先训练他的咀嚼动作。在给孩子喂米粉、菜泥等泥糊状食物时，大人嘴里也同时咀嚼口香糖之类的食物，并做出夸张的咀嚼动作。孩子看到你的这些动作，会下意识地进行模仿。通过这种表演式的行为诱导，孩子就会逐渐意识到，吃非液体的食物时，应该先在嘴里咀嚼，然后才能吞咽。通过这样形象、生动的现场表演，孩子就能慢慢学会吃固体食物的程序：先咀嚼，再吞咽。

即使孩子学会了咀嚼，在磨牙萌出之前，还是不能让他吃那些含有小块状的食物，因为无效或效果极微的咀嚼动作并不能对食物做有效的研磨。这样的食物直接被吞进胃肠，会造成食物消化和吸收不够完全，既增加了食物残渣量（也就是粪便量），同时也减少了营养素的吸收，长时间这样吃，还可能造成孩子生长缓慢。上面第一个例子中提到的乐乐就是这种情况。孩子喜欢吃大人的食物，可能与大人食物味道的丰富有关。加上有些孩子吞咽功能又强，就会出现囫囵吞枣式的进食方式。这样的进食方式看起来孩子吃得不少，可是因为排便量增多，生长反而减缓，达不到预期的效果。

咀嚼的成功：表演 + 耐心

孩子磨牙已经萌出，加上有效的咀嚼动作，就可以开始真正咀嚼块状食物了。这是个循序渐进的过程，爸爸妈妈不要操之过急。在给孩子喂饭时，仍然要继续给他做表演式的咀嚼示范，帮助孩子巩固吃固体食物时先咀嚼再吞咽的习惯。如果在孩子磨牙萌出之前尚未学会咀嚼，就有可能出现第二个例子中提到的欢欢那种情况，即使磨牙长出来了，也还是不会正确咀嚼，直接吞咽。

有些孩子吞咽功能较强，即使食物没有充分咀嚼，也同样可以直接吞咽，这种情况往往不容易被爸爸妈妈发现。而有些孩子不习惯直接吞咽小块状食物，吃饭时遇到有块状食物，就会直接吐出来。遇到这种情况，爸爸妈妈更要在孩子吃饭时表演咀嚼动作，千万不要责备他，以免孩子产生逆反心理，更加不接受小块状食物。另外，让孩子吃块状食物必须以孩子的磨牙萌出为前提，而不是以磨牙萌出的"规律"作为依据，因为孩子磨牙萌出的时间差异较大。

宝宝不会嚼东西
欢欢2岁半了，生长发育都很正常。可有一件事令他的爸爸妈妈又是担心又是恼火：孩子至今拒绝接受含有小块状的任何食物。只要食物中含有块状食物，他一定会吐出来。爸爸妈妈说，欢欢吃东西的时候几乎没有咀嚼动作，东西送入嘴里就直接吞咽下去，就像小婴儿一样。

诊室小结

● 咀嚼是个循序渐进的过程, 既要等待磨牙的萌出, 又要及早训练咀嚼功能。

● 如果两者不能得到很好的匹配, 孩子就会出现囫囵吞枣或者拒绝进食块状食物的情况。

● 不管是囫囵吞枣, 还是拒绝进食块状食物, 时间长了, 都可能造成孩子营养素吸收不足, 从而影响到孩子的生长发育。

养育笔记

[第 18 课]

愉快饥饿：最好的开胃药

孩子吃得好才能长得好，为让孩子能多吃一口，爸爸妈妈没少动脑筋。可有时候事与愿违，你越想让他好好吃，他越是对你精心搭配的食物爱搭不理的！结果孩子的长势自然不理想。

为什么孩子对吃饭没兴趣？

为让自己的宝贝吃得好，长得快，爸爸妈妈什么都舍得：舍得花钱买营养丰富的食品、舍得花时间了解育儿知识、舍得花精力鼓励孩子进食……可最让他们苦恼的是，自己尽心尽力，孩子却不买账！爸爸妈妈虽然能够决定给孩子吃什么，设定进食的时间，选择合适的进食地点和方式，但是孩子却可以选择他们是否愿意吃、每次吃多少。如果你不考虑孩子的选择，那小家伙很可能会以他自己的方式来反抗。

消极怠慢

就像第一个例子那样，孩子虽然能接受爸爸妈妈的喂养，但心不在焉。对于吃饭心不在焉的孩子，爸爸妈妈往往就会采取少量多次喂养的方式。少量多次喂养会使孩子失去饥饿的刺激，胃酸的分泌量就会减少，影响食物的消化和吸收，使孩子丧失对吃饭的兴趣。而且，少量多次喂养还会使孩子失去早期训练注意力集中的机会。

积极抵抗

第二个例子就是典型的积极抵抗。孩子对吃饭根本不感兴趣，而且将吃饭与玩耍混为一谈。在他的小脑袋瓜里，"吃饭"是

每天的进食量完成起来好难！

丁丁现在9个月。在孩子4个月以前主要是母乳加配方粉混合喂养，4个月后开始添加辅食。半岁前，丁丁的生长发育尚属正常。可是，从6个月到9个月，丁丁体重只增长了0.5千克。据爸爸妈妈介绍，丁丁每天喝600毫升左右的配方粉，还吃3次面条、粥、米粉、鸡蛋羹、菜泥、肉泥等不同辅食。按理说孩子的进食量和营养素的提供应该都不少了，可体重增长却很缓慢，爸爸妈妈担心孩子是不是得了什么病。

在询问和检查过程中，我见到了这样的情景——只要丁丁稍有不耐烦，爸爸妈妈立即将装有配方粉的奶瓶送入他的嘴里。问其原因，回答令我很吃惊——不抓紧一切机

63

会给孩子喂奶，就不能达到每天至少600毫升的目标！原来，爸爸妈妈给孩子规定了每天的进食量，必须完成。可孩子根本不配合，奶吃到50~60毫升就叼着奶瓶玩；喂饭时，全家人必须一起上阵，唱歌、跳舞、做游戏。孩子体重长得越慢，爸爸妈妈就越绞尽脑汁想新的招数，可丁丁体重没见增长，爸爸妈妈却被折磨得要崩溃了。

诊室镜头回放2

吃饭就像打仗！

小豆是个1岁半的男孩，非常活跃，连吃饭也不肯安静下来。爸爸妈妈为此想尽了办法：少量多次地喂、追着他喂、边玩边喂。他们苦恼地说：给孩子喂饭就像打仗，而且这仗是越来越难打了！虽然孩子的身高、体重等发育指标都在正常范围内，但生长速度明显减慢。无奈，爸爸妈妈带着孩子来到诊室，寻求解决的办法。

与唱歌、玩耍等共同组成的一个概念，而不是一个单独的概念。为了使孩子尽可能多吃些食物，爸爸妈妈绞尽脑汁，变换花样，但得到的不是孩子逐渐安稳地接受食物，而是更加排斥进食。如果在孩子玩耍兴致正浓时给他喂饭，还会造成孩子的厌恶，甚至抵抗，形成恶性循环。这就是爸爸妈妈经常抱怨的"厌食"。

怎么让孩子重新爱上吃饭？

最好的方法就是"饥饿疗法"：等到孩子真正饿时才喂他，并让他逐渐养成正常进食的规律和习惯。

由于孩子已经对吃饭兴致不足，开始实施"饥饿疗法"时，孩子即使已经饿了，也不会专心地坚持到吃饱，往往吃到半饱时就开始玩了。这时，爸爸妈妈要注意控制吃饭的时间，一般20~30分钟后就要停止喂养。等下次吃饭时间到了，再给他吃。当然，孩子很可能还没到下次吃饭时间就已经饿了，闹着要吃的。这时爸爸妈妈千万不能心软，要想尽办法分散孩子的注意力，让孩子玩喜欢的玩具、做喜欢的游戏，甚至可以带孩子外出。这段时间可以给孩子喝些水，但是绝不能给他任何东西吃。等到下次吃饭的时间到了，再给孩子喂饭。几次后，孩子就会明白吃饭的真正含义——不吃饱就会饿着。

有一点要提醒爸爸妈妈的是，不能用"谁让你平时不好好吃饭，就让你饿着！"这类的话刺激孩子。爸爸妈妈应该做出"装傻""同情"或"无奈"的举动，假装帮孩子到处找吃的，或找钱准备出去给他买食物。当然，最终肯定没有找到任何能吃的东西，也没有找到钱去买食物。这样就不会使孩子心里产生对"饥饿疗法"的抵触。

饥饿的刺激能促使孩子明白吃饱的含义，不仅可以改变孩子对吃饭的兴趣，保证他每次吃到足够的量，保障孩子的生长发育，而且还会养成他集中注意力做事的习惯。

诊室小结

● 孩子具有良好的进食习惯，才能保证营养素的摄入，使孩子能够正常生长发育。也就是说，均衡营养组合+良好进食习惯才能培育出真正健壮的孩子。

● 饥饿疗法是目前最为有效的改变孩子不良饮食行为的方法。一定要使孩子自己认识到不集中精力吃饱饭就会挨饿，这样才可能获得良好的效果。我们又将这种饥饿疗法称为"愉快饥饿疗法"。

养育笔记

[第**19**课]
如何应对宝宝挑食？

在《崔大夫诊室》关于宝宝吃饭问题的现场座谈会上，除了喂饭，挑食、偏食也是让很多妈妈头疼的问题。下面就选取了几个有代表性的话题，进行详细解答。

现场咨询1：孩子吃得少又挑食怎么办？

张盛： 我对女儿的吃饭问题真是头疼。孩子一生下来，食量就不是很大。她吃我的奶，我感觉不是我的奶不够，而是她不吃了。5个月开始加辅食，米粉、烂面条、鸡蛋羹、南瓜泥、胡萝卜泥都加了，她仍旧吃得很少。我变着花样做，她也不爱吃。每次去体检，大夫都说她体重、身长不达标。

崔大夫：什么时候断的母乳？

张盛： 她饭吃得少，又不吃配方粉，我怕她营养不够，就一直没断母乳，直到她1岁零8个月时，我生病要打抗生素，大夫建议我给她断奶，说我的母乳已经没什么营养了。

崔大夫：断奶后孩子的饮食有改善吗？

张盛： 断奶后比原来能多吃点了，但她不吃蔬菜，水果只吃葡萄，米饭小时候还吃点，现在根本不吃，唯一吃的就是肉。现在孩子2岁了，才10千克，谁看见她都说："怎么瘦成这样了！"半年前我给她查过一次微量元素，都在标准范围内的下限。我觉得既然什么都不缺，那就凑合着吧。我们家老人说，你就得掰着嘴灌，我觉得这不是个事。现在是她爱吃就吃，爱吃什么就吃什么，她爱吃肉，我们家现在顿顿都有肉。她爱吃麦当劳、肯德基，我们就天天买给她吃。

崔大夫：大人吃饭的时候，她爱凑热闹吗？

张盛： 是的，因为她觉得好玩。现在我们吃饭时，她要饿急了也跟着我们吃些豆腐什么的。但如果她不是饿急了，她就会挑，比如，说这顿饭里有肉，又可以选择的话，她绝对吃肉，蔬菜、豆腐都不吃，鸡蛋也是一会儿爱吃，一会儿不爱吃，我真是快愁死了。

现场咨询2：不爱吃蔬菜，爱吃零食怎么控制？

孟林松： 我女儿属于食欲比较好的，但她的味觉比较敏感，不喜欢吃的她一定会吐出来。我们给她提供各种各样的蔬菜，还有肉类，她可以自由选择，一般她还是爱吃肉、喝粥。带她出去时，她看到很多小朋友吃零食，就会很向往，跑过去要。担心她吃零食太多会影响吃饭，所以我们不愿意给她多吃，但是不知道怎么控制量。

崔大夫：孩子虽然食欲好，但是有点挑食，是这个意思吗？

孟林松： 对，她有选择，她不吃带叶子的菜，但是给她包饺子她会吃，所以如果她这段时间吃得少一点，就会给她包饺子吃，里边加入她平常不爱吃的菜。

现场咨询3：怎么预防孩子挑食？

徐晓庆： 我代表准妈妈问个问题。我很想知道，有了孩子之后，应该怎么做才能让孩子不挑食，能获得充足的营养？家庭成员之间应该怎么配合，才能够有效预防孩子挑食？

让他主动吃饭

我发现一个很有趣的现象：对于孩子吃饭的问题，大部分爸爸妈妈关注的都是食物的种类和量，就是孩子这顿吃了什么，吃了多少，但是却没有关注孩子吃饭时的情绪，其实这才是最重要的，因为吃饭是一辈子的事情，一天要吃好几顿，情绪好与坏，当然很重要。

要想让孩子好好吃饭，首先要让他有饥饿的感觉。饥和饱是什么感觉，我们大家都知道。可现在的孩子却很少有体会这种感觉的机会，因为爸爸妈妈太善解人意了，孩子还没饿就喂下一顿了，再加上不断的零食，孩子当然就不知道饿了。

我们可以这样做：大人吃饭的时候，就让孩子在旁边玩，看到你们吃得那么香，他也会凑过来要吃，这时你再喂他吃饭，效果肯定比规定他吃饭的时候喂饭要好得多。否则的话，孩子玩得好好的，抱过来吃饭，他会觉得很突然，而且没有给他一个很好的刺激饥饿感的环境。

调动他吃饭的情绪

孩子吃饭好不好，不是管出来的。孩子吃饭不好，不能责备他，也不要规定他必须得吃到多少量，这样孩子会从心里抵触吃饭。可以采用鼓励的方式，给他设个进步奖，只要这一餐比上一餐有进步，哪怕是一点点，也要及时给他鼓励。比如，吃菜，这次他吃了一口，下次吃两口，就是进步了，要及时夸奖他。他没有进步时也不要罚他。而且夸奖他的时候，一定不要跟着一句"但是"，即使他没达到你的要求，也要换一种方式表达，你可以说："今天你表现得非常好，如果明天再多吃点菜的话就更好了！"所以，爸爸妈妈要根据自己孩子现有的条件，降低预期值，放到孩子能接受的水平，让他够一够就能达到，然后根据孩子的进步不断调整，这样才能让他逐渐爱上吃饭。

愉快饥饿疗法

在两顿饭中间不要给孩子吃任何零食，除了水。即使他告诉你他饿了，你也不要给他吃东西，家里其他的人也不吃东西。既不要指责他上一顿没好好吃，也不要表现出心疼的样子。就当作没这回事一样，带着他出去玩，分散他的注意力，一直等到下次吃饭的时间到了再给他吃，这就是"愉快饥饿疗法"。坚持采用这样的方法，用不了几顿，他一定会好好吃，因为最好的开胃药是饿，"饥不择食"这话一点都没错。等到他因为饿了而胃口大开，就要马上对他大力地表扬，这样孩子就会觉得吃饭是件很愉快的事情。

有的妈妈经常很痛苦地跟我说，我一天给他做几顿饭，费了那么大的工夫，为什么孩子却不感兴趣？如果你没有做到让他主动、愉快地接受食物，又没有让他有饥饿感，食物做得再好，孩子也不领你的情。因为他是人，他不是机器，不像汽车，加满油就得跑，你做得再好，他不饿照样不吃，他有权利拒绝你的好心，所以，让孩子吃什么饭是次要的，怎么让他愉快、主动地吃才是主要的。

搭配着吃，才能做到均衡饮食

解决了孩子主动进食的问题，再说吃什么的问题。现在没有一种自然食物的营养是均衡的，要搭配着吃才能获得均衡的营养。

孩子刚开始吃饭的时候，要想做到均衡饮食，要让他吃混合食物，也就是把饭菜混合在一起让他吃，而不要吃口米粉，吃口菜，再吃口肉，或者这顿吃米粉，下顿吃肉泥。否则的话，分着准备，如果孩子都吃下去，当然能获得均衡的营养，但如果少吃一份或少吃一顿，就不均衡了。混合食物则是他只要吃下去一口食物，营养素都是均衡的。其实我们成人吃饭也是如此，没有人是早上全吃碳水化合物，中午全吃脂肪，晚上全吃蛋白质的，都是搭配着吃，有饭有菜，有荤有素，可是我们给孩子吃饭往往不是这样的，这顿吃个蛋黄，下顿吃点米粉，再下顿吃点菜泥，这样吃很难做到营养均衡。

孩子 1 岁以后，通过吃混合食物已经能够接受各种食物的味道了，这时就可以不再吃混合食物，让他分着吃。之所以要等到孩子 1 岁以后才分着吃，是因为太早让孩子选择食物，容易出现偏食、挑食的问题。不光是孩子，我们也一样，几种口味的东西摆在面前，我们总会不由自主地选择自己最喜欢的一种。如果孩子在接受食物的早期就有偏好的话，以后纠正起来就很困难。

让他好好吃饭：有弹性，也要有底线

有的妈妈为了让孩子吃好饭，什么都可以答应他，就像刚才那位妈妈说的，孩子爱吃麦当劳，就天天给她买，这样做也不行。我们做什么事都要有原则，吃饭也不例外，我们要做的，是在这个原则范围之内想办法诱导他，而不是超出这个范围。比如，孩子不爱吃菜，我们可以把菜做成他喜欢的形状，让他自己选择喜欢的餐具等等，但绝对不是无原则的，他喜欢吃一种食物就无节制地让他吃。

当然，这个原则也不能定得太窄，要有一定的弹性。有的妈妈想方设法地让孩子把这一碗都吃下去，差一口都不行，这就属于原则定得过窄的，我们成人也不是每餐都吃同样多的，也有胃口好与不好的时候，当然也要允许孩子有这样的时候。但也不能定得太宽，爱吃几口吃几口，这个范围就太宽了，起不到任何作用。

既注重孩子的食物营养均衡，又不给他规定过于窄的食量，这才是合适的原则，孩子接受起来也比较容易。

诊室小结

我们是养人，不是养机器！孩子吃饭的难题一直是爸爸妈妈既关注又头疼的一个问题，很多爸爸妈妈都跟我提过，能不能做一个吃饭的表，根据孩子的年龄定出孩子每天吃什么，每顿吃多少，把它贴在墙上，每天横竖坐标一查就行了！我说，这样不是养人，是养机器！

不仅要重视孩子吃饭的内容，吃进去多少，还要重视孩子的情绪。让孩子在轻松的氛围中吃好每一餐饭，这不仅能让孩子获得充足而均衡的营养，也能让孩子有一个愉悦的心情！

[第20课]

为什么我们的孩子爱吃西餐

诊室镜头回放1

冲调米粉，奶和水哪个更好？

西西该加辅食了，妈妈咨询了很多人，都说应该先加米粉。于是，妈妈买来了婴儿米粉，准备给西西吃。闺密看到她用水冲调米粉，马上说："你应该用奶来冲调米粉，我之前就是这样做的，用奶冲调更有营养。"之前西西一直吃的是母乳，为了给西西冲调米粉，妈妈特意买了婴幼儿配方粉。

宝宝没加辅食之前，吃的是母乳或配方粉。开始加辅食后，口味就多变起来，给他吃什么，怎么吃，这不仅仅是让宝宝获得充足营养的问题，还关系到宝宝以后能不能很好地和家人一起享受美食的问题。然而，在给宝宝添加辅食时，你可能很少考虑到这一点。

口味选择背后的饮食习惯

宝宝接触的第一种奶之外的食物通常都是米粉，怎么给宝宝调米粉？用奶还是用水？可能很多家长不以为然："这重要吗？"其实，这真的很重要。

婴儿配方米粉起自于西方国家，西方的饮食以西餐为主，他们从给孩子添加辅食的时候，会逐渐引导孩子怎么接受西餐。所以，冲调米粉时，他们通常建议用奶来调，还可以把水果丁放在里面，孩子长大以后，就会接受食物里奶的味道。而我们的饮食习惯里，并不喜欢这样的味道。但如果家长按照西方国家的习惯来给孩子调米粉，孩子从小适应了这样的口味，等到能吃成人食品的时候，他就不愿意吃了，因为不是他从小熟悉的味道。所以，用水还是奶调米粉，看似小问题，其实背后有着不同的饮食文化与习惯问题。

很多家长都问我这样的问题："谷物米粉或燕麦米粉是不是比大米米粉的营养好？"我会反过来问家长："你们家里经常吃的是什么？是大米还是燕麦？你给孩子吃的东西，应该是家里的大人都常吃的东西。"所以，我建议给孩子买大米做的米粉，因为我们中国人吃大米吃得比较多。如果去买那些奶米粉、麦米粉，甚至燕麦米粉、水果米粉，以后孩子的味觉就容易被西化，当他和家人一起吃饭的时候，你会发现他的饮食习惯和家人的不太一样。

最好的不一定是最适合的

中国人的饮食习惯带有很强的地域性，比如，北方人跟南方人的饮食习惯不一样，西部的和东部的饮食习惯也不一样。

而我们现在的孩子，因为物质产品的丰富和国际交流的频繁，在出生后就接触到了很多对他们的父母来说都很新鲜而又遥远的食物，父母想的是，尽量让孩子获得更好的、更有营养的食物，而没有考虑到口味的地域性、本土性的问题。所以，给孩子吃什么，千万不要只追求最新的、最好的，关键是要找孩子适合的。

"水土不服"，过敏来袭

有个家长跟我说，孩子吃了胡萝卜后满身起疹子，过敏了。我们想想，有谁听说过吃胡萝卜会过敏的？问了家长，她说是吃了罐装的胡萝卜泥后出现的过敏。我让她在家里将胡萝卜蒸熟后给孩子吃，最后发现孩子并不过敏。可见，孩子并不是对胡萝卜过敏，而是对罐装胡萝卜里的其他物质过敏，比如，罐装里边的添加剂、防腐剂。如果是国外进口的罐装食品，里边可能还会有黄油、奶酪等东西，都有可能引起孩子过敏。大家一定要知道，我们在接受这些新鲜东西的时候，要有一个本土化的概念。也就是说，在使用这些产品的时候，怎么将它们与我们熟悉的口味相融合，使它能与我们以后的养育不发生冲突。

我们常说的一个词叫水土不服，我们让孩子早早接触那些外来的食物，是不是也有水土不服的问题？一次去西班牙参加一个国际会议，会议的主题就是文化和营养的结合。这是一个不同地方、不同家庭的人需要遵循的规律，文化对饮食营养的影响是潜移默化的。现在，很多孩子从小接触到的配方粉、婴儿罐装食品，甚至零食，口味都是西化的，以后让他和家里人一起吃饭，接受中餐的时候，他的接受度会出问题。也就是说，我们很多的饮食文化被孩子所抵触，被他们所改变，说大一点，民族的饮食文化就会被冲击。可见，饮食不仅仅代表着各种营养素，它必须跟我们的文化背景相融合，不能将营养与文化完全分割开来。

诊室小结

- 建议给孩子买大米做的米粉，而且要用水来冲调米粉。
- 给孩子加辅食时，应该选择家庭经常吃的食物，让孩子从小接受家的味道。
- 给孩子吃什么，千万不要只追求最新的、最好的，关键是要找孩子适合的。
- 饮食不仅仅代表着各种营养素，它必须跟我们的文化背景相融合，不能将营养与文化完全分割开来。

养育笔记

[第 **21** 课]
呕吐

一旦遇到孩子呕吐，我们该如何帮助孩子有效减轻病痛呢？先看看下面的例子，我们再来详细说一说。

呕吐，为什么会发生？

呕吐多数都是由于胃部受到刺激引起的，比如，冷刺激、病原菌刺激及胃部肌肉痉挛等。胃部受到刺激伤害后，会出现正向和逆向不规则交替蠕动，而蠕动的紊乱又会导致食物或胃肠液经胃—食道—口腔反流，这样就会出现呕吐。呕吐物中不仅含有食物、液体，还含有大量电解质，比如，氯离子、氢离子等。如果这些离子丢失过多，就可能造成体内阴阳离子平衡失调和体内酸碱平衡失调，而失调的结果又会刺激包括胃部在内的人体所有器官，出现器官功能障碍。特别是受到进食或喝水等刺激后又会出现呕吐，形成恶性循环。咽部、食道等部位受到刺激或闻到特殊味道都可引起呕吐。另外，大脑受到损伤，特别是出现脑水肿时，也会出现呕吐。大脑受到损伤时出现的呕吐是喷射而出的，医学称为喷射性呕吐。

孩子出现呕吐时，如果不伴有神经系统症状，比如，抽搐、昏迷等，多是由于咽、食道或胃部受到刺激引起的。其中，急性胃肠炎最为多见。顾名思义，胃肠炎是从胃部开始的，所以，呕吐常是首要的表现。

诊室镜头回放

佳佳吐了！

"昨天，女儿佳佳突然开始出现呕吐。我想光吐不吃怎么行啊？可吃点东西，她吐得反而更厉害。光夜里就吐了10多次。"佳佳妈妈在诊室里讲述道。

事情是这样的，3岁的佳佳前天下午从幼儿园回家，有点没精神，晚上睡觉显得挺不安稳的，还哭闹了几次。当时，佳佳的爸爸妈妈并没有特别在意，昨天早晨，佳佳喝完奶后很快就吐了，紧跟着就一发不可收拾。刚吐完，她就哭着要吃饭、喝水，结果吃了又吐，弄得妈妈很为难：又想给她吃饭、喝水，又怕她连吃的药都吐出来。无奈之下，他们只好带着佳佳去了医院。

经过询问，佳佳已

经至少6小时没有尿了。佳佳的口腔明显很干，哭的时候眼泪也很少，皮肤弹性变差了。显然，出现了脱水症状。静脉输液约2小时后，佳佳开始排尿了。这说明脱水的情况已缓解。医生建议父母暂时让孩子禁食，可是，他们不太能接受这样的决定，因为担心这样下去孩子会出现营养不良。于是，又给佳佳喝了些牛奶，结果又开始出现呕吐。这样的反复，搞得佳佳的父母筋疲力尽，他们觉得神经简直都快崩溃了。

看样子，要想得到佳佳父母的理解和协助，必须向他们解释清楚孩子呕吐的发生机理，以及医生治疗的思路。

孩子出现呕吐，该怎么办？

遇到孩子出现呕吐，先要暂时停止通过口腔进食和喝水，让胃肠得到适当的休息，同时观察孩子的表现，比如，是否存在发烧、精神状况或神志异常、咽部肿痛、大便异常等。如果存在，需要记录呕吐前孩子的异常表现，还需记录下引起呕吐的直接原因，比如，进食、咳嗽、服药，等等。

很多家长能够理解暂时停止进食水的观点，但为了孩子早点康复，经常很快给孩子吃药。其实，吃药对胃肠的刺激更大，常常引起新的呕吐，所以，要想给孩子尽快用药，也最好采用经肛门给药的办法，可选用茶苯海明栓剂等对症的药物。肛门栓剂不仅可以起到止吐的作用，而且还可刺激直肠蠕动，容易诱导孩子排便，排便还可以帮助孩子排出毒素等刺激物。有时，医生怀疑孩子患有急性胃肠炎，还会特别采用温盐水灌肠、开塞露肛门内注射等诱导排便的方法，以增加肠道蠕动和排便，从而缓解胃内的压力，有利于缓解或终止呕吐。很多时候，一旦孩子出现了腹泻，呕吐很快减轻，甚至停止。

暂时禁食水约1~2小时后，若孩子呕吐有所缓解，而且精神及一般情况都不错，可重新尝试给孩子喝10~20毫升温糖盐水或温口服补液盐水。如果孩子能够喝下去，每20~30分钟重复服用。

特别解读

耐心很重要！

这个过程千万不要操之过急，否则会引起新的呕吐。如果处理不当，就会出现服一次10~20毫升的水，再吐出超过10~20毫升的更多胃液。这样，不但没有达到补充的效果，反而会加重呕吐，甚至脱水。

如果孩子确实很难喝进去水时，你需要仔细观察孩子是否存在脱水的情况。如果还没有脱水，继续禁食水，让胃肠道再多休息一段时间；若已出现脱水，应及时送到医院进行补液。

如何判断孩子是否脱水？

观察尿量，记录每次排尿的时间、尿量和颜色。若已4小时没有排尿或尿量极少且很黄，都说明孩子出现了脱水。

观察孩子口腔内是否干燥、哭时是否有泪、小婴儿囟门是否凹陷、皮肤弹性是否正常及是否出现神志的改变等，也可了解孩子的脱水程度。当然，这些症状是比较严重时的表现。

如果发现孩子明显少尿，家长就应当及时将孩子送到医院进行诊治。

了解医生的治疗思路

禁食、补液、纠酸是医生治疗的基本原则。禁食时间的长短不是医生主观决定的，而是根据孩子的情况而定。补充水分不只是纠正脱水，关键是要补充呕吐造成的电解质丢失和酸碱失衡。这时，医生往往要给孩子取血进行相应的检查。

特别解读

为什么要取血？

很多家长不希望给孩子取血，认为孩子已经很受罪了，取血会加重孩子的痛苦。可是，如果不取血检查电解质和酸碱状况，凭经验补液，有可能造成水分补充充分后，电解质和酸碱平衡仍然失调。这样不利于有效缓解呕吐及其他症状。水分补充与电解质酸碱纠正间差异过大，可出现水中毒，引发新的问题。

补液是按照"先快后慢、先盐后糖、见尿给钾"的原则进行的。也就是说，开始时输液速度较快，根据孩子情况逐渐减慢；开始时液体内含钠多，逐渐变成含葡萄糖较多；输液过程中，只有见到孩子排尿，才能在液体内加入钾离子。

整个过程由医生控制，家长需要配合的是：一旦孩子排尿了，及时通知医生护士，以便及时进行输液的调整。在补液过程中，孩子是否可以重新开始进水或吃食物了，应该与医生护士共同讨论决定。不过，即使可以重新开始进食水，也要循序渐进：含糖盐的温水—烂米粥或专门适于胃肠不适的特殊配方粉—普通婴儿配方粉—婴儿食物，慢慢地过渡。

整个过渡过程至少需要1周。这期间暂时不要考虑孩子的营养问题，因为只有呕吐得到纠正，才可能谈到营养。否则，过早添加营养丰富的食物，只会加重胃肠负担，继续出现呕吐，反而影响了婴儿的营养状况。

诊室小结

6条原则从容应对呕吐

呕吐是一种急性症状，来势凶猛。家长一定要保持镇静，尽早请教医生，接受正规的指导和治疗。另外，下面6条原则会对缓解呕吐有所帮助。

- 暂时禁食禁水，观察孩子的情况，并记录相应的异常表现。
- 最好采用肛门内给药的方法来缓解呕吐。
- 待孩子病情稍平稳后，可让他少量多次喝些温糖盐水。
- 如果孩子仍然不能喝水，可再等待一段时间，并判断是否出现脱水。
- 出现或怀疑脱水时，应接受医生的正规补液治疗。
- 重新开始进食后，也要遵循由稀到浓、由少到多、由简单到复杂的原则。

[第22课]

消化、吸收，不同难题不同处理

要想解决孩子的消化吸收问题，首先要知道孩子的问题出在哪儿，是消化不良还是吸收不良？一个很简单的方法，就可以帮你判断问题所在。

吃什么排什么是消化问题

如果发现大便中有明显的原始食物的迹象，也就是说，孩子吃了青菜，在大便中能看到青菜叶子，说明食物根本没有经过碾碎就直接排出来，这是消化工作没有做好，是消化问题。

大便性状好但量特别多是吸收问题

孩子的大便看着性状很好，没有发现原始食物的残渣，但每天排大便的量特别多，说明已经消化好的食物吸收不进去，就叫吸收不良。

我们会发现孩子腹泻的时候，他的大便不是一块块的，而是很均匀的或水状的成分，但是排便量非常大。这就是典型的吸收阶段出了问题。

通常情况下，身体健康的孩子出现的往往是消化问题，而生病的孩子往往会出现吸收方面的问题，比如腹泻、肠道手术等。所以，正常情况下，我们更需要解决的是孩子的消化问题。

要想解决孩子消化吸收中的一些问题，当然先要寻找到底是哪儿出了问题，我们还是一步一步来。

解决从消化到吸收的点点难题

不同的阶段出了问题，要用不同的方式去处理。

不会咀嚼：用行为教育孩子

如果没有很好地训练孩子的咀嚼能力，他就会凭着他强大的吞咽功能，把喂到嘴里的食物都囫囵吞枣地咽下去，使大块食物不能得到很好的消化，又原封不动地拉出来。

教孩子咀嚼，要从添加辅食开始，而且要用行动来教，喂他吃饭时，你的嘴里也嚼，而且尽可能夸张地嚼，让孩子模仿你的咀嚼动作。

经过训练，孩子掌握了咀嚼的动作，这样等到孩子的磨牙长出来后，他就可以顺利地用牙齿嚼了。

吞咽困难：查查大脑

正常的孩子都拥有强吞咽功能，如果孩子的吞咽功能不行，那很可能就是病态了，必须到神经科检查孩子的吞咽功能。

吞咽受大脑控制，是大脑神经的一种反射，当孩子的嘴里有食物时，大脑就会传递信号，发出吞咽的指令。所以，孩子出现吞咽困难，很多都跟大脑的发育有关系，比如，脑瘫的孩子就可能出现吞咽问题。早产的孩子因为大脑发育还不成熟，吞咽也不太好。另外，如果孩子受到脑损伤，或者有神经方面的疾病，也会出现吞咽障碍。

胃食道反流：药物治疗

食物通过食道到胃里后，正常情况下是不会再往上返的，如果孩子吃下去又吐出来，就说明存在胃食道反流。

胃食道反流是因为胃存在逆蠕动，这种情况需要到医院请医生帮助，通过药物治疗，把逆蠕动变成正蠕动，食物的反流就会消失。

幽门狭窄：手术治疗

如果孩子呕吐比较严重，而且吐出来的东西不是吃下去的流质的奶，而是块状的东西，这是因为奶已经跟胃酸混合，起了一定的化学变化，这就说明是胃的环节出了问题，很有可能是幽门狭窄的缘故。这种情况只能进行外科手术。手术操作比较简单，只要切开肥厚的幽门，就可以排出胃部出口的压力，呕吐就会消失。

肠道受损：抗生素+益生菌

正常的吸收过程中如果出了问题，多半是出现了炎症的反应，也就是小肠出现了感染，这时候孩子就会出现胀气。因为小肠中本来是不应该有有害细菌的，孩子吃东西的时候把坏的细菌带了进去，异常细菌在小肠中的数量太多，就会影响肠道的吸收功能，同时加快败解，而败解的过程中又会产生气体，所以孩子会出现胀气。这就像装在塑料袋里的食物，如果这种食物开始腐烂变质，我们就会发现塑料袋膨胀起来了，因为食物在败解的过程中会产生气体。这时候孩子往往会出现呕吐，就是因为肚子里的气太多，往上顶而造成的。如果是结肠感染细菌，就会出现加速排便的现象，大便很多，胀气反而不严重。

可见，从孩子的外在表现就可以简单判断他是小肠受损还是结肠受损。但不管是小肠感染还是结肠感染，都要用有针对性的抗生素和益生菌来治疗。

便秘：益生菌+诱导排便

孩子排便困难，一个原因是败解不好:肠道菌群建立得不好，可以给孩子吃些含有益生菌的食物和益生菌药物，特别是含有活菌的食物和药物，帮助他建立肠道菌群，使肠道内的物质得到充分败解。

大便干的另一个原因是大便在结肠中停留的时间太长，大便中的水分都被结肠吸收了，使大便变干，所以要诱导孩子养成定时排便的习惯。如果孩子因为排便困难而拒绝排便，可以用开塞露来帮忙，帮助他慢慢形成排便反射，用了几天开塞露的孩子慢慢就会知道，到时间就要排便。等到已经形成良性刺激，不用开塞露孩子也会按时排便，这时就要停止使用开塞露了。使用的时候，一定注意定时，而不是想起来就用，想不起来就不用。这样是无法形成良性刺激的。

[第**23**课]
恢复免疫力——从肠道开始

孩子经常腹泻，是否需要给他吃些益生菌？哪些不经意的习惯正在无形中吞噬着孩子的肠道健康？一旦出现问题，应该如何恢复肠道功能？

肠道——人体最大的免疫器官

除了掌管消化、吸收、分泌功能外，肠道还肩负着完成人体免疫大计的重任，肠道如果健康，受益的可不仅是肠道而已，更会惠及全身。反之，如果肠道不够健康，整个人也会处在免疫力低下的非正常状态。

如何判断肠道是否健康？

正常人的肠道里有"好菌"也有"坏菌"，二者平衡才构成了健康的肠道，当菌群遭到破坏，肠道失去正常，大便就会出现异常情况，出现腹泻或便秘，因此通过观察大便，我们就可以很容易推断出身体肠道内的健康情况，如果孩子的大便软硬度刚刚好且排便规律，就说明他的肠道是健康的。

如何维持正常的肠道功能？

均衡营养的膳食

健康的一日三餐和加餐包含蛋白质、脂肪、碳水化合物（包括纤维素）、维生素、矿物质等人体所需的营养物质，完全可以满足孩子的身体需要，而不需要额外补充任何营养素。饮食上不要食用过冷、过热的食物，切忌暴饮暴食。

充足的睡眠

当身体处于疲劳状态时，很难抵御外界入侵的病菌。高质量的睡眠可以使免疫系统得到某种程度的修复和调整，有助于改善孩子的免疫系统。

规律的作息

成年人大多有这样的体会，暴饮暴食、熬夜后，身体经常出现便秘的问题，对于孩子来说，因为肠胃发育还不够完善，因此更需要保持自然规律的作息习惯。

少菌而非无菌的生活环境

2003年暴发的一场"非典"，使得本该在医院或大型公共场所中才能使用的消毒剂大肆进入家庭。细菌在人体免疫功能的发育中起着至关重要的作用，如果平时没有接触细菌的机会，周围环境太干净，肠道就无法发育成熟。家庭应停止使用过量化学消毒剂，让孩子适量接触细菌，少量细菌能进入到孩子的肠道内，这对他今后肠道的免疫功能的建立和成熟非常有好处。

母乳喂养

不建议母乳喂养的妈妈在喂奶前先将乳头擦洗干净，因为孩子在吮吸时，可以适当吃到妈妈乳头及乳头周围皮肤上和乳管内的细菌，有利于婴儿肠道菌群的建立和健康。而配方奶喂养属于无菌操作，奶瓶和奶嘴使用之前都要高温消毒，喂养方式中也不会引入细菌，尽管配方奶生产厂商都会在奶粉中加入活性菌成分，但也远远达不到与母乳喂养相同的水平。

不滥用抗生素

抗生素只针对细菌感染，不是治疗发烧、咳嗽、腹泻、肝炎的"万金油"，如果是病毒性感染引起的咳嗽、发烧，抗生素不仅不会起作用，还会因误杀细菌使得正常的菌群遭破坏，影响人体的免疫功能，更加重病情。只有经过化验发现这些疾病是由于细菌感染引起，抗生素才能发挥应有的作用。

小建议

在服药后2小时，适当服用益生菌，这样能减少被破坏的细菌，并使其肠道免疫功能尽快得到恢复。

肠道功能出现问题时怎么办？

孩子的免疫系统虽不甚完善，但也较为强大，只是因为种种原因使其削弱，当孩子的肠胃出现不健康的表现时，父母们可以通过一些方法，来改善这种不佳的状态，使之恢复正常。

尽可能减少肠道细菌被破坏的机会，首先是要改变家中滥用消毒剂的习惯。一方面，生活环境少量细菌的存在，有利于孩子肠道免疫功能的建立；另一方面，更重要的是避免孩子因为慢性食用消毒剂，导致肠道内的细菌平衡被打乱，引起免疫功能受损。过量过滥使用消毒剂，除了降低肠道免疫力之外，还可能会引起过敏性鼻炎、咳嗽、流鼻涕、哮喘、过敏性结膜炎等疾病。

小提示

居家生活黑名单——常见消毒剂中的消毒成分

过氧化物类：氧化氢、过氧乙酸、二氧化氯、臭氧等

含氯消毒剂：次氯酸钠（84消毒液）、漂白粉、漂粉精等

醛类消毒剂：甲醛、戊二醛等

醇类消毒剂：乙醇（酒精）、异丙醇等

酚类消毒剂：苯酚、甲酚、卤代苯酚等

含碘消毒剂：碘酊、碘伏

第二部分

关于常见病

宝宝生病是爸爸妈妈最烦恼的事。然而不太妙的是，所有的宝宝都会生病。

其实，换一种角度想，生病时的症状往往是身体抵抗疾病的一种反应，比如发烧、咳嗽。

生病的过程对于宝宝来说，也是一个让身体"学习"的过程：认识各种细菌和病毒，产生对它们的抵抗力，孩子的免疫系统也会逐渐发育起来。

在这一部分，崔大夫逐一分析他处置过的典型病例，告诉我们应对宝宝生病最需要的知识:哪些情况不必担心，哪些情况必须紧急处理，带宝宝看病怎样会更顺利，给宝宝用药有哪些讲究……

了解了这些，我们的焦虑会减少很多。用平和的心态面对宝宝生病，我们会做得更好。

第六单元

感冒、发烧

本单元你将读到以下精彩内容：

- 孩子体温升高不一定就是异常。如果仅仅是短暂的体温波动，全身状态良好，没有其他异常表现，就不应认为孩子在发烧。
- 发烧是人体的一种保护性机制，不是一种可怕的征象。
- 孩子体温高于38.5℃时，要给他服用退烧药。
- 孩子发烧时，不要一味地以控制孩子体温恢复到正常为目标。
- 只有细菌感染引起的发烧才能选择使用抗生素治疗。
- 无论是用抗生素还是其他药物，目的都是治疗引起发烧的原因，而不是发烧本身。

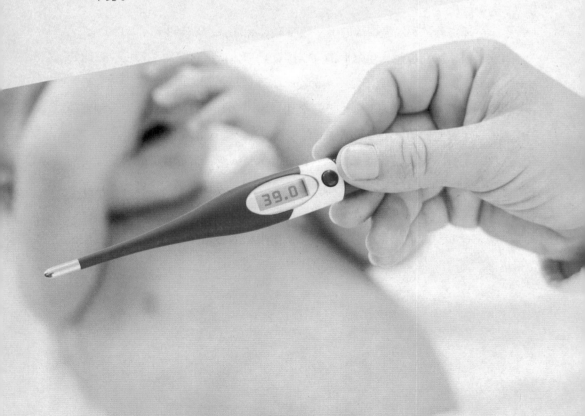

[第24课]
A⁺方案预防宝宝感冒

感冒又称为上感，顾名思义就是上呼吸道感染，主要由病毒所致。每年的冬季，预防宝宝感冒都是父母们必做的功课。这里，我们为您提供了一些最自然、最简单的方法，让每年的冬天变得轻松一点！

小宝宝为什么也会感冒？

一般来说，孩子出生后6个月内确实不爱生病。这是因为妈妈在怀孕期间通过胎盘传给了宝宝很多种抗体。这些抗体会在宝宝体内存留6个月左右。不过，妈妈传给宝宝的抗体也不是百宝箱，抗体的种类与她自己曾经遇到过的感染有关。引起感冒的病毒可有上千种之多，妈妈不可能对任何感冒病毒都有抗体。所以，6个月内的小宝宝仍然有可能患感冒等感染性疾病。

预防方案

定时开窗通风

进入秋冬季，北方风力较大，一般家庭的门窗都关闭较严。除了为保暖，还是为了减少灰尘等进入室内。按一般人的理解，灰尘中会含有很多致病的病毒和细菌，减少灰尘应该可以减少疾病，特别是呼吸道感染的发生。其实并非如此。关闭门窗确实可以起到隔尘的作用，但是并不能减少呼吸道疾病的发生。

我们平日说外面很脏，指的是灰尘较大、病菌种类多，但每种病菌的密度比较低，不易引起人体发病。所以，人们常说外面

诊室镜头回放1
4个月的娜娜感冒了！
都说出生后6个月内的宝宝不容易得病，可刚满4个月的娜娜从4天前开始出现流鼻涕、打喷嚏的症状。全家立即进入了紧急状态。第二天，爸爸妈妈就将孩子抱到医院。
经检查，除了流鼻涕、鼻塞、多泪以外，没有发现其他异常问题。于是，我给娜娜用了一些治疗感冒的药物，病情很快得到了控制。但爸爸妈妈很想知道，如何预防下次感冒呢？

空气新鲜。如果我们把门窗紧闭，加上室内干热，存留于室内的病菌虽然种类少，但可迅速繁殖，致使密度增加。病菌的密度增加就可增加人体感染呼吸道疾病的机会。这也就是为什么小婴儿不出屋，也会患感冒的缘故。如果定时开窗通风，虽然可能让很多种类的病菌进屋，但可降低每种病菌的密度，反而降低了呼吸道感染的危险。

亲吻孩子前做清洁

由于成人抵抗疾病的能力相对较强，很多时候即使接触到了病菌也不会发病。但是，存在于成人口、鼻、咽内的病菌会对家中的宝宝造成一定的威胁。很多爸爸妈妈回家后，洗完手、换完衣服，就去亲孩子。殊不知，在与宝宝近距离接触时，通过呼吸就可将成人口、鼻、咽内的病菌直接传给宝宝。这是宝宝躲在家中也会患上外界流行疾病的又一个原因。

为了避免成人与宝宝近距离接触造成的交叉感染，请在外出回家后做以下几件事情：

- 洗手。
- 换衣服。
- 用淡盐水漱口和清理咽部，以及清洗鼻腔。

小提示

你需要警惕的事情

如果你已患呼吸道感染，应暂时远离自己的宝宝。

如果你周围的同事患有呼吸道感染，你也要特别注意与宝宝保持一定的距离。因为，此时你很可能正是健康带菌者。此外，在这种情况下，在下班途中，你最好多在外面走动一下，通过与外界空气交换，可减少口、鼻、咽内的病菌含量。

开车族的爸爸妈妈，更是要注意，在回家途中，注意适当开窗，呼吸外界空气，减少自身口、鼻、咽内携带病菌的数量。如果路上堵车严重，你的车厢里也会有较重的空气污染。下车后最好别直奔回家，马上抱孩子。而是想办法先"清洁"一下自己。

集体生活中的孩子为什么容易生病?

孩子进入集体生活环境中,特别容易出现呼吸道感染。这是因为孩子们之间接触紧密,其中任何一个孩子得病,都可引起其他孩子发病。这是最主要的原因。此外,还有其他一些因素,比如,衣服穿得不合适、喝水少等也会导致孩子容易患上呼吸道疾病。

预防方案

穿衣服不必过多

很多爸爸妈妈怕孩子着凉,在秋冬季往往都给孩子穿过多的衣服。可是,孩子在幼儿园玩耍过程中,经常会出汗。出汗后,内衣潮湿,再遇到风吹,孩子就容易出现真正的着凉。而着凉后,抵抗疾病的能力自然降低,疾病就会乘虚而入。

保证孩子多喝水

年龄小的宝宝在家主要由大人精心照顾。大人会安排小宝宝吃饭、喝水的时间和规律。可是,到了幼儿园,老师虽然也会给孩子定时发水喝,但其他的大部分时间并没有人提醒。因此,很多孩子在幼儿园期间喝水比较少。

为了让孩子多喝些水,在家里,你要给他进行一定的训练。比如,将倒好的水放在固定的地方,提醒孩子自己拿水杯喝水;定时提醒孩子喝水,等等。多与幼儿园的老师交流,了解幼儿园的生活习惯,使家中的生活规律尽可能与幼儿园接近。

亲近户外冷空气

进入秋冬季后,孩子在户外活动的机会越来越少了。很多爸爸妈妈每天用车接送孩子到幼儿园。由于孩子没能适应天气的变化,一旦接触寒冷的空气就可能出现呼吸道感染。

每天,让孩子在户外适当活动一定的时间,感受天气的逐渐变

诊室镜头回放2
总爱感冒!
2岁的莺莺从9月份上幼儿园起,就开始频繁感冒。特别是深秋和入冬后,发作更为频繁。几乎每个月都会出现感冒、发烧。该打的预防针打了,该穿的衣服也穿了。总之,该想的办法都想过了,只差看医生了。于是,我和莺莺的父母进行了一次长时间的交谈。

化。孩子适应了天气的变化，也就减少了着凉的机会，当然也就减少了呼吸道感染的机会。

预防孩子感冒最好的办法：让孩子更加接近而非躲闪自然。

其实，感冒本身可以刺激儿童免疫系统的成熟，即使孩子感冒了，爸爸妈妈也不要惊慌失措。在医生的指导下，合理用药，注意休息，孩子很快就能痊愈。

诊室小结

预防感冒的5个自然法则

- 室内经常通风，减少病菌密度。
- 室外经常活动，适应天气变化。
- 多喝些水，将毒素排出体外。
- 合理增减衣服，少着凉，知冷暖。
- 病人要远离，避开带菌者。

养育笔记

[第25课]
哪些原因会引起宝宝发热？

在诊室里，我经常会接到一些父母焦急地打来的电话，告诉我宝宝的体温有些升高了，但又不知道是什么原因引起的。下面是一个真实的案例：

正常环境下，儿童体温超过38℃均应视为发热。在孩子发热前，多少都有一些先兆，如饮食减少、活动减弱等。这些表现，往往不被平日忙碌的爸爸妈妈所重视。一发现孩子发热，即认为是无任何其他表现的突然发热，为此出现惊慌失措。

其实，发热是一种表现，本身不是一种疾病。因此，对于发热的孩子，最重要的是观察并寻找引起发热疾病的表现。爸爸妈妈能及时、准确地注意并描述这些表现，会利于医生对孩子做出快速、准确的诊断。下面这些疾病都会引起发热的症状。

皮疹

孩子容易患发疹性传染病，如麻疹、猩红热、风疹等。

中耳炎

中耳炎也较易侵犯儿童。通常都是在患过感冒后，述说耳痛，有时还用力拉一侧耳朵。此时用手电可观察到孩子耳道内有液体淤积或流出，这是非常重要的观察。再有，测量耳温时，一侧明显高于另一侧达0.5℃，也提示耳温高的一侧可能有发炎。

宝宝得了急性扁桃体炎

一天，3岁辰辰的妈妈打来电话咨询，说前一天半夜发现辰辰睡眠不安，当时体温为37.9℃，妈妈给他服用了"泰诺林"退热剂。半小时后，孩子又入睡了。可今天早晨，孩子的体温再次升高，高达39℃。妈妈再次给孩子服用退热剂，但这次被孩子吐了出来。在听他妈妈诉说的同时，我询问孩子身上是否出了疹子，是否用手揉搓耳朵，是否说嗓子疼痛等等，一连串问题把妈妈问蒙了。看样子，这位母亲没有观察这些问题。我建议她把孩子带到诊室来。

当妈妈将孩子带入诊室时，孩子的精神状况较差，烦躁不安，趴在妈妈的

肩上。当时体温为
38.8℃。经检查发
现，孩子的咽部红
肿，扁桃体肿大，
并被脓苔覆盖。血
液中白细胞已升高
到19×10⁹/升，中性
粒细胞达89%。整
个情况说明孩子得
了急性细菌性扁桃
体炎。

虽然为急性扁桃体
炎，也不会一夜之
间突然发生。的
确，妈妈在情绪稳
定后说，这几天孩
子饭量有所减少，
而且也不如平日活
跃，有点儿发蔫。只
是，这些并没有引起
爸爸妈妈的重视。

咳嗽

　　咳嗽也是发热儿童常有的现象。一般在出现流鼻涕、打喷嚏
1~2天后出现的咳嗽，多为急性上呼吸道感染。急性上呼吸道感
染大部分是由病毒所致，有些也为细菌或其他病原微生物所致。

　　要是爸爸妈妈能用勺柄压迫孩子的舌头，发现咽部红肿；咽
部两侧还可见到近乎球形的肿物，表面粗糙，有时还有白色的附
着物，一般提示为细菌引起的急性扁桃体炎。这类患儿在患病期
间，不喜吞咽，而且进食、水或药后容易出现呕吐。

　　若咽部红肿，表面有溃疡，并且孩子述说吞咽时嗓子疼痛，
则可能是病毒感染引起的咽颊炎。

急性喉炎

　　对于咳嗽的孩子，还要特别注意咳嗽的声音。若咳嗽费力，
声音嘶哑，如同犬吠，应高度怀疑急性喉炎。由于夜间室内温
度较高且空气干燥，急性喉炎的症状往往更为明显。对于这种
情况，一定要到医院就诊，切不可大意，因为喉炎可引起喉部阻
塞，造成儿童缺氧，严重时还可导致窒息，甚至突然死亡。

肺炎

　　发热的儿童在咳嗽的同时，伴有呼吸急促，特别是述说胸部
疼痛时，很可能是得了肺炎等胸部感染性疾病。

流行性腮腺炎

　　发热期间，如果孩子的腮帮子、耳部下方逐渐肿大，而且
拒绝触摸，即是流行性腮腺炎的典型表现。流行性腮腺炎是儿童
常见的呼吸道传染病之一，有集体发病造成流行的特点。若患儿
在发热前曾与类似病人接触，患此病的可能性就更大。此外，无

论发热的孩子有何表现，只要出现不伴有腹泻的呕吐、嗜睡、头痛或低头时颈部疼痛等症状，都要立即到医院诊治，以排除脑膜炎或脑炎的可能。无论细菌或病毒引起的脑膜炎或脑炎，对儿童的神经系统发育都将产生严重的不良影响，因此爸爸妈妈要特别注意。

腹泻

与腹泻同时出现的发热，尤其是还伴有呕吐，则说明儿童的消化系统受到感染，是急性胃肠炎的表现。

泌尿系统感染

对于小便次数较平日明显增多，小便时感觉疼痛的儿童，特别是女孩，应怀疑泌尿系统受到感染。可在清洗外阴后，用玻璃或塑料小瓶留取新鲜尿液进行检查，以协助诊断。若能留取早晨第一次排出的尿液进行检查意义更大。

疫苗相关性发热

发热是门诊常见的小儿病症。有些刚刚预防接种的孩子，也会出现发热。医学上将预防接种后引起的发热称为疫苗相关性发热。很多爸爸妈妈对这类发热不太理解，认为是疫苗质量有问题引起的，其实不是这么回事。目前我国采用的预防接种为人工自动免疫，是通过免疫接种将疫苗（抗原物质）接种于人体，促使人体自动产生特异性免疫力（抗体），也就是将特定的、经过处理的细菌、病毒等注入到人体内，诱发人体产生抵抗这种特异疾病的能力。

因此，实际上预防接种是模拟疾病的过程。既然如此，健康的孩子接种疫苗后，机体就会发生"假"疾病的过程。孩子必然会出现一些类似疾病的表现，主要为发热，当然这些表现不会引起任何不良后果。从另外一个角度上可将接种疫苗后出现的发热视为疫苗有效的标志，出现发热就意味着疫苗接种获得成功。这种发热的程度一般不是很高，多在38～38.5℃之间。常不需特殊处理。可嘱咐孩子少活动、多休息、多饮水等。机体对疫苗产生免疫的过程中，孩子内在的抵抗疾病的能力暂时有所下降。此期间易患呼吸道感染等疾病，可能使体温继续上升，还可出现咳嗽、咽痛、流涕等症状。即使这样，爸爸妈妈也不必着急，应带孩子到医院就诊，以得到恰当的治疗。千万不要因为惧怕这些合并的问题而中断正规的预防接种。

小提示

对于体温超过39℃的患儿，爸爸妈妈就更应格外仔细地观察。特别是精神萎靡、头痛明显、呼吸急促、喘憋的孩子，一定要到医院及时请医生诊治，切不可自作主张，以免延误病情，导致严重后果。

养育笔记

第26课

高烧，会烧坏孩子吗？

宝宝发烧时，爸爸妈妈非常焦急，一方面看着宝宝难受的样子非常心疼；另一方面还担心发烧会烧坏孩子。那么，发烧到底是不是一种可怕的征象？高烧会不会给孩子造成损害？治疗发烧用抗生素管不管用呢？

发烧是不是一种可怕的征兆？

发烧是位于大脑下丘脑的体温调节中枢上调体温所致。虽然一天内正常人体的体温会有少许波动，但是下丘脑的体温调节中枢会通过增加机体的散热或产热来试图将正常人体温调控于37℃左右。当病菌（包括预防接种的疫苗在内）侵犯人体后，人体为了对抗病菌的侵袭，会动用一些防御机制，比如，具有杀菌作用的白细胞、淋巴细胞，等等。动用人体防御机制的启动信号中，发烧就是最为主要的一项。下丘脑的体温调节中枢通过上调控制体温的水平，导致发烧。

发烧是人体遇到病菌侵袭后，对抗病菌的一种保护机制，对人体是非常有利的，从这个意义上讲，当然不是一种可怕的征兆。

孩子体温多高是发烧？

当你亲吻或触摸孩子的前额时，如果感到比较热，就说明孩子可能发烧了。从医学角度讲，虽然每个孩子的基础体温不同（正常体温可波动于35.5～37.5℃之间），但是超过37.5℃就应该认为孩子发烧了。

宝宝高热3天，会出问题吗？

媛媛已经发烧3天了，每天都烧到39℃。她体温超过38.5℃时，父母给她用了"泰诺林"或"美林"等退烧药。吃药后退烧效果倒挺好的，可是吃完药后几个小时，媛媛体温还会回升。父母还给媛媛采用多喝水、温水浴等辅助治疗方法。虽然媛媛除了发烧、有点流鼻涕，没有明显咳嗽、呼吸困难、呕吐和腹泻的症状，可是他们仍然很担心：高烧这么长时间，会不会把孩子烧坏了？

为什么孩子很容易出现38.5℃以上的高烧？

体温调节中枢上调体温的水平与病情有密切关系。由于孩子大脑发育不够成熟，接到体温调节中枢上调信号后，经常会出现调节过度的现象。这就是为什么孩子出现发烧时，总会达到高热的缘故。

高热可能导致孩子大脑出现不稳定状况——热性惊厥。因此孩子体温高于38.5℃时，要给孩子服用退烧药。

能不能用抗生素对付发烧？

遇到孩子发烧时，不要一味地以控制孩子体温恢复到正常为目标。只要将孩子体温控制在38.5℃以下，就既能发挥人体自身抵御疾病的效果，又能够避免高热可能造成孩子大脑不稳定而出现惊厥。很多原因都会引起发烧，但只有细菌感染引起的发烧才能选择使用抗生素治疗。无论是用抗生素还是其他药物治疗，目的都是治疗引起发烧的原因，而不是发烧本身。

孩子会因高烧时间长而得肺炎或脑炎吗？

发烧本身如果没有引起热性惊厥，就不会造成人体任何部位实质性的损伤。倒是引起发烧的原因有可能造成肺炎、脑炎或人体其他部位损伤。所以，遇到孩子发烧，在控制高热的同时，要通过医生帮助寻找病因，采用针对病因的得当方法，才能使孩子很快恢复健康。

怎么在家护理发烧的孩子？

如果孩子发烧时，仍旧玩耍自如、吃喝正常、交流如前、皮肤红润，说明孩子的病情并不严重。爸爸妈妈可以在家观察孩子，给孩子多喝水，增加排尿和皮肤蒸发水分的机会，这样可以通过增加散热降低孩子的体温。

如果体温高于38.5℃，可以给孩子服用目前非常安全的退热药物，比如，对乙酰氨基酚（泰诺林）和/或布洛芬（美林）。退热药物可以下调体温调节中枢，达到退热的效果。下调体温调节中枢是通过增加人体散热来完成的。人体散热主要通过皮肤发汗、增加尿液排出，增快呼吸等完成。如果孩子没有足够水分的摄入，退热药物就不能发挥退热作用。

对于孩子来说，引起发热最常见的原因是病毒引起的上呼吸道感染，就是平日常说的"上感"，平均病程3～5天。只要多喝水，适当使用药物，就能帮助孩子顺利度过"上感"过程。

出现什么情况要带他去医院？

不满3个月的宝宝体温超过38℃。

3个月以上的孩子体温超过40℃，还伴有：

● 拒绝喝水。

● 即使喝水较多，仍表现出非常不舒服的样子。

● 排尿很少，而且口腔干燥，哭时眼泪少。

● 述说头痛、耳朵痛或颈痛等。

● 持续腹泻和/或呕吐。

● 发烧已超过72小时。

出现这些迹象，一定要马上带孩子去看急诊：

● 无休止地哭闹已达几小时。

● 极度兴奋。

● 极度无力，甚至拒绝活动，包括：爬行、走路等。

● 出现皮疹或紫色的针尖大小的出血点或瘀斑。

● 嘴唇、舌头或指甲床发紫。

● 位于小宝宝头顶部的前囟向外隆起。

● 颈部发硬。

● 剧烈头痛。

● 下肢运动障碍，比如，瘸腿、运动时疼痛等。

● 明显呼吸困难。

● 惊厥。

诊室小结

● 发烧是人体的一种保护性机制，不是一种可怕的征象。

● 遇到孩子发烧时，不要只以控制孩子体温恢复到正常为目标。

● 只有细菌感染时才可选择使用抗生素治疗。

● 发烧本身如果未造成热性惊厥，就不会造成人体任何部位的损伤。

养育笔记

[第 27 课]
高烧，需要有效退热

一发烧就吃抗生素的错误观点已经为一些爸爸妈妈所认识到，但同时他们又会进入另一个极端：孩子发烧什么药也不给吃，尽量采用物理降温。为避免孩子出现热性惊厥，还是应该在孩子体温超过38.5℃后服用退烧药，而不能拒绝一切药物，只靠物理降温退烧。下面是发生在诊室里两个比较典型的例子：

体温达到38.5℃需要服用退烧药

发烧本身不是一种疾病。引起发烧的原因很多，但主要是病毒、细菌等病菌侵入人体所致。人体为了抵抗并杀灭它们，便采取了一种自我保护性质的反抗措施——发烧。实际上，发烧是一种好现象，说明孩子正在努力与病菌抗争，而且，这种能力会越来越强。但是，由于孩子大脑发育尚不成熟，过高的体温（超过39℃）可刺激大脑皮层，出现异常放电，即可出现惊厥。

预防体温过高，避免出现热性惊厥，是服用退烧药的最基本的理由。

体温超过39℃可引起大脑皮层不稳定，但不是说，每个孩子都会出现惊厥。热性惊厥往往有遗传倾向，了解双方父母家族热性惊厥的历史，有助于预测孩子出现热性惊厥的可能性。不论孩子的基础体温如何，还是等孩子体温达到38.5℃以上，再给孩子口服或肛门内使用退烧药物。

过早服用退烧药物，将孩子体温保持在37℃以下，会削弱人体对病菌抵抗的能力，使病菌更易于在体内扩散，无形中助长

诊室镜头回放1

体温增高幅度大，该吃退烧药吗？

前一天夜里，2岁的乐乐有些发烧，体温达到37.8℃。乐乐平时体温只有35.8~36.0℃，妈妈认为既然体温增高的幅度较大，于是，便给乐乐服了退烧药。第二天，带孩子来找我时，妈妈问的问题之一就是：该不该给孩子吃退烧药？

诊室镜头回放2

我想通过物理降温让孩子退烧

酥酥是个1岁零3个月的小宝宝。前一天夜里体温达到38.7℃，妈妈尽管有些着急，但还是坚持用物理降温的方式帮助他退烧。可后来，他的体温升高达39℃，无奈第二天，妈妈带着孩子来到我的诊室咨询，到底什么时候给孩子用退烧药合适呢？

了病菌对人体的侵害。服用退烧药后希望达到的效果是将体温保持在37～38℃之间。

那为什么孩子体温达到38.5℃就给退烧药呢？不是39℃才可能引起孩子大脑皮层不稳定吗？这是因为服用退烧药物后，药物被人体吸收并发挥作用需要一定时间，一般为20～30分钟；38.5℃给孩子服用退烧药物，就是为了尽可能避免在退烧药物起作用之前孩子体温已超过39℃。

怎么让物理降温、药物降温效果好？

只要发现孩子体温超出正常，就可以给他做物理降温，物理降温最好的办法是将家里的环境温度适当提高，最好能升到28～30℃以增加散热。还有一个方法是让孩子泡热水浴，使皮肤血管扩张，热量得以散发，有利于退烧。

虽然创造了散热的环境，但要想有效退热，仅有这点是不够的。热量不可能单独从皮肤散发出来，一定要有一个载体将热量带出来，这个载体就是水分。孩子在退烧过程中，丢失得最多的就是水分，因为身体要靠水分来将热量带出体外，所以，孩子发烧期间，一定要给他补足水分。

很多爸爸妈妈都跟我讲，退烧药刚开始一两次还管用，后来就不管用了，其实这不是药不管用，而是刚开始发烧的头两天，孩子体内还有足够的水分供散热、蒸发，所以吃了退烧药后温度能降下来。但发烧几天后，孩子因为食欲减退，吃得比平常少，如果再不注意补充水分的话，体内的水分减少，无法将热量带出体外，退烧效果自然不好。可见，退烧效果好不好，和水分补充得是否充足很有关系，水分补充得越充足，热量蒸发的机会就越多，退烧效果越好。所以，在孩子发烧的时候，想尽一切办法给他补充水分，多让他喝温水，而且最好是少量多次地喝，如果孩子不愿意喝白开水，可以让他喝一些有味道的果汁。这时候孩子少吃几口饭都不要紧，但水分必须足够。

退烧药的药量怎么掌握？

吃了退烧药退烧效果不好，除了喝水少的原因外，还有个原因就是药量不够。给孩子用过退烧药的爸爸妈妈都会注意到，说明书上的用量与体重的关系中，体重的间隔是比较大的，比如10～20千克的孩子用药量是一样的，但是很显然，一个10千克的孩子和一个19千克的孩子，如果服用同等量的退烧药，退烧效果肯定是不一样的。但爸爸妈妈担心药物的副作用或吃多了会给孩子带来不好的影响，给孩子的药量都很保守，以至于退烧效果不好。

所以，我们推荐孩子体重以2千克为一个变化量来用药，这样退烧效果比较好(见下面表格)，大家可以根据孩子的体重来找到比较准确的用量。这个量和说明书上的用量相比，量稍微偏大些，可能爸爸妈妈会担心孩子吃过量的药会有副作用。其实，表中的两类药安全性都比较高，使用量高出常规推荐量的10倍才会有毒性，也就是说，中毒量和有效量之间的范围很大。而吃得少了，退烧效果反而不好。

体重不同，退烧药用量不同						
婴幼儿 体重（千克）	对乙酰氨基酚（泰诺林）			布洛芬（美林）		
	剂量（毫克）	滴剂（毫升）	混悬液（毫升）	剂量（毫克）	滴剂（毫升）	混悬液（毫升）
4.0	60.0	0.6	2.0	40.0	1.0	2.0
6.0	90.0	0.9	3.0	60.0	1.5	3.0
8.0	120.0	1.2	4.0	80.0	2.0	4.0
10.0	150.0	1.5	5.0	100.0	2.5	5.0
12.0	180.0	1.8	6.0	120.0	3.0	6.0
14.0	210.0	2.1	6.5	140.0	3.5	7.0
16.0	240.0	2.4	7.5	160.0	4.0	8.0
18.0	270.0	2.7	8.5	180.0	4.5	9.0
20.0	300.0	3.0	9.5	200.0	5.0	10.0
22.0	330.0	3.3	10.5	220.0	5.5	11.0
24.0	360.0	3.6	11.0	240.0	6.0	12.0
26.0	390.0	3.9	12.0	260.0	6.5	13.0
28.0	420.0	4.2	13.0	280.0	7.0	14.0
30.0	450.0	4.5	14.0	300.0	7.5	15.0
32.0	480.0	4.8	15.0	320.0	8.0	16.0
34.0	510.0	5.1	16.0	340.0	8.5	17.0
36.0	540.0	5.4	17.0	360.0	9.0	18.0
38.0	570.0	5.7	18.0	380.0	9.5	19.0
40.0	600.0	6.0	19.0	400.0	10.0	20.0
42.0	630.0	6.3	20.0	420.0	10.5	21.0
44.0	660.0	6.6	21.0	440.0	11.0	22.0

发生热性惊厥怎么办?

孩子出现热性惊厥后,爸爸妈妈需要妥善处理下面几点:

● 不要搬动孩子,因为这时他的肌肉是僵直的,搬动容易出现骨折。通常孩子的热性惊厥10~20秒就停下来了。

● 尽可能让孩子侧躺着,因为他侧躺着的时候嘴角是最低位,口水和呕吐物都能顺着嘴角流出来,而仰躺着的时候,嗓子和气管是最低位;如果有呕吐物,孩子容易窒息。

● 孩子热性惊厥停下来后,要马上带他去医院检查。

小提示

● 不能依赖脸部是否发烫作为孩子是否发烧的标准,还是应该以体温作为标准,由于孩子心脏收缩力量较弱,每次收缩后达到手脚尖血液相对较少,所以一般情况下手脚都是比脸、颈部温度稍低,这是正常生理现象。

● 腋下测量体温的方法是最准确的,由于孩子小,经常不喜欢腋下测温,可以使用颌下或外耳道进行测温,一般我们建议高烧的孩子最好进行腋下测温。

● 退热贴是一种物理降温的办法,可以配合退烧药物一同使用。孩子体温超过38.5℃的时候,应该使用退热药物,退热贴可以早些用。

养育笔记

[第 **28** 课]
一分为二看发热

在很多爸爸妈妈的概念里，发热不仅是一件可怕的事情，而且还肯定是件坏事儿！而事实上，我们需要一分为二地看待发热。

发热：保护人体健康的卫士

目前医学研究证实，发热是许多疾病初期的一种防御反应，可增强机体的抗感染能力。从而抵抗一些致病微生物对人体的侵袭，促进人体恢复健康。

- 产生对抗病菌的抗体。
- 增强人体白细胞内消除毒素的酶活力。
- 增强肝脏对毒素的解毒作用。

高热：毁坏人体健康的蛀虫

发热当然也会损害人体健康，特别是高热持续过久，会造成人体内各器官、组织的调节功能失常。

- 高热会使大脑皮层处于过度兴奋或高度抑制状态。婴幼儿表现更为突出。

大脑皮层过度兴奋：烦躁不安、头痛甚至惊厥。

大脑皮层高度抑制：谵语、昏睡、昏迷等。

- 影响人体消化功能。

胃肠道运动缓慢：食欲不振、腹胀、便秘。

胃肠道运动增强：腹泻甚至脱水。

- 使人体食入的各种营养物质的代谢增强、增快，加大了

孩子咳嗽了一周

小明是个3岁的小男孩，这天妈妈带着他来看病。小明妈妈告诉我，孩子已咳嗽将近一周，而且偶尔会咳出痰来，希望我在为孩子做完检查后，确定孩子的病情是不是严重，是不是患有肺炎。经过仔细检查，孩子除嗓子有些红肿外，肺部及心脏等并没有发现什么异常。小明妈妈问："为什么病情不重，咳嗽却持续了一周呢？"为了解释她的问题，我从头仔细了解了孩子得病的过程。原来，上周日全家到郊区游玩时，突然下起了雨，小明可能有些着凉。当天晚上就出现了低热，体温为37.7℃。根据以往的经验，妈妈给小明服用了退热药物。先后服用两次，小明体温恢复

正常。发热的第三天，小明出现轻微咳嗽。小明妈妈觉得轻微咳嗽无关紧要，所以就没有带孩子看医生，也没有给孩子服药。现因咳嗽已近一周，虽无明显加重，但小明妈妈认为咳嗽时间确实不短了，应带孩子来看看医生，所以今天前来就诊。

经过这一番病史的询问和检查，我确定小明患的只是一般的上呼吸道感染。咳嗽是由于上感所致，是上感的后期表现，服用少许药物即可痊愈。

在解释病情的同时，我告诉小明妈妈，过早或不适当地使用退热剂，有可能遏制了发热对人体的保护作用，从而延长了疾病的过程。要知道，发热对人体也是有一定益处的。

机体对氧的消耗，加重人体内器官的"工作量"。持续高热最终导致人体防御疾病的能力下降，增加了继发其他感染的危险。

对小明妈妈的嘱咐

了解了这些，你就可以知道高热时孩子会出现哪些异常表现，然后再根据这些表现给予适当的护理，而不致惊慌失措。此外，在孩子发热期间，仔细为他测量体温；同时仔细观察孩子的脸色是否苍白，呼吸是否增快，有无恶心、呕吐、腹泻，有无神志的改变，以及有无惊厥的发生。若出现上述情况，就要立即到医院来。

在小明妈妈离开诊室前，我再次嘱咐她，今后遇到孩子发热时，要密切监测体温的程度和变化，出现高热时（超过38.5℃）再给予退热药物。

养育笔记

[第29课]
虚张声势的幼儿急疹

爸爸妈妈最紧张的，莫过于孩子第一次生病了，而如果孩子第一次生病就遭遇"幼儿急疹"，它那来势汹汹的气势更是令爸爸妈妈着急、惊慌。其实，了解了它，你就会知道，它并不是真的那么可怕，只不过爱虚张声势罢了。

什么是幼儿急疹？

幼儿急疹又称婴儿玫瑰疹、奶麻或第六病，好发于2岁以内的婴幼儿，特别常见于6~12个月的健康婴儿。幼儿急疹是由人类疱疹病毒6型引起的，属呼吸道急性发热发疹性疾病，通常由呼吸道带出的唾沫而传播，密切接触会传播此病，但它不属于传染病。

幼儿急疹的潜伏期是8~15天

发病之前孩子没有明显的异样表现。由于人体对此病毒感染后会出现免疫力，所以很少出现再次感染，因此病毒的传播源不仅是已患病的宝宝，更为常见的是父母及家人中的健康带病毒者。

患上幼儿急疹的宝宝会在没有任何症状的情况下突发高热，体温可高达40~41℃，并持续3~5天。其间服用退热剂后体温可短暂降至正常，然后又会回升。高热持续3~5天后，热度骤降，同时皮肤出现玫瑰红色斑丘疹，直径2~5毫米，用手按压，皮疹会褪色，撒手后颜色又恢复到玫瑰红色。皮疹主要散于颈项、躯干，偶见出现于面部和四肢，很少出现融合。发疹后24小时内皮疹出齐，经3天左右自然隐退，其后皮肤不留任何痕迹。

诊室镜头回放1
宝宝发烧了怎么办？

宝宝已经6个月了，此前一直吃母乳。在带宝宝去做常规查体和预防接种后，父母向我提出了一个他们非常担忧的问题，就是即将面临孩子的生病。他们听说母乳喂养的宝宝满6个月后就会生病，想知道孩子发烧时如何对待？是否应该马上带到医院？家中是否需要准备一些退烧药、消炎药？吃药退烧快还是打针退烧快……对孩子生病、发烧的惊恐和担忧让这对新手父母一个接一个地提问题。

诊室镜头回放2
宝宝患了幼儿急疹怎么办？

苗苗9个月了，出生以来一直非常健康。昨天早上，苗苗出现不明原因的哭闹，吃奶差，下午开始发烧，到了晚上体温升高到39℃。这下全家人都紧张起来，半夜就将孩子带到医院。医生判断发烧原因是病毒感染，而且很可能就是幼儿急疹。遵医嘱，爸爸妈妈给苗苗服用了退烧药对乙酰氨基酚（泰诺林），孩子体温有所降低。但是4个小时后，孩子体温又超过了39℃。虽然医生嘱咐过如果孩子体温超过38.5℃继续服用退烧药即可，但是爸爸妈妈还是按捺不住，第二天一早又来到医院，等待做输液退热或诱导出疹的治疗，因为他们听说疹子发出后体温就会恢复正常。

诊室镜头回放3

宝宝出现了红疹该怎么护理？

小小的爸爸妈妈非常细心，对于孩子将可能出现的发烧，他们已经提前做了了解。所以，小小8个月第一次发烧时，爸爸妈妈没有惊慌，经过5天的精心护理，小小的体温已降至正常，

幼儿急疹与其他出疹性疾病的区别

从皮疹形态上看，幼儿急疹酷似风疹、麻疹或猩红热；但其中最大的不同就是：幼儿急疹为高热后出疹，而其他三种疾病则是高热时出疹。

幼儿急疹很难过早确诊

幼儿急疹在出疹前，就是有经验的医生也难以确诊。而一旦孩子体温骤退，出现典型皮疹时，只要是稍有经验的爸爸妈妈都可诊断，因此，大家认为幼儿急疹的诊断属于"马后炮"。由于孩子先期出现高热而且持续不降，加之又不能及早诊断为幼儿急疹，所以爸爸妈妈面对孩子持续的高热，往往急得团团转，生怕孩子得了什么严重的病。

孩子出现发热时，爸爸妈妈可以带孩子去看医生。经过医生检查，可以发现孩子只是咽部、鼻内等出现充血，也就是发红和微肿。如果发热24小时以上，进行血常规检查会出现白细胞轻度升高而后减少，其中白细胞中以淋巴细胞为主，可高达70%~90%；而细菌引起的感染，白细胞中以中性粒细胞为主。

幼儿急疹，重在护理

幼儿急疹是典型的病毒感染，而且预后良好，很少出现其他并发症，所以不必使用抗生素，治疗主要以针对高热和皮疹的护理为主。

孩子生病后，饮水量会明显减少，造成出汗和排尿减少，服用退烧药后的效果会逐渐减弱，甚至无效。这时依赖静脉注射或肌肉注射退热，也不会达到理想效果。所以，要想尽办法让孩子多喝水，保证体内水分充足，才利于药物降温。如果实在没有办法

让孩子多喝水，可以考虑静脉输液，以补充孩子体内水分不足。

在保证孩子尽可能喝水或其他液体的前提下，可采用药物、物理联合降温的办法，将体温控制于38.5℃以下。另外，要帮助孩子每天至少排便一次，必要时可使用开塞露让孩子排便。

对于发疹，只需要观察即可，但要注意保持孩子皮肤的清洁，避免继发感染。幼儿急疹既不怕风也不怕水，所以出疹期间，也可以像平时那样给孩子洗澡，不要给孩子穿过多衣服，以保持皮肤得到良好的通风。

随后出现了红疹。但对于红疹，他们还有一些疑惑——出疹子时可以给孩子洗澡吗？这时怕招风吗？应该多穿些衣服，还是少穿衣服？

与发热相关的皮疹

孩子很容易出皮疹，皮疹的病因可达10余种。最常见的是湿疹、癣、脂溢性皮炎等。这些属于皮肤科疾患，可选择时机诊治。但与发热相关的皮疹是需要紧急诊治的疾病，常因病毒或细菌感染所致，多为急性呼吸道传染病。及早诊治，适当隔离，既可保护孩子，又减少了周围人群被感染的危险。

水痘

发痒的皮疹中，有水疱形成，应考虑为水痘。水痘为水痘-带状疱疹病毒引起的呼吸道传染病，容易在儿童群体中传播。

水痘的特点是新出的小红斑、水疱及结痂这三期皮疹同时存在。当所有水疱都结痂后，疾病就不会传染给他人了。

猩红热

发热的小儿全身皮肤呈现均匀的小米粒样的成片皮疹。用指甲轻轻划一下皮肤，可见明显红肿划痕，医生称之为皮肤划痕阳性。小儿的舌面也红肿，表面粗糙，医学上形容为草莓舌。

风疹

一般表现为淡红色斑点的皮疹。在孩子耳后、枕后及颈部触摸到肿大的淋巴结，很可能是得了风疹。

麻疹

皮疹出现前，有流涕、咳嗽、红眼睛的前驱症状；皮疹出现时，一般孩子的体温较高，皮疹呈现平坦、暗红色的斑点状或斑块状。

小提示

虽然小儿常规预防接种中有预防麻疹的疫苗，但接种后若干年仍有再患麻疹的可能。接种过麻疹疫苗的小儿在出麻疹时，其皮疹很可能不具备上述特点，医学上称之为不典型皮疹。

有些小儿在出疹前，因患急性上呼吸道感染等服用过诸如抗生素、退热剂等化学药物，所以，还要特别警惕药物本身引起的过敏样反应。

在儿科疾病中，发热伴发皮疹的情况并不少见。不过，即使你比较了解这类疾病，也应由医生帮你最后确诊，并指导治疗。在治疗过程中，还要密切观察有无严重征象的出现。

诊室小结

● 幼儿急疹几乎会侵袭所有的婴幼儿，常常成为孩子出生以来的第一次发烧，而且还是高烧。

● 对于幼儿急疹，爸爸妈妈不用过于担忧。因为这种病虽然要经历高烧和发疹的过程，但过程简单，并发症极少，而且预后不留任何痕迹。

● 整个疾病过程除了控制体温不要持久超过38.5℃以预防高热惊厥的出现外，不需要特别的药物治疗。

● 通常孩子在3天后高热消失，6天后皮疹引退。经此一役，孩子的免疫力会得到进一步增强。

[第]30[课]
手足口病

世界上奇特的事情太多了。就拿疾病来说吧，本来孩子比大人容易得传染性疾病，可SARS偏偏找上了大人；本来是呼吸道感染，轮状病毒却引起孩子出现严重的腹泻。还有一种呼吸道感染，被感染的孩子很快出现手—足—口—肛周部位的皮疹。这种分布奇特的疾病，被形象地称为"手足口病"。这种疾病容易在小朋友们之间传播，引起家长和幼教人员的担心，有时甚至引起惊恐。

这是一种什么病？

这是十分典型的手足口病。手足口病是由肠病毒科的柯萨奇病毒所致，属于呼吸道感染的一种。此病毒通过飞沫和空气传播，也可通过大便排出体外。虽然它不是法定传染病，却容易在孩子群居地，例如，幼儿园、学校等出现局部小流行。孩子在幼儿园或学校内相互身体接触机会较多，而且咳嗽时不大避开他人，加上孩子本身抵抗力就弱，此病毒传播能力又强，所以，造成5岁以下儿童成为易感人群。

一般经3～6天的潜伏后，孩子开始出现类似感冒的症状，随后口腔黏膜、上腭及舌面可出现多处小水疱，继之发展为溃疡，同时手、足、口、臀部等部位出现零散呈椭圆形的红疹。其疹子不像蚊虫叮咬、不像药物过敏、不像口腔疱疹、不像水痘，所以称为"四不像疹子"。而且，不痛、不痒、不结痂、不留疤。为何病毒只导致这些部位起疹子，目前，医学科学还不能给予合适的解释。

诊室镜头回放

为什么是这些部位起了疹子？

一天下午，妈妈接到幼儿园的电话，说2岁半的圆圆开始发烧，而且手上起了很多红疹子。妈妈很快从幼儿园将孩子接出，直奔医院。妈妈说，圆圆昨日确实有些不舒服，胃口不大好，夜间睡眠也不算好，可是没有发烧，没有咳嗽。经测量，孩子的体温已达38.5℃。仔细检查发现孩子不仅双手掌布满红色充血性皮疹，而且双脚掌、口腔内黏膜和舌面、肛门周围都有同样的疹子。看到医生的发现，妈妈很是纳闷。为何这些部位出疹子？有什么严重后果吗？

得了这种病，该怎么办？

根据孩子存在呼吸道感染的表现，加上特殊部位的皮疹，就可以诊断此病。整个疾病过程短暂，通常只需3~7天，很少见到严重并发症出现。这种疾病属于病毒感染，目前尚无有效杀病毒的药物。因为没有特效的对因治疗，对症治疗就显得十分重要了。

退热治疗

当孩子体温超过38.5℃时，应接受退热治疗。可选用泰诺林、美林、百服宁等儿童常用退烧药。千万不要使用阿司匹林。对于拒绝服药的儿童，可选用泰诺林栓剂，经肛门直肠给药。

口腔护理

由于口腔和咽部也有疹子，孩子会感到口腔和嗓子疼痛，特别是皮疹破溃后，口腔黏膜和咽部会形成很多小溃疡，因此孩子开始拒绝喝水、吃饭。在得病期间，少吃些饭，问题并不大；可是少喝了水，就影响了退烧的效果。孩子拒绝喝水，口咽就不能得到很好的清理。口腔内的细菌就会在溃疡面上附着、生长，出现继发性细菌性口咽感染。

为了促进口咽溃疡面早些愈合，可使用口腔溃疡膏。

对能够配合治疗的孩子，家长可用棉棒蘸上药膏，涂于溃疡处。一般的口腔溃疡膏除了促进溃疡黏膜愈合外，还有局部麻醉止痛的作用。涂上口腔溃疡膏后15分钟左右，孩子就可感觉疼痛减轻。这时，最好先让孩子用淡盐水漱口和清理咽部，然后鼓励孩子喝些水和吃些偏凉的流质食物，例如，粥、牛奶、米粉等。口腔溃疡膏一天可用3~4次。

对不能配合治疗的孩子，可将溃疡膏涂于安抚奶嘴上，通过吸吮将药物涂于溃疡处。若连安抚奶嘴也拒绝的孩子，大人只能强制地用棉签蘸上药膏涂于口腔溃疡面上。家长要注意，使用口腔溃疡膏不仅可以促进溃疡面快速愈合，还可减少继发细菌感染的机会。

保证水分摄入量

当孩子发烧，同时又有口咽部溃疡时，保证充足摄入量非常困难。如果摄入量不足，体温很难得以控制。因为退烧是靠经皮肤蒸发水分带走体内多余热量。摄入量不足，自然经皮肤蒸发的水分就不够。在使用口腔溃疡膏后，尽可能鼓励孩子多喝水。如果摄入量确实无法保证，以致孩子4~6小时没有小便了，应到医院接受静脉输液治疗。

减少传播

如果发现自己的孩子患上手足口病，应及时通知幼儿园或学校的老师，密切观察其他同学的情况。对于有类似前期症状的孩子，应立即隔离，以免更多孩子感染此病。要保持室内空气流通、温度适宜。

另外，经常给孩子更换内衣裤和床单、被罩。清洗后，要用热水浸泡。对孩子用过的玩具、餐具或其他物品都要彻底地消毒。能蒸煮的就蒸煮，不能蒸煮的放在强光下暴晒。

及时发现异常

如果孩子高热已超过5天、出现剧烈咳嗽或呼吸困难、头痛等症状时，应及时看医生。

诊室小结

● 手足口病是一种最容易在群居孩子间传播的病毒感染性疾病。

● 整个病程与一般感冒近似，只是口咽不舒服增加了孩子的痛苦。

● 适度清理口咽，可以预防继发性细菌性口咽炎的发生，使孩子避免更痛苦的折磨。

养育笔记

第七单元

咳嗽、鼻塞

本单元你将读到以下精彩内容：

● 咳嗽是人体的一种防御机制。所以咳嗽绝大多数情况下是好事，不是坏事。

● 不要以分泌物的多少来判断孩子是浅咳还是深咳。

● 千万不要孩子一说嗓子疼就认为有炎症，一有炎症就得用抗生素。

● 治疗咳嗽的目的不是止咳而是化痰。

● 治疗咳嗽，局部用药效果最好，副作用最小。

[第31课]
正确认识咳嗽

　　每当孩子被咳嗽折磨的时候，爸爸妈妈都恨不得立刻用药让孩子马上好起来。其实，咳嗽并不是一件坏事。下面是3位妈妈在《崔大夫诊室》栏目现场座谈会上的咨询。

现场咨询1：治疗咳嗽需要消炎吗？

　　彭红：我女儿4岁了，去年她有过一次特别厉害的咳嗽，脸都咳白了，饭也不吃，感觉气都喘不过来。去了两次医院，连着吃了3种药，才把咳嗽压下去。

　　崔大夫：你认为孩子的咳嗽是什么造成的？

　　彭红：我感觉是发烧造成的，因为发烧后她的扁桃体就发炎了。

　　崔大夫：孩子咳嗽时有没有痰？咳得深还是浅？

　　彭红：去年那次我觉得是深咳嗽，而且带浓痰。

　　崔大夫：那你认为孩子咳嗽时应该怎么帮她止咳和排痰？

　　彭红：我没有想过排痰和止咳的问题，我觉得应该是消炎，要把炎症压下去。

现场咨询2：咳嗽的时候发烧就快好了？

　　张盛：我女儿快2岁了，她也是发烧快好了的时候开始咳嗽，所以我感觉咳嗽就意味着发烧要好了。

　　崔大夫：是不是孩子开始咳嗽了，你心里反而放松了，而不是更紧张了？

　　张盛：是。而且看到她流鼻涕，就是那种特浓的大鼻涕，我也特高兴。因为她咳嗽的时候，我能感觉她肺里有痰，但她又不会吐痰，我想通过流大浓鼻涕把痰给排出来挺好的。这时消炎药什么的她不愿意吃就不吃了，反正也快好了。

　　崔大夫：那就是说，如果孩子还在发烧你可能还坚持让孩子吃，一旦不烧了，你就觉得消炎药吃不吃就不是太重要了？

张盛：对，孩子生病时，有时候心里不踏实，总觉得再配点消炎药效果更好。等她不发烧了，退烧药、消炎药我就全给她停了，只吃一种咳嗽药。

崔大夫：你给孩子用过止咳药，她喜欢吃吗？

张盛：什么药她都不喜欢吃。即使是糖浆类的也不爱吃，我想尽办法，最后答应她吃一口就奖一个棒棒糖她才勉强吃的。

现场咨询3：大哭后也会引起咳嗽？

贾志红：我女儿2岁零11个月，她从出生到现在就咳嗽过一次。她有一次哭得比较厉害，哭完后就开始咳嗽。

崔大夫：孩子咳嗽不是因为得病了，而是大哭以后吗？

贾志红：对，我觉得孩子哭的时候嗓子可能受到一些损伤，然后被感染了。

崔大夫：咳了几天？用了什么药？

贾志红：一个多星期，她咳了2天我们就到医院了，医生中药、西药和抗生素都开了。我觉得她是大哭后咳嗽的，没有炎症，不想给她吃药。但是她咳得很厉害，感觉是从肺深处往外咳，所以抗生素、化痰止咳的药都给她吃了。

咳嗽是人体的一种防御能力

说到咳嗽，先要弄明白咳嗽是好事还是坏事。咳嗽从表现来看分为干咳和湿咳。干咳是指没有痰的咳嗽，它往往是刺激性咳嗽，比如得了喉炎、突然闻到一股特别强烈的气味、大哭之后或吸入了异物，都是对上呼吸道的一种刺激，会引发咳嗽。湿咳是指咳嗽带痰，咳嗽是往外排分泌物。不管是干咳还是湿咳，都是人体的一种防御机制。所以咳嗽绝大多数情况下是好事，不是坏事。像第二位妈妈说到的，一见孩子咳嗽就踏实多了，说明孩子的情况见好了。我们的呼吸系统表面都有黏膜，而所有的黏膜都有分泌腺，它们受刺激后，分泌腺就会增加分泌。所以，不管是什么原因引起的咳嗽，最后都会有分泌物的出现，也就是说最终一定会落在湿咳上。第三位妈妈的孩子大哭以后，刚开始出现的咳嗽肯定是干咳，后来因为呼吸道受到刺激而产生分泌物，就变成了湿咳，所以妈妈认为是感染了，其实不是。呼吸道的黏膜上还有很多绒毛，当黏膜受到刺激出现分泌物后，绒毛就会加速摆动，以便把分泌物推出肺外，在往外摆的过程中，会促使呼吸加速，气流快速往外排，就出现了咳嗽。咳嗽是人体的一种防御能力，孩子咳嗽意味着他的防御能力是正常的。那些没咳嗽却得肺炎的孩子，身体的防御能力反而比较差，因为肺里已经有很多分泌物，他却没能咳出来，所以不要认为孩子咳嗽是坏事。

咳嗽意味着黏膜损伤，需要修复

如果孩子频繁地咳嗽，就意味着呼吸道黏膜出现了问题，处在高敏状态。我们正常人遇到刺激的时候会咳嗽。但如果黏膜已经受到破坏，或者它损伤以后没有修复时，就会变得很脆弱，稍微有一点刺激就有反应，特别容易出现咳嗽。就拿瓶装的矿泉水来打比方，水代表孩子，瓶子代表呼吸道。瓶子在有盖子的时候，怎么晃动水都不会出来。但如果盖子掉了，稍微一晃动水就出来了。这并不是说水出现了问题，而是瓶子出现了问题，也就是说，是黏膜受到了损伤。呼吸道的绒毛摆动频繁，也会对黏膜造成损伤。损伤后就有个恢复的过程。还是拿矿泉水瓶子来说，盖子掉了，再找另外一个盖子盖上，这就是修复。可见，咳嗽有三步，刺激呼吸道黏膜的因素、咳嗽的过程和咳嗽后的修复。有的家长说，孩子不发烧了，为什么咳嗽却没好？其实，这是呼吸道黏膜正在修复。发烧是病毒和细菌的感染，它们附着在呼吸道的表面，对黏膜产生刺激，这时黏膜会分泌出一种能够对抗病毒和细菌的分泌物。所以，发烧的时候是人体动用免疫系统的过程。发烧止住了，就说明病毒细菌已经被免疫系统给制服了，病毒、细菌在体内的复制不再继续，人体的免疫系统已经占了优势。这时，鼻子、咽喉部、气管、支气管等部位的黏膜就开始往外排病菌，这个过程也是一种刺激，所以孩子不发烧了，反而开始咳嗽，分泌物也增多了。

如何区分浅咳和深咳

孩子咳嗽分为浅咳和深咳。浅咳和深咳的部位不一样，性质也不一样。那么，怎么区别浅咳和深咳呢？

咳嗽声短而急促的是浅咳

浅咳一般就在嗓子里咳，而深咳则在气管、支气管或是肺里头，一听就像是从胸腔里发出的。浅咳和深咳有一个比较容易区别的特点，就是听一次咳的声音是长还是短，浅咳时咳的频率很快，听起来很短促，而深咳一次咳的时间都相对长。

痰多、鼻涕多浅咳居多

千万不要以分泌物的多少来判断孩子是浅咳还是深咳。因为我们从鼻子、咽喉到气管、肺部，整个呼吸系统都是分泌腺，浅咳、深咳都会有分泌物。而且，往往浅咳的时候会让我们觉得孩子病情比较严重，痰多，一咳就会带出一些痰，而且有很多鼻涕，其实情况正相反。孩子痰多、鼻涕多是浅咳，因为上呼吸道的分泌物咳出来比较容易，病情并不严重。而深咳因为部位靠下，孩子往往没有能力把痰咳出来。这时你会觉得孩子咳得很费劲，或者咳完以后并没有轻松的感觉，这种时候病情才是比较严重的。

白天不咳晚上咳的是浅咳

还有一个比较明显的判断方法是，如果孩子是浅咳，往往是白天咳嗽的时候很少，以流鼻涕为主，但是夜间咳嗽比较厉害。这是因为孩子平躺着时，嗓子处于低位，鼻腔里的分泌物无法通过流鼻涕的过程排出来，就会倒流到嗓子里，刺激嗓子，引起咳嗽，使孩子晚上经常咳醒，让家长觉得孩子病情加重了，其实不然。深咳则是不分白天、黑夜，都一样咳，甚至有的孩子白天咳得更重，晚上相对较轻，所以深咳的孩子反而能睡得不错。

嗓子红肿并不一定都是细菌感染

细心的家长可能会发现，孩子咳嗽时，嗓子都是红肿的，担心孩子有炎症，所以想用抗生素消炎。嗓子红肿、有炎症，并不意味着就是细菌感染，炎症是一个大的概念，细菌感染只是其中的一小部分，炎症和细菌感染并不是等同的。什么叫炎症？炎症的特点是红肿热痛，炎症的局部会发红、会肿、会疼，甚至还会有局部发热，就像身上长的疖子，不管疖子是大是小，局部都会肿起来，摸起来会有点痛、有点热，属于细菌感染；如果局部受到外伤，也会出现局部红肿热痛的炎症反应，但它并不是细菌感染。病毒刺激呼吸道导致咳嗽、嗓子红肿，大哭后或说话多了，嗓子也可能出现红肿，这些引起嗓子红肿的原因都不是细菌感染。所以，千万不要走入这样一个误区：一说嗓子红肿就认为有炎症，一有炎症就得用抗生素。

治疗的目的不是止咳，而是化痰

我们治疗咳嗽的目的不是止咳而是化痰，因为分泌物很黏，而且里面有很多蛋白质的成分，如果这些分泌物在呼吸道里没有被排出来，细菌进去后，就会附着在痰液上，这时痰液就成了很好的培养基，使细菌得以快速繁殖，导致二重感染，即继发感染，所以，治疗的目的主要是化痰，让分泌物变得稀一些，这样才能比较容易地被排出，不给细菌繁殖的机会。每次孩子咳得很费力的同时，也是刺激黏膜再产生新的分泌物的过程。刺激越多，分泌物产生得越多，咳嗽就老也完不了。有的家长说，孩子的咳嗽也不重，但总也停不下来，一咳就咳好几个星期，其实就是因为没有用药物帮他尽快把分泌物排出来，使孩子每次都靠咳嗽排痰，而咳嗽又使黏膜再次受刺激而分泌新的分泌物，有了分泌物，孩子又要咳嗽，如此反复，咳嗽的时间就长了。因为分泌物的量不是一个固定的量，咳完就没了。而用药后，分泌物少了，孩子咳得就少了，黏膜被刺激的机会也少，分泌物就会越来越少。所以，咳嗽用药就好得快，不用药就好得慢。

治疗咳嗽：局部用药效果最好，副作用最小

那么，怎么给孩子用药，用什么药效果好呢？咳嗽属于局部性疾病，如果给孩子用内服的药，可以想想，有多少药的成分能作用到这个局部？又要过多长时间才能到达这个部位？而局部用药不仅直达患处，而且起效也快，还不会对身体其他部位造成伤害，副作用也最小。

呼吸道的局部治疗叫雾化吸入。雾化吸入需要一个特殊的仪器，把药物放在机器里，药物就会从机器里以气雾的形式喷出来，吸入这些雾气后，从鼻子、口腔到整个呼吸道都会接触到这种药，针对性很强。即使有药物被吸入到胃肠，但吸入的量非常少。不像吃药，药物会进入到血液里。所以，相比较而言，吸入疗法不仅见效快，而且副作用小。

雾化吸入可以起到很好的化痰作用。现在通常使用的雾化吸入药物叫盐酸氨溴索（商品名叫沐舒坦），它是一种酶类药物，酶是消化蛋白质的，它会将痰液里的蛋白质消化掉，使特别黏稠的分泌物变得很稀，使痰液很容易就能排出来。使用雾化吸入盐酸氨溴索的前2天，我们会发现孩子咳嗽的频率增加了，但咳的深度在减轻，听起来咳得不那么费劲了，而且分泌物明显变稀。这样的情况持续2天左右就会明显好转，因为分泌物排出来得多了，孩子的咳嗽就会变轻，直至消失。

雾化吸入虽然好，但需要孩子的配合才能完成。因为雾化吸入时，需要将一个口罩罩在孩子的口鼻部，然后让孩子吸入喷出来的雾状东西。这种雾虽然是无色无味的，但是就跟刮风一样，会有一种雾气往鼻子和嘴里冲的感觉，孩子有可能会感觉不舒服而拒绝使用。这时将口罩与孩子的口鼻拉开一些距离，不用扣得很紧，孩子会感觉舒服一些。慢慢适应后，孩子会更容易接受这种治疗方式。

[第]32[课]
流鼻涕、鼻塞

小雨吃奶真费劲

刚出生10多天的小雨每次吃奶正起劲时，总要奋力甩开奶头而大哭。

经过检查发现，小雨的鼻腔已被干燥的分泌物阻塞。滴入少许生理盐水，15分钟后，又用蘸有医用液状石蜡的细棉签在鼻腔内涂抹。经过这样的处理，一些稍变软的分泌物被吸鼻器清理出来。由于吸鼻器刺激了鼻黏膜，再加上液状石蜡的润滑作用，接下来的几次喷嚏，排出了很多鼻涕。稍后，妈妈再次给小雨喂奶，情况有了很大的好转。

小明是感冒了吗？

7岁的小明已经打喷嚏、流鼻涕4～5天了。由于没有发烧、咳嗽等表现，妈妈只给他吃了一些治"感冒"的药物。

孩子的小鼻子容易出些小问题，比如流鼻涕，鼻子呼噜噜，虽说是种疾病现象，如果不发热、不咳嗽，常常是一周内即可自行痊愈。所以，如果仅仅是流鼻涕、鼻塞，一般来说，父母都是在家中给孩子吃些小药，甚至不吃药，很少带孩子到医院看病。不过，如果家中有新生儿，或孩子反复、持续发作，或是伴有头痛、打鼾等，就要引起家长的重视了。看一看诊室里这4个孩子的小鼻子出了什么问题。

新生儿最怕鼻塞。由于新生儿鼻腔细小，被分泌物阻塞的现象十分常见。另外，新生儿很少用口呼吸，特别是吃奶时，不能用口腔呼吸，就会在憋气状态下吃奶。一旦憋不住了，只能甩开奶头进行呼吸，多以哭作为增加呼吸效果的代偿表现。哭闹后往往失去了食欲，不再想吃奶了。可是1～2个小时后又拼命找奶吃。

向新生儿鼻腔内滴入少许生理盐水数分钟后，用特制吸鼻器抽吸，可帮助排出鼻腔内的分泌物。经常向鼻腔内涂少许橄榄油、香油等也有助于鼻内分泌物的排出。不过，家长最好不要自己用干棉签清理小婴儿的鼻腔，以防造成不必要的损伤。

鼻窦炎也是常见的上呼吸道感染的一种，除了表现流鼻涕、鼻塞外，还可出现发热等。最具特征的表现是流浓鼻涕、头痛，并具有眼眶、颧骨等处明显的压痛。X线及CT检查可见鼻窦内存有较多的分泌物。多数检查发现，不仅分泌物多，而且鼻窦内膜增厚，说明患鼻窦炎已相当长的时间了。一般情况下，口服或肌注抗生素加上鼻腔局部黏膜收缩药物即可治疗。若治疗较晚或问题较为严重，可能需要采取外科手术治疗。

鼻塞伴有夜间打鼾常为腺样体肥大的表现。腺样体位于鼻腔后部，是淋巴样软组织。上呼吸道感染或过敏可刺激腺样体，使腺样体肿大。反复上呼吸道感染或过敏后，增大的腺样体就不能再恢复其原有的体积了。上呼吸道感染或过敏也容易引起扁桃体肿大，所以腺样体肥大多与扁桃体肿大同时存在。肥大的腺样体还产生许多分泌物，进一步阻塞鼻腔造成鼻塞，夜间睡觉时出现打鼾现象。此外，还会压迫鼻后部和中耳间的欧氏管，容易出现耳部感染，甚至影响听力。一般来说，手术切除是治疗腺样体肥大的有效方法。

突然出现流涕和鼻塞是过敏的一种常见的表现。由于过敏原的刺激，孩子鼻黏膜出现急性充血，就会出现流涕和鼻塞的现象。寻找过敏原，远离过敏原是治疗的最好方法。

医生会问些什么？

如果孩子老是流涕和鼻子不通，您需要带孩子去看医生。这时医生会向家长提出以下几个方面的问题：

时间问题

发生流涕和鼻塞的时间是何时？
持续多长时间？
是否反复发作？

使之缓解的因素

你给孩子已经使用过何种药物治疗，其疗效如何？

可今天早晨一起来，小明就一个劲儿地说头痛。
经检查，孩子的鼻腔内充满黄绿色的稠鼻涕，而且眼眶和颧骨处出现明显的压痛。X线检查也发现鼻窦内有很多分泌物。这些都说明小明并非感冒，而是患上了急性鼻窦炎。

诊室镜头回放3
睡觉打呼噜的小英
爸爸带着4岁的小英进行体检和接种预防针。在询问孩子的情况时，了解到孩子经常流清鼻涕，平时喜欢张嘴呼吸，而且，晚上睡觉时打呼噜比较严重。
经鼻咽侧位X线检查发现孩子的腺样体明显肥大，基本上阻塞了鼻后部。后来，五官科医生给小英进行了手术治疗。手术后，这种现象即不复存在了。

诊室镜头回放4
一回家就打喷嚏
平时，豆豆在奶奶家住，一两个星期才回家一次。最近几次回家，他总是打喷嚏、流鼻涕，整天眼泪汪汪的。对此，奶奶认为是爸爸妈妈照顾得不好，坚持不让把豆豆接回去。

可豆豆妈妈觉得不是因为照顾的问题，而是其他原因。于是，一家人开始共同分析豆豆的生活情况和居住环境。最后发现，奶奶家与豆豆家环境的最大区别是：豆豆家铺着纯毛地毯。因此，怀疑豆豆可能是对"皮毛"过敏。

经过检查，果真证实了这个假设。去除地毯后，豆豆回到自己家再也不打喷嚏、流鼻涕了。

是否能自行缓解？

其他问题

流涕和鼻塞是否伴有其他症状？

孩子的嗅觉是否有变化？

是否存在夜间睡眠时打鼾？

是否伴有流泪？

是否眼部红肿和痒感？

是否有喷嚏？

是否有发热？

是否有咳嗽？

是否有头痛？

是否存在面部疼痛？

一般情况，医生根据孩子的表现和检查的结果进行血液检查白细胞水平和细胞分类，痰培养或咽分泌物培养，X线检查鼻窦、鼻咽侧位和胸部以及过敏原测定等。根据检查结果选择治疗的最佳方法。

最后，需要说明一点，无论引起流涕和鼻塞的原因如何，保持室内空气流通，湿度适宜，多喝水、多休息是治疗的基础。

[第]33[课]
半夜突然喘憋

孩子突然出现喘憋、呼吸困难怎么办？爸爸妈妈发现后应该怎样做呢？

经过检查发现，孩子体温高达39.2℃，咽部红肿伴有轻度呼吸困难。肺部检查基本正常，不存在肺炎等严重疾病。血液检查发现白细胞总数基本正常，只是淋巴细胞稍有增加。

给予小病人雾化吸入激素，继续吸氧等治疗后，孩子的呼吸逐渐恢复平稳，很快又进入了梦乡。

向家长解释孩子的病情和治疗的情况

孩子患的是急性喉炎，属于上呼吸道感染（也就是上感）的一种，通常是因为病毒（有时是细菌）进入口咽后感染喉部所致。

急性喉炎好发于1～3岁的幼儿，在季节交替变化的时候最常见。病情初期可有不同程度的咳嗽、流涕、发热等呼吸道感染症状。一般情况下，病情持续不会超过7天，有时与扁桃体炎、气管炎并存。

由于喉部是气体进出肺部的重要关口，也就是"咽喉要道"，受到病菌感染后，容易发生肿胀。小儿喉头狭窄、软骨较软，加上这个部位黏膜组织松弛，黏膜内血管及淋巴管丰富，受到感染后极易肿胀，致使本来就狭窄的喉头更为狭窄。呼吸费力即成为小儿急性喉炎的常见症状。

呼吸费力意味着什么呢？这意味着呼吸气量不足，有可能

诊室镜头回放

孩子突然咳嗽得连呼吸都费力

午夜时分，急诊电话唤醒熟睡中的我，一位病情危重的小病人正在赶往医院。几分钟后，我和病人几乎同时冲入急诊室。一个不到2岁的婴儿依偎在爸爸的怀中，脸色稍暗伴有轻度呼吸费力。采取吸氧等初步抢救措施后，孩子的病情终于稳定了下来。焦急的父母说刚才真担心孩子会被憋死。

家长说：孩子咳嗽了好几天，今天夜里突然咳得连呼吸都费力了！

近几天来孩子一直是低热，有轻微的干咳。今天晚上开始出现高热，咳嗽也急剧加重，咳得十分辛苦，咳后声音都有些发哑。吃了退热药及止咳药后，晚上10点左右的时候总算睡着

了。于是，辛苦一天的父母才算踏实一些。

夜里12点左右，父母被孩子的一阵急剧的声嘶力竭的剧咳惊醒，发现孩子呼吸极度费力，张着小嘴发不出声音。于是，怀抱孩子迅速赶往医院。在赶往医院途中，不知什么原因，孩子的呼吸似乎没有刚才那么费力了。

引发面色苍白、口周发青等缺氧症状，严重时出现意识不清，甚至抽风。人体发音的声带也位于喉部，当局部肿胀使得声带不能很好完成发声动作时，我们会听到孩子的声音嘶哑，严重时发不出声音。由于喉头局部病变易刺激孩子出现咳嗽，再加上局部狭窄，因此患有急性喉炎的小儿会发出犬吠样的特殊的咳嗽。通常，临床医生会以其特殊的咳嗽作为诊断的依据。

急性喉炎还有一个特别之处：孩子会在晚上睡觉后2～3个小时（午夜时分）突然发生急剧的呼吸困难，发作时间为2～3小时，有时会持续整晚，但多到凌晨后终止。这种发作并不会每晚出现。

上述提到的急性发作性呼吸困难，医学上称之为喉梗阻。

喉梗阻分为4度：

Ⅰ度：安静时，患儿和平常一样，只是在活动后才出现吸气性呼吸费力。

Ⅱ度：即使在安静的状态下，患儿呼吸也有些费力，同时伴有心率增快，可达120～140次／分。

Ⅲ度：除了呼吸费力之外，还会出现烦躁不安、口周发青、面色苍白，心率可达140～160次／分。

Ⅳ度：达到了衰竭期，面色发灰、心音低钝、呼吸达到无力的程度，生命垂危。

医院内对喉炎的治疗主要是吸入或静脉输注肾上腺皮质激素。激素可迅速缓解喉头局部的水肿，以缓解呼吸困难，降低喉梗阻的危险。当然，医生还会根据病情给予退热、消炎等其他治疗。及早发现喉梗阻并及时缓解喉梗阻是治疗急性喉炎的关键。

小提示

并不是所有喉炎患者都会出现喉梗阻。对于家长来说，及时发现孩子存在声音嘶哑及犬吠样咳嗽的情况，并及时就诊，这一点十分重要。

一旦发现孩子可能存在喉梗阻，在尽可能保持孩子安静的前提下，打开窗户，让他呼吸到凉空气。凉空气会稍稍减轻喉部的肿胀，有利于缓解呼吸困难。当然，赶紧送往医院是不可迟疑的。上面提到的小病人，之所以在来医院途中病情有所缓解，就是吸入凉空气的结果。

如果这种情况出现在夏天，可将冰块用布包裹放在孩子口鼻处来降低吸入空气的温度。

此外，保持室内湿润也可减少喉梗阻的发生。

养育笔记

[第 **34** 课]
打鼾要不要治？

孩子睡觉打鼾，并不是像有的家长想的那样，是睡得好、睡得香的表现，可能是孩子的身体出了问题。不过，并不是所有的打鼾都需要治疗的。不同的打鼾，需要不同的对待。

长期打鼾，找找原因

孩子长期打鼾会导致慢性缺氧，而这种慢性缺氧会影响孩子的身体健康，甚至影响大脑的发育。那么，是什么原因导致孩子长期打鼾呢？

腺样体肥大

腺样体肥大是引起孩子打鼾最主要的原因之一。如果孩子的腺样体肥大，会造成上呼吸道通气不良，引起打鼾，导致孩子出现慢性缺氧，甚至导致颜面变形。而且肥大的腺样体会压迫听神经，影响听力，长时间压迫听神经还有可能造成孩子的听力障碍。

扁桃体肥大

孩子扁桃体发炎通常是感冒引起的。如果孩子的扁桃体在第一次发炎时没有治疗彻底，以后就很容易复发。肥大的扁桃体会堵塞呼吸道，导致孩子在睡觉时打鼾。

孩子长期打鼾的原因，最常见的除了腺样体、扁桃体肥大之外，还有其他一些原因，比如，孩子患有鼻窦炎、咽腔狭窄、小下颌等。

诊室镜头回放1

经常打鼾，身体出问题了？

壮壮的爸爸妈妈在国外，他一直是奶奶带着。爸爸妈妈在他3岁多回国后才把他接到身边。一起生活后才发现，壮壮晚上睡觉打鼾。妈妈问奶奶，壮壮是不是经常打鼾，奶奶说打鼾是因为壮壮睡觉睡得很香。妈妈却觉得是壮壮的身体出问题了，带他去医院检查，检查结果是腺样体肥大。

诊室镜头回放2

偶尔打鼾，不必担心

毛毛一家周末到度假村玩，毛毛疯玩了一天，回来后早早就睡下了。妈妈发现有点儿不对：毛毛打起了呼噜，声音还不小！毛毛睡觉一向不打鼾，妈妈不放心，带他去医院检查，医生通过询问毛毛当天的活动情况，并做了检查后告诉妈妈，毛毛的身体一切正常，打鼾只是因为当天玩累了。

不管什么原因，只要是孩子长期打鼾，都要及时带孩子去医院做详细的检查，并积极治疗。

打鼾，要不要干预？

孩子睡觉时打鼾是不是身体出问题了？要不要干预？要具体情况具体分析，因为不同的打鼾，解决的方式也不同。

偶尔打鼾，不需要干预

孩子白天玩累了，或者睡眠的姿势不对、枕头不合适时，入睡后发出轻微的鼾声，这种情况是正常的。如果孩子平时睡觉时很安静，只是偶尔出现短时间的打鼾，可能是睡姿或是呼吸道分泌物增多引起的，属于正常现象。只要稍微调整一下睡姿和枕头的高度，孩子睡觉就不会再打鼾了。

有的孩子在吃奶时会出现呛奶，睡觉的时候也总是伴有鼾声，这种情况可能是喉软骨钙化不足造成的。喉软骨在进食时有遮挡气管，防止食物进入气管的作用，当呼吸、吞咽时喉软骨会有摆动，发出类似咽部积痰的声音。如果孩子没有严重呛奶和呼吸费力的表现，就不需要特别干预，随着孩子年龄的增长，喉软骨钙化后，打鼾就会自然消失。

长期打鼾，需要干预

短暂的鼾声不影响身体健康，但孩子打鼾时间持续很长时间还不见消失，就需要干预。

如果孩子打鼾持续了好几个月，极有可能是疾病发出的信号。还有一种引起孩子长期打鼾的原因是腺样体或是扁桃体肥大，腺样体或扁桃体肥大并不会因为孩子的生长发育而自愈，反而有可能会越来越严重——长期阻碍孩子呼吸道而引起缺氧，影响孩子的身心发育。这种情况下，要及时带孩子到医院检查、治疗。

总之，孩子打鼾是因为上呼吸道呼吸不畅，而引起孩子呼吸不畅的原因有很多，有的可以随年龄发育自行消失，有的则会引起严重的后果。所以，家长要仔细观察，区分孩子打鼾是短暂的、偶尔的，还是经常的、持续的。如果发现孩子经常打鼾，要及时带孩子看医生。

诊室小结

● 孩子长期打鼾，最常见的原因是腺样体肥大和扁桃体肥大。

● 如果孩子平时睡觉时很安静，偶尔有一两次出现打鼾情况，可能是睡姿或是呼吸道的分泌物增多引起的，属于正常现象，不需要干预。

● 短暂的鼾声不影响身体健康，但孩子打鼾时间持续很长时间还不见消失，则需要干预。

养育笔记

腹泻

本单位你将读到以下精彩内容：

- 对于腹泻，从20世纪50年代开始一直沿用的饥饿疗法应予以改变了。
- 秋季腹泻多因病毒引起，不需要使用抗生素。只有对细菌感染引起的肠炎，如痢疾等，才可考虑加用抗生素。
- 现代腹泻治疗方案：适当补充益生菌，重建肠道微生态屏障。

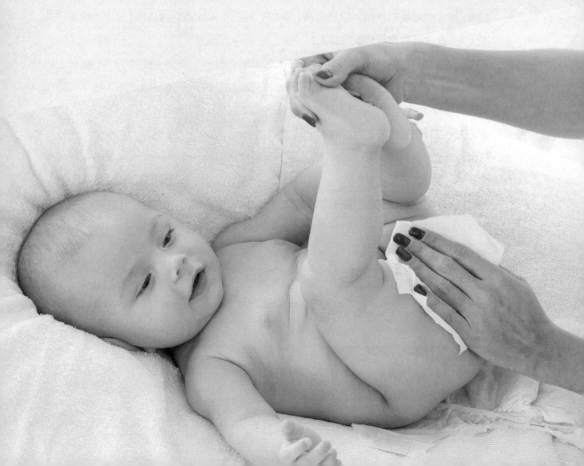

[第]**35**[课]
问诊腹泻

　　孩子是怎么染上腹泻的？怎么判断孩子的病情是轻是重？腹泻时孩子还能吃东西吗？在《崔大夫诊室》栏目现场咨询中，我和三位妈妈一起讨论了这些问题。

现场咨询1：宝宝腹泻持续了15天

刘娜： 我的孩子6个月的时候，突然就腹泻了，一直拉了15天。

崔大夫：当时给孩子添加辅食了吗？

刘娜： 添加的辅食很简单，就是面条、米粉，我们也不知道究竟是怎么患的腹泻。

崔大夫：孩子有没有接触腹泻病人？

刘娜： 孩子腹泻的前一天，我带孩子在小区里玩，有一个孩子坐在我们的小童车上玩了一会儿，那个孩子已经腹泻一周了。那天回来之后，我的孩子就开始腹泻。我不知道和这个情况有没有关系？很想知道腹泻是通过什么传染的？

崔大夫：当时你们是怎么应对的？

刘娜： 吃了好些药，但不怎么管用，后来亲戚就告诉我一个民间偏方：拿白糖放到苹果里蒸一下，连吃3天就好了。

崔大夫：你们在给孩子吃白糖蒸苹果的同时，有没有停止喂奶，或者是少给他吃东西？

刘娜： 奶量是减少了，因为社区医院的大夫说腹泻期间不要再增加孩子的肠胃负担。

现场咨询2：宝宝大便不是特别干就是腹泻

张晓堃： 我儿子2岁零8个月，他的大便总是走两个极端，要不然就是特别干，要不然就是拉稀。

崔大夫：这种情况经常发生吗？

张晓堃： 基本上一直是这样的状况，所以他平常很抗拒排便。

崔大夫: 孩子出现腹泻时是什么情况?

张晓堃: 他1岁多的时候, 吃了一种预防腹泻的疫苗, 之后就开始拉稀。我们当时特别迷茫, 不知道问题出在哪儿了。还有一次比较严重的是腹泻伴有发烧。我们小区有一个喷泉, 他在那儿玩, 把喷泉水喝进去了, 第二天就开始腹泻、发烧。奇怪的是, 这次腹泻虽然严重, 但是却好得非常快。

我特别担心孩子腹泻, 很想知道怎么判断孩子腹泻的严重程度, 这样我才知道什么时候该带他去医院。

现场咨询3: 孩子先呕吐后腹泻

于蕊: 我女儿腹泻的情况比较少, 大便一直比较偏干, 老拉球球。但是有一次腹泻挺厉害的。

崔大夫: 多大的时候?

于蕊: 3岁左右。

崔大夫: 当时是什么症状?

于蕊: 她是呕吐在前, 很突然, 连喝水都吐, 之前从来没发生过这种事情, 她一下就蔫儿了。当时我们很害怕, 因为以前发高烧她都挺精神的。

崔大夫: 孩子腹泻期间的饮食有改变吗?

于蕊: 东西吃得很少, 每天只喝一点点水和米汤, 然后就开始拉稀了。当时带孩子去医院, 医生说是病毒感染, 有点脱水, 就输一些盐水。

崔大夫: 每天拉的次数多吗?

于蕊: 因为吃得少, 她一天也就拉一次, 但是比较稀。因为她持续吐了一两天, 食欲很差, 一天吃的还不如以前一顿饭的量多。

肠道的结构

在解答上述关于腹泻的问题之前, 我先要讲讲肠道的结构, 这样才能对腹泻有个很好的了解。

我们的肠道最上面的一层是肠道黏膜, 在黏膜层的上面还有一层黏液层, 黏液层不属于生理解剖结构, 是因为孩子刚生下来没有这层结构, 它是在孩子出生后逐渐建立起来的。孩子出生后，吸吮妈妈的乳房时，会吃下去一些细菌，细菌中有需氧菌和厌氧菌。厌氧菌是对我们人体有益的细菌，又叫益生菌，它们寄居在肠道中，并且不断分泌黏液，就形成了肠道的黏液层。

正常情况下，如果孩子进食好，消化、排便也很好，说明黏液层是正常的。如果黏液层被破坏了，肠道黏膜暴露在外，就会受到损伤，孩子不是便秘就是腹泻。所以，这层黏液层的作用非常大。

了解了这一点后，我们再来看腹泻的问题。

口和呼吸道都会传染腹泻

刚才一位妈妈说到，一个正在腹泻的小朋友坐了自己孩子的小童车，这个孩子确实就是传染源。腹泻传染的主要途径就是经口传播，医学上称为粪–口传染，就是污染物通过一些途径被孩子吃进去了。那个腹泻的孩子不仅仅是坐了一下小车那么简单，同时他还把病菌传递了过去。另外，腹泻还会通过呼吸道传染，这就是为什么有的孩子连大门都不出，仍然会传染上腹泻的原因。

腹泻是肠道黏膜受刺激后的自我保护

腹泻不是指吃下去的东西没有被消化、吸收就排出去了，而是肠道的黏液层受到了破坏，从而刺激了肠道黏膜细胞。

黏膜细胞不仅肠道里有，口腔、鼻腔里都有。黏膜细胞受到刺激后，会分泌大量液体，就像我们吃酸的东西后，口腔里会分泌很多唾液。这些唾液并不是从食物中来的，而是分泌腺分泌的。肠道黏膜细胞受刺激后，第一反应就是自我保护，即分泌出大量液体。这些液体随着没有消化的残渣以及一些病菌一起排出体外，就是我们所说的腹泻。所以有的妈妈会有疑问：孩子不吃不喝，为什么还会拉这么多水？

肠道细胞排出液体后，体内的液体就会自动过来补充。补充后又再被排出，如此反复，就会导致脱水。

病情判断，有时量少反而重

肠道细胞在不断分泌液体的过程中，自身也会受到一定的损伤，所以腹泻的孩子大便中可能会出现红细胞、白细胞。不同的腹泻类型，对肠道的损伤也不一样，其中细菌感染特别容易损伤肠黏膜，所以，细菌性腹泻会排出黏液、红细胞，而病毒性腹泻对黏膜的损伤不大，所以轮状病毒引起的肠炎几乎见不到大便里有血。

肠道黏膜损伤得越厉害，它释放水的功能就越低，所以，细菌性肠炎通常表现是排便次数多，但每次量少，不是稀水样，而是有脓血便。而排水样便对肠道黏膜的损伤反而较轻，比如轮状病毒引起的秋季腹泻就是典型的稀水便。

所以，通过观察孩子的排便，就能大致了解孩子的腹泻是什么原因引起的，对肠道造成的损伤如何。如果要分级别，大便量少，但是有脓血是一级；大便很多而且很稀是二级，这时肠道还没有受到严重损伤。

另外，肠道黏膜受到损伤后，还会出现全身反应，即伴有发烧，这就是为什么患痢疾的孩子发烧很厉害，而患轮状病毒的孩子一旦排泄出去，发烧就不会很高。

腹泻期间，不能禁食也不能错食

有的妈妈问我，孩子腹泻，能不能让他饿着，这样就不拉了吗？其实，孩子不吃不喝，腹泻不仅好得慢，而且还会更重。因为如果不吃的话，排泄就会减少，病菌排不出去，病反而不容易好。所以，一定要让孩子吃东西，让身体有机会往外排泄，排得越多，损伤恢复得越快。所以说排泄甚至比用药还重要。

有的孩子一次腹泻下来会瘦很多，一方面是水分丢失；另一方面是营养丢失。造成孩子营养和水分丢失的原因，一是禁食；二是虽然也给孩子吃东西，但吃的东西不对，孩子吸收不了。腹泻期间给孩子吃什么是很有讲究的。

孩子腹泻的时候，肠道已经没有消化吸收的能力了，而且肠道黏膜暴露在外，食物成分对它也会造成损伤，病菌的损伤再加上食物损伤，腹泻可能会更重。我们想想，刚出生的宝宝，肠道中还没有这层保护膜，他们吃什么？是母乳。但大孩子不可能吃到母乳，就要给他选择一种特殊配方奶粉，就是腹泻奶粉。

腹泻会破坏黏液层中的乳糖酶，如果此时吃进去含乳糖的食物，乳糖不仅不能被吸收，还会刺激肠黏膜再分泌出液体，加重腹泻。而腹泻奶粉去除了乳糖，不会加重肠道的负担，又能给孩子提供足够的营养。

口服补液，要照顾孩子的口味

我经常跟爸爸妈妈说，轮状病毒不会致命，但是脱水是可能致命的，所以，腹泻时候的补水很重要。腹泻时，肠黏膜细胞分泌的液体中不仅仅是水分，还有电解质——钠、钾等。所以，光补充水分还不够。但我们无法判断给孩子补多少钠、多少钾合适，所以在家里自己配盐水并不安全，如果孩子能配合，一般情况下医生会建议优先使用口服补液盐。但是，由于口服补液盐味道不好，许多孩子会拒绝服用，这时，该怎么办？

苹果汁含有很丰富的电解质成分。最好选择市场上销售的纯苹果汁。因为生果蔬里含有组胺，组胺会刺激皮肤，引起皮肤发红。高温加热能去除组胺，因此，煮熟的水果孩子更容易接受。但是，把水果煮熟了，维生素也被破坏了。而市场上的纯果汁采用的是巴氏消毒，是一过性的高温，维生素能基本保留，又去除了组胺，很适合孩子腹泻时喝。喝的时候兑上白开水，这样既能保证水分摄入，又能补充电解质。

另外，苹果汁里的糖分不是乳糖，不会加重孩子肠道的负担。刚才那个妈妈采用"白糖蒸苹果"的偏方，白糖和苹果的糖分都不是乳糖，所以有利于腹泻的恢复。

可乐里也含有电解质。将可乐倒在一个大的容器里摇晃，或用筷子搅动，或加热，将气释放出去后给孩子喝，也可以补充体液。

养育笔记

[第36课]
高烧、腹泻防脱水

人们对"脱水"这个医学名词并不陌生，而且听到脱水，都会有些惊慌失措的感觉。的确，脱水是个比较严重的状况，但程度不同，同时也有预防和减缓加重的办法。

什么是脱水？

根据重量计算，人体内水分约占60%。正常人通过饮用水分补充体液，通过出汗、流泪、排尿丢失体液，以保持体液的平衡。当体液水平正常时，人体内血流速度稳定并且有足够的多余水分形成眼泪、唾液、尿液和粪便。当体液不足，也就是"脱水"时，病人会出现哭时无泪、口腔干燥、砂纸样舌面、尿色深黄，而且一天总尿量也会减少。严重者，出现心跳加速、血压变化、休克甚至死亡。

脱水是个渐进的过程。医学上，根据体重的丢失量粗略估计脱水的程度，分为轻、中、重三度。下表可以帮助我们认识不同程度脱水的特点。

	轻度	中度	重度
体重丢失的百分比	3%~5%	6%~10%	大于10%
嘴唇	干燥	干燥	干燥
口腔内部	湿润	湿润，但唾液少	干燥
产生眼泪的能力	有	有	消失
前囟	平软	软，轻度凹陷	凹陷
皮肤	弹性好	弹性尚好	弹性差
排尿次数	正常	减少，但可维持每24小时3次以上	每24小时少于3次

诊室镜头回放

孩子患了轮状病毒性肠炎并发脱水

3天前，晶晶突然发烧了，体温达39℃。妈妈带她到附近医院就诊，大夫诊断晶晶得的是急性感染，于是服用了退烧药和消炎药。但吃完药之后，孩子出现呕吐的症状，而且吐得越来越严重。在暂时停用药物之后，呕吐止住了，但腹泻却又开始了，而且次数也越来越多。从昨天起她的精神状态就越来越差。于是晶晶被带到我的诊室。经过医生的询问和检查，她已至少4小时没有小便了，口腔干燥，哭时眼泪极少，前囟略有凹陷，皮肤弹性也略差。大便检查轮状病毒抗原检测阳性。于是确诊，孩子患了轮状病毒性肠炎并发脱水。需要住院，实施静脉输液治疗脱水。

导致脱水的原因

导致宝宝出现脱水的原因有很多，最常见的是急性胃肠炎和液体摄入量过少。呕吐和腹泻引起的体液丢失是胃肠炎导致脱水的原因，同时也是引发脱水最常见的原因之一；导致脱水的另一常见原因是液体摄入量过少，例如，口咽疼痛引起的吞咽困难。有时，配方奶粉与水混合的比例不当——配方粉中所加水量过少，也可引起宝宝出现脱水。

如何预防脱水？

脱水是一个比较常见的症状，只要了解可能引起脱水的原因，就可以尽早采取适当的方法来预防。上面已提到引起脱水的主要原因是急性胃肠炎和液体摄入量不足。如果孩子出现高热、呕吐、腹泻及拒绝饮食的情况，就应想到很可能发展成脱水。及时少量多次地补充口服液体，就可以预防脱水的发生。

家庭内能够治疗脱水吗？

尽早认识脱水症，特别是轻一中度脱水，就能及时开始家庭治疗。

对轻度脱水来说，可采用口服补充液体的方式。最好的补液饮料是家庭自制米汤。

米汤的制作方法：先煮沸一升的开水，然后倒入一碗米，再煮沸5～10分钟，直至水变为稀糊状。将煮好的米汤倒入容器内，加入一汤匙的糖和盐。待稀糊状液体变凉至室温时，米汤就制作好了。

到药店购买口服补液盐，也是治疗脱水的好方法之一。对于较大的儿童，也可饮用超市出售的含电解质和糖分的饮料。由于这些治疗脱水的液体味道不好，孩子不愿接受。应采用少量多次服用的办法。如果宝宝服用后出现呕吐，就从少量开始，每次10~15毫升，每15~30分钟一次。待宝宝能够耐受后，再加到每次30毫升、60毫升。如果宝宝继续腹泻，就不需限定孩子服用的总量。

小提示

补充液体的关键是均匀、慢速。特别是小宝宝，有时为了调整饮用液体的速度，可将液体浸到毛巾内，再让宝宝吸吮毛巾。大于1岁的幼儿还可采用吸吮冰棒的方式。

如果经过家庭补液治疗以后的效果不满意，已经发展到了中一重度脱水，或是引起脱水的因素持续存在，就应及时到医院接受医生的指导，必要时接受静脉补液。静脉补液是将一定浓度的葡萄糖、氯化钠、氯化钾等按比例混合，根据脱水程度，调整补液速度和补充量。但需要特别注意的是：静脉补液治疗脱水仍然要遵循均匀、慢速的原则。不是1~2小时就能解决问题的。所以，一般静脉补液都要采用住院或留院观察的方式。

养育笔记

[第]37[课]
孩子脱水了

一发烧，马上就需要静脉输液吗？

最近几天，刚刚1岁的娜娜一直在生病。从前天开始出现高烧，体温高达39℃，食欲不振。起初服用退热药后效果很好，服用一次退烧药可维持4小时左右，而且服药后30分钟体温就降到了基本正常的水平。可后来，服药降温的效果越来越差，小家伙也越来越没精神，至少4小时她都没小便了。实在没有办法，家长带孩子来到医院。

经过检查发现，孩子真是到了"口干舌燥"的地步，口唇干裂，舌头毛刺突出，皮肤弹性减弱，咽部红肿，精神状态也差。娜娜得了病毒性咽炎，合并了轻度脱水。

静脉输入一些糖及电解质的液体后，孩子的烧退下来了，精神状况也有明显好转，口唇、舌头也湿润了。

对正常人来说，呼吸、出汗、流泪、排尿和排便等生理过程排泄的水分，可通过常规饮食得到充足的补充。而呕吐、腹泻、高热等病理过程会增加人体水分的流失，同时，患有这些疾病的婴儿往往食欲不振，这样一来，流失的水分不易得到补充，而出现体内水分不足，医学上称为"脱水"。

为了保证孩子的健康，减轻病痛，家长最想知道的是：如何及早发现脱水？如何预防脱水？如何治疗脱水？

孩子为什么会发烧？

很多原因可以引起孩子发烧。服用退烧药后，人体通过皮肤散发热量，以达到降低体温的效果。因为皮肤本身不能主动控制散发热量的程度，而是通过蒸发大量的水分带出热量。这样一来，退热的同时会有大量水分随之而出。由于孩子发烧时多伴有食欲不振、液体摄入量不足、体内处于水分不充足的状态；同时皮肤又在不断努力增加水分经皮肤的蒸发，以期取得降温效果，其结果是很容易造成孩子脱水。孩子表现出精神差、口干等脱水症状。如果孩子因为出现脱水造成体温控制不满意，在这种情况下，静脉输液的确有很大帮助。但这并不是说，静脉输液是治疗发烧的好办法。如果孩子出现发烧，一定想尽办法保证孩子摄入充足的水分，这样有助于退烧。千万不要只依靠退热药物。

喝了那么多水，怎么还会脱水？

口服补充水分是预防脱水的好办法，但只补充纯水将会带来新的危险。不论是汗液、尿液、大便，还是呕吐液，其中不仅含有水分，还含有大量钠、钾等电解质。当人体处于疾病状态时，体内消耗增加，处于缺能量（缺糖）状态。所以说，出现脱水时，不仅需要补充水分，还需补充钠、钾等电解质和糖。这也就是口服补液盐的生理基础。单独补充水分，表面看皮肤弹性好、尿量增加，实际上，大量排尿可造成体内电解质进一步随尿丢失，出现电解质紊乱和低血糖。孩子就会出现精神差，甚至惊厥。

防止脱水，你需要知道的4件事

哪些疾病可能会合并脱水？

高烧、呕吐、腹泻容易合并脱水。

如何发现孩子存在脱水？

中度脱水警报——口干、哭时眼泪减少、4～6小时孩子未排尿、前囟门轻度凹陷。

重度脱水警报——出现眼窝凹陷、哭时无泪、呼吸加快、神志恍惚。

小提示

在所有项目中，观察排尿间隔时间是一项很好的指标。

在家中，如何预防并简单治疗脱水？

使用口服补液盐，是一个明智的选择，注意阅读使用说明。对于1岁以内的小婴儿来说，将1袋药粉溶于500～750毫升温水

诊室镜头回放2

喝了水，怎么还会脱水？

3天前，2岁的胖胖出现发烧，呕吐。1天后又出现腹泻，大便很稀，就像是"蛋花汤"。胖胖妈的一个朋友说，她的孩子也得过这种病，医生称为"轮状病毒"性肠炎——一种病毒性肠炎。而且医生还说，此病多于5天左右好转，预防脱水是关键。妈妈的朋友还拿来家中剩余的"口服补液盐"让她冲水给胖胖喝。可是，胖胖根本不喝。勉强灌进一些，没2分钟又全吐出来了。不过，叫渴的胖胖却能喝下白开水，于是妈妈依了他。为了防止出现脱水，妈妈鼓励胖胖尽可能多喝些白开水。妈妈发现孩子的尿不少，根本没觉得会脱水。可是，他的精神状态越来越差，懒得起床，懒得说话。妈妈担心存在其他问题，带他到了医院。

经检查发现，孩子血中钠离子水平降低，糖水平降低。经过补液后，情况大有好转。

中，少量多次喂孩子喝，可取得比较好的效果。

假如你的孩子拒绝服用"口服补液盐"，可选用苹果汁或不含气的可乐。因为苹果汁、不含气的可乐中都有一定的糖和电解质。当然，在米汤中加上少许的盐，也可获得类似的效果。根据孩子的耐受情况尽可能多地提供液体。

何时应带孩子到医院接受静脉输液治疗？

存在轻度脱水，经家中治疗4～6小时效果不明显时，或因呕吐不能耐受口服液体超过12小时，就应到医院接受静脉输液治疗。

养育笔记

[第]38[课]
对付迟迟不好的腹泻

为什么孩子腹泻持续的时间有长有短？有些爸爸妈妈认为与引起腹泻的原因有关；有些则认为与治疗是否得当，或者说治疗是否积极有关。这些看法都没有错，但除此之外，还与腹泻后的饮食密切相关。

但是，大多数爸爸妈妈都知道孩子患腹泻后应当特别注意饮食，比如，减少辅助食品，暂停固体食物等，而且也很认真地做了，可孩子还是持续腹泻！看着孩子一天天消瘦，做父母的真是心急如焚。

什么原因容易引起孩子腹泻？

腹泻是以频繁排泄稀水样大便为特征的一种疾病现象。腹泻时大便中可见不消化物，还可能见到少量血性、黏液性甚至脓性物质。腹泻患者所排大便往往有恶臭味。

引起急性腹泻的原因主要是感染。常见的细菌性感染包括：痢疾杆菌、沙门氏菌、致病性大肠杆菌等。拉脓血便是细菌性感染的主要特征，同时孩子出现发热、腹痛、里急后重（排完大便后马上又想排便，但每次所排大便量又不多）等，这种感染多发生于炎热的夏季。

常见的较严重的病毒性感染主要是轮状病毒。这种感染多见于秋冬季，前期可能有上呼吸道感染症状（流涕、鼻塞等），多以高热和呕吐起病，紧接着出现严重的水样腹泻，大便如同"蛋花汤"。孩子很快出现尿少、烦渴等体内水分严重不足的脱水症状。

诊室镜头回放

宝宝患了轮状病毒性胃肠炎

8个月的冬冬3周前突然出现高烧、呕吐，紧跟着出现严重的水样腹泻。医院检查证实是轮状病毒性胃肠炎。根据医生的嘱咐，爸爸妈妈给孩子服了足够的口服补液和调节胃肠功能的药物。3天后，冬冬的病情开始有所好转。可是3周过去了，孩子还是每天拉4~5次稀便，大便中含有很多没消化的奶瓣。除了婴幼儿配方粉，其他的固体食物都给孩子停了，但腹泻还是不见好转。几次的大便化验结果都提示大便中含有少量白细胞和红细胞，爸爸妈妈怀疑孩子并发了细菌性肠炎，又给他吃了抗生素。可腹泻不但没有减轻，反而有加重的趋势。

为什么腹泻迟迟不好？

婴幼儿急性腹泻后往往还存在腹泻现象，有时还是比较严重的腹泻。这是因为孩子已经从急性腹泻阶段进入到乳糖不耐受阶段。

要理解乳糖不耐受，还要从理解乳糖讲起。乳糖是包括牛乳和母乳在内的乳类食品中主要的碳水化合物成分，也就是主要糖分的来源。普通的婴幼儿配方粉是由牛乳加工而来，自然也含有大量的乳糖。从生物化学角度讲，乳糖是葡萄糖和半乳糖组成的双糖，不能经人体肠道吸收进入血液。当人体进食乳糖后，存在于小肠黏膜上的乳糖酶会将其分解为葡萄糖和半乳糖的单体。只有葡萄糖和半乳糖的单体才能经过肠黏膜吸收进入人体血液，起到提供人体热量的作用。由于小肠黏膜上的乳糖酶自足月婴儿出生后就已成熟，所以孩子出生后就可接受含有乳糖的食品。

包括病毒、细菌在内的病菌侵袭肠道后，很有可能破坏小肠黏膜上的乳糖酶。一旦乳糖酶受到一定程度的破坏，乳糖不能被分解，就会出现乳糖不耐受的现象。而且，抗生素的使用也会破坏小肠黏膜上的乳糖酶活性，同样会出现乳糖不耐受现象，具体表现为持续腹泻、胃肠胀气等。爸爸妈妈就会发现孩子腹泻没有明显好转，持续时间较长。

孩子出现"难治性"腹泻应该怎么办？

现在很难用简单的检查证实孩子是否出现了乳糖不耐受的现象。但是，大量研究表明，比较严重的腹泻，比如，轮状病毒性胃肠炎、痢疾、沙门氏菌肠炎，特别容易并发乳糖不耐受现象。因此，腹泻前就用配方粉喂养的孩子，可以换成不含乳糖的特殊配方粉。腹泻前采用母乳喂养的孩子，是否能坚持母乳喂养，主要看孩子是否还腹泻。如果腹泻持续一周不见好转，应添加外源性乳糖酶，或换成不含乳糖的配方粉。对于腹泻持续时间过长或由于使用抗生素后出现的持续腹泻现象，也要换成不含乳糖的配方粉。一般要服用不含乳糖的特殊配方粉2周后，再逐渐转回普通婴幼儿配方粉。

如何预防秋季腹泻？

● 特别注意2岁以内婴幼儿的卫生条件，提倡母乳喂养、科学护理，做好奶瓶与餐具的消毒。

- 看护人和小儿在饭前便后都要用肥皂洗手。

- 饮用水一定要干净。

- 不随地大小便，婴儿使用坐盆。如果家里有禽畜应圈养，防止粪便污染环境。

- 不吃变质食物，生吃瓜果要洗净。

- 灭蝇、灭蛆，食物存放要加罩，防止污染。

- 为孩子接种疫苗。很多国家都在研制采用疫苗的方法预防此病的发生和流行。非常高兴的是，我国已成为第二个成功研制出口服轮状病毒活疫苗的国家。由卫生部兰州生物制品研究所研制的该疫苗的有效保护率可达73.72%。

小提示

什么是不含乳糖的特殊配方粉？

不含乳糖的配方粉是特别去除牛乳中的乳糖后再加工成的婴幼儿配方粉，或采用大豆为原料加工而成的婴幼儿特殊配方粉。这类配方粉属于治疗性药品，只能在医院内买到。孩子出现乳糖不耐受现象时，可以咨询当地儿科医生，从医院购买这种特殊的配方粉。

诊室小结

- 遇到孩子出现急性腹泻时，除了要积极配合医生进行有效治疗之外，还要考虑到紧随腹泻可能出现的乳糖不耐受现象。

- 适当调整配方粉种类可以减轻或扭转腹泻持续的现象，也就能避免出现"难治性"腹泻。

过敏

本单元你将读到以下精彩内容：

- 湿疹是一种慢性皮肤疾病，对婴幼儿来说，主要原因是对食入物、吸入物或接触物不耐受或过敏所致。
- 湿疹本身不是由潮湿所致，但潮湿可以促使湿疹加重。
- 孩子存在"喘"，并不一定患有哮喘。
- 孩子是否为哮喘，需经过医生的定期随访，根据孩子病情的变化确定。
- 食物回避+激发试验是食物过敏检测的金标准。
- 一旦确定为食物过敏，严格意义上讲，治疗和预防的最好办法是停用这类食物。

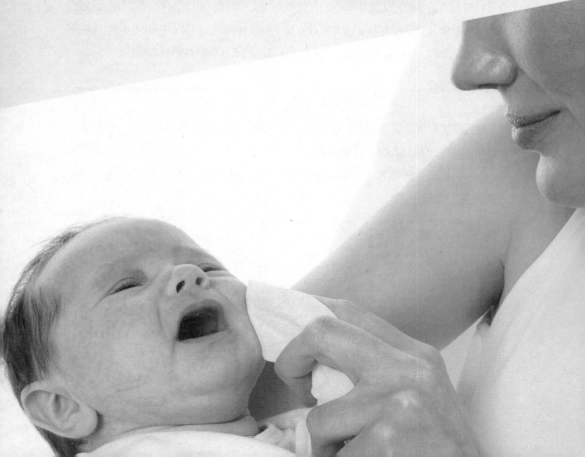

[第]**39**[课]
过敏原检测：直击过敏根源

孩子身上起了"奶癣"，是不是对牛奶过敏？孩子吃完某种食物后嘴的周围皮肤发红甚至微肿，是不是说明他对这种食物过敏？给孩子洗澡后发现他身上皮肤明显发红，难道他对浴液过敏？……带着这样的疑问去咨询医生时，有时医生会推荐进行过敏原检测。那么，过敏原检测到底能告诉爸爸妈妈什么样的信息呢？

过敏——身体对天然物质的过度反应

在谈到过敏原检测之前，我们应该对"过敏"有一个完整的认识。过敏并不是一种精神因素所致，也就是说过敏是体内的一种异常反应。从医学定义来说，当人体免疫系统对来自空气、水源、接触物或食物中天然无害的物质出现了过度反应时，就出现了过敏。患过敏症的人在接触到引起过敏的天然无害物质时，他体内的免疫系统就会产生一种特别的抗体（IgE）及一些细胞释放的化学物质（组胺），从而出现过敏反应的症状。

这样一说大家就会明白，如果一个人真正过敏，那么他体内的IgE即针对过敏的特别抗体就会增高。也就是说，检测过敏原就是为了检测体内IgE的水平。

过敏原检测常用的两种方法

皮肤试验

皮肤试验是通过细小的针头将孩子表皮刺破，并同时接种上微量的可疑过敏物质。等待一段时间，查看局部皮肤是否变红

诊室镜头回放3

宝宝添加辅食后开始出现湿疹

末末现在已经1岁了。自从6个月开始接受辅食以后，末末就开始出现湿疹。因为末末吃的都是混合辅食，很难判断孩子到底是吃哪种食物引起的湿疹。而且湿疹治疗总不能彻底，经常反复，所以爸爸妈妈希望通过检查找到过敏原。

肿。根据红肿的程度确定孩子是否对接种的可疑物质过敏及过敏的程度。由于小宝宝皮肤比较薄嫩，而且如果孩子有湿疹，很难确定何处的皮肤为正常区域，因此会给皮肤试验带来假性结果。再有，每针刺皮肤一次，只能接种一种过敏原。如果要想检测10种，至少要针刺10次；检测20种，至少要针刺20次……这样会给孩子造成一定的痛苦。皮肤测试还存在一定的风险。对于严重过敏的宝宝，接触接种皮下的微量过敏原，有可能造成严重的过敏反应。

因为皮肤试验是对可疑物质的直接检测，所以结果相对比较可靠。综合考虑，一般认为皮肤试验比较适合于5岁以上的孩子。

血液检测

对于5岁以下的孩子或者不愿接受皮肤试验的孩子，可以采用血液检测IgE的方法。测定分成两个方面，即检测体内总IgE的水平和特异性IgE的水平。总IgE代表体内总体过敏程度，并不能说明孩子对何种食物或接触物过敏。特异性IgE能够准确反映到某种物质上，比如蛋黄IgE增高，说明孩子对蛋黄过敏。实验室本身能够检测数百种特异性IgE，但是由于取血量的限制，每次检测只包括10余种。这10余种是通过流行病学统计出来的常见致敏物质，包括：鸡蛋、牛奶、鱼、大豆、肉、海鲜、尘螨、灰尘、花粉等。

通常，建议同时进行总IgE和特异性IgE检测。如果特异性IgE增高，当然比较容易找出过敏的原因。而所检测的特异性IgE均为阴性，总IgE却增高，说明孩子确实存在过敏，只是没有找到过敏原，需要仔细回想孩子的饮食和接触情况，再进行比较有针对性的特异性IgE的检测。

从结果找"源头"

"诊室镜头回放1"中，可可的检测结果：孩子吃某些东西后嘴唇周围的皮肤发红、微肿，可能是食物中酸性物质等的刺激，属于局部反应。在爸爸妈妈的要求下进行IgE的检测，均为阴性。因此排除了过敏的可能。

"诊室镜头回放2"中，牛牛的检测结果：妈妈虽然从饮食上做了大量的限制，但是孩子的湿疹没有明显见好。经过血液IgE检测发现，孩子的总IgE为128.32千单位/升（正常值应小于100千单位/升）；螨虫的特异性IgE为++。这个出乎意料的结果提醒了爸爸妈妈。原来从牛牛3个月开始，为了预防因为翻身或其他意外出现坠床，他们经常把牛牛放在地毯上。虽然地毯上还铺着小棉被，但还是造成了孩子对螨虫过敏，难怪妈妈再怎么忌口也没有效果。

"诊室镜头回放3"中，末末的检测结果：经过检测发现孩子对鸡蛋和芝麻过敏。再次询问孩子的父母得知，在孩子3个多月时就开始添加蛋黄；5个月开始给孩子添加烂面条，而且每次都在面条中放少许香油，最后导致孩子出现对鸡蛋和芝麻过敏的现象。

诊室小结

● 过敏原检测并不是我们最终的目的。通过检测过敏原，确定孩子是否存在过敏，同时指导喂养方式和生活方式，才是真正的目的。

● 越早找到过敏原因，及时将孩子与过敏原隔离，越能获得日后预防过敏的效果。

● 检测过敏原需要针刺或取血，确实会给孩子造成一定的痛苦，但是过敏持续下来给孩子造成的痛苦更为严重，甚至可能影响到孩子今后的生长发育。

● 皮肤试验比较适合于5岁以上的孩子，不满5岁的孩子可以采用血液检测的方法。

[第**40**课]
食物过敏检测的金标准

丽丽的宝宝在5个多月时开始添加辅食，之后不久宝宝就出现了湿疹，丽丽知道宝宝是过敏了，可并不知道宝宝对哪种食物过敏。她带着宝宝去医院，想做过敏原检测。可是医生说，她的宝宝太小，并不适合做皮肤点刺和血液检测，丽丽这下着急了："为什么小宝宝不适合做这些检测？那怎么知道宝宝究竟对什么食物过敏？"

孩子最早出现的过敏通常是食物过敏。而年龄小的孩子，常规的过敏原检测并不适合。怎么才能知道孩子对哪种食物过敏了？用食物回避＋激发试验的方法就能找出过敏的食物，这是食物过敏检测的金标准。

传统检测方法不适合小孩子

过敏原检测的主要方法包括皮肤点刺试验和血液免疫球蛋白E（IgE）检测，这两种都是常规检查，只是测试的机理不同。

皮肤点刺试验是将过敏原试剂点刺于挑破的皮肤表皮内，观察皮肤的反应情况。这种检测方法会因为测试前服用了抗过敏药物而出现检测结果偏差。

IgE血液检测是直接测定，不受药物的影响。但是，IgE在体内达到一定浓度时才能检测出来，通常是过敏症状在先，IgE阳性检测结果在后，所以1岁以内的孩子或过敏症状短于6个月的孩子，采用这种检测方法并不一定是阳性结果。

食物回避＋激发试验，诊断金标准

现在，食物回避＋激发试验是世界过敏学会定义的食物过敏诊断的金标准，对于孩子来说，采用这种检测方法是最准确的，而且家长执行起来也很方便。

食物回避＋激发试验的步骤是这样的：孩子吃了某种食物出现过敏症状时，要暂停喂养这种食物，等孩子的过敏症状完全消失后，再给他吃这种食物。如果吃了之后孩子又出现了过敏反应，而且症状跟前一次的完全一样，就可以认为孩子对这种食物过敏了。

食物回避＋激发试验比血液检测要准确，因为任何血液检查都是用试剂去检测的。而试剂是人为加工出来的，不一定是食物本身的成分。比如我们要给孩子做苹果过敏的测试，要拿苹果来做试剂，但是，苹果有不同的产地，不同的品种，而试剂只是选用某一个产地某一个品种的苹果，和孩子平时吃的苹果会有一定的差异，所以，检测的结果与实际的情况会出现一定的偏差。

食物回避＋激发试验是通过孩子吃某种食物的反应来判断的，更能准确地判断孩子是否对某种食物过敏。

躲避疗法

通过食物回避＋激发试验，确认孩子对某种食物出现过敏后，要让他完全躲避这种食物至少6个月，这种做法称为躲避疗法。

人体的免疫反应是有记忆的，如果不断受到过敏原的刺激，它的记忆就会越来越强。如果长时间没有受到刺激，它对这种过敏原的记忆就会不断减弱，直至消失。

所以，孩子对某种食物过敏了，要立即停吃这种食物，避免它对免疫系统的刺激。如果仍然让他进食这种食物，使身体经常受到过敏原的刺激，就会不断地加深对过敏原的记忆。

要注意的是，一定不能躲避一两个月就忍不住再次让孩子尝试这种食物。因为躲避时间不够长的话，孩子的身体还没有完全忘掉这种食物，又再次受到刺激，不仅不会使过敏反应减弱，反而会使过敏反应越来越强烈。

所以，躲避治疗时，至少要躲避6个月，让体内的免疫系统完全忘记这种食物，而且是完全躲避，就是说，不仅要躲避这种食物，而且要躲避含有这种食物成分的所有东西。比如，孩子对牛奶过敏，不仅要将普通婴幼儿配方粉换成氨基酸配方粉或深度水解配方粉，而且所有含有牛奶的食物和营养补充剂都不能吃，比如，蛋糕、面包、牛奶糖、含有牛奶的钙剂。

诊室小结

● 皮肤点刺试验和血液免疫球蛋白E（IgE）检测的过敏原检测方法不适合年龄小、过敏时间短的孩子。

● 食物回避＋激发试验是世界过敏学会定义的食物过敏诊断的金标准。

● 确认孩子对某种食物出现过敏后，要让他完全躲避这种食物至少6个月，这种做法称为躲避疗法。

养育笔记

[第**41**课]
恼人的湿疹

宝宝的皮肤本应白滑细嫩，可有些宝宝的皮肤却粗糙、脱屑，甚至破溃、流水。特别是在潮热环境下，皮肤发红，痒感加重，医学上称为"异位性皮炎"或"特异性皮炎"，民间俗称为"湿疹"。

引起湿疹的原因是什么？与"湿"是否有关？怎样预防和治疗呢？下面的实例可以帮助我们了解湿疹的本质。

什么是湿疹？

孩子身上出现的皮疹是典型的湿疹。说到湿疹，我们首先要给湿疹下个定义，这样才能有助于我们去了解它。

我们都觉得孩子的皮肤应该像丝绸一样光滑，其实不是这样的，孩子的皮肤并不完美，很少有几天能像丝绸一样光滑的，经常会有小包、小疹子出现。但是，不是一长疹子就是湿疹，湿疹也不是像它字面上理解的那样，是由湿和热引起的。

湿疹又叫特异性皮炎，它不是皮肤病，而是全身疾病在皮肤上的表现，是一种慢性的、具有脱屑的多种形态的疹子。

首先，它是慢性起病，而不是急性的，突然出现的，比如，孩子用了某种抗生素或者是吃了某种食物而出现急性反应，那不是湿疹，而是荨麻疹。

其次，湿疹的皮肤表面是粗糙、脱屑的，即使你闭着眼睛摸，也一定能知道它的范围。湿疹跟皮肤颜色无关，它遇热会变红，如洗澡时，正常情况下与其他地方的皮肤颜色一致。但局部

诊室镜头回放1

是不是穿得太多？

2个月的妞妞全身出现红疹子。最初，父母并没有特别在意，可经过一段时间的家庭护理，未见任何效果。于是，父母带着妞妞来医院就诊。

经了解，妞妞生后一直是母乳和配方奶粉混合喂养。近来全身，特别是面部和头皮出现很多红色不规则的皮疹，有些部位都可连成片。耳后还出现小裂痕，有淡黄色液体渗出。妞妞妈抱怨说：就是因为前两周天气变化，保姆给孩子穿多了，孩子出汗多才会出现这样的情况。

还是粗糙的。这和痱子等热疹不同，痱子虽然也起小红疹，但它摸上去仍然是光滑的。

最后，湿疹是多形性的，湿疹的疹子很多样化，没有固定的形态。

引起湿疹的原因是什么？

引起湿疹的主要原因是对食入物、吸入物或接触物不耐受或过敏所致。大约20%的宝宝会对奶蛋白产生不同程度的不耐受现象，常表现为不同程度的湿疹，严重者可出现腹泻，甚至便血。一般宝宝只是对牛奶蛋白不耐受，但个别孩子对母乳蛋白也不耐受。这种不耐受表现多于出生后1～2个月开始，逐渐加重。出生后4个月左右往往达到高峰。随着辅食的添加，情况大多会开始好转，一般两岁左右逐渐消失。但有些孩子皮疹会越来越严重，今后出现食物过敏、过敏性鼻炎，甚至过敏性哮喘。

需要指出的是：湿疹本身不是由潮湿所致，但潮湿可以促使湿疹加重。给孩子洗完澡，或者是孩子出汗后，皮疹都会变得更加明显。第一次引起爸爸妈妈重视往往是洗澡后，就会将原因归为洗澡后身体没擦干等潮湿因素。

治疗任何疾病都应是在消除病因的基础上对症治疗。引起宝宝湿疹主要的原因与奶有关，按常理来说，应该停用奶制品喂养，可是孩子才几个月大，不吃奶又如何生存？只能选择深度水解或氨基酸配方粉。当然，治疗宝宝湿疹最主要的方法之一是对症治疗——消疹、止痒。消疹可以缓解皮肤的损坏，避免皮肤感染；止痒可以解除孩子的痛苦，避免皮肤抓伤，也可预防感染。

目前，真正有效的药物即是含有氢化可的松激素的药膏，常选用0.1%浓度的制剂。一般将药膏薄薄地涂在皮疹上2～3次，皮疹即可明显好转，痒感也明显减退。在皮疹好转后经常涂些润肤露可以延长缓解时间。由于湿疹的根本原因是对奶的不耐受，所以一段时间后，湿疹又会出现。这样反复使用激素药膏，直至添加辅食后，奶的需求逐渐减少，以及孩子对奶的耐受性逐渐增强，才能从根本上缓解湿疹的发生。

可是，从小出现湿疹的孩子并不一定是对奶的不耐受，很可能还有其他因素。6个月龄辅食添加后，皮疹不但没好，反而越来越重的孩子，应考虑存在其他原因。就像下面的这个例子所述。

对于顽固的湿疹，应考虑是过敏所致。虽然，多数情况下我们能基本猜测到过敏的原因，但不能保证猜测的准确性。特别是同时对几种食物过敏，或对环境因素过敏者，仅凭猜测往往耽误治疗，还会影响孩子的生长发育。只有通过抽血或皮肤试验检查过敏原才能真正了解过敏原因，从根源上进行预防。

如果有可能，远离过敏原是最好的预防办法；对于不能根本脱离过敏原时，采用适当治疗，保护皮肤的完整性至关重要。

过敏短于半年和1岁以下的孩子都不建议检测过敏原

这是因为任何检查都有一个界限，界限之内是阴性，超出界限就是阳性。这和考试是同样的道理，我们考试，通常60分是及格线，之上为及格，之下为不及格。如果一个孩子考试才考了10分，肯定不及格，后来他经过努力考到了59分，他的进步已经很大了，但按标准来说他还是不及格。因此我们一般不主张过敏短于半年的孩子去检查过敏原，因为孩子的过敏历程太短，很可能还没有达到过敏阳性的水平，但并不是说他就不是过敏。

另外，不到1岁的婴幼儿也不适合查过敏原，因为1岁之内的孩子，免疫系统正在慢慢建立、成熟，这期间的变化很慢，做检测也反映不出来。显然，很多患湿疹的孩子这两个条件都不符合，所以湿疹不是靠查过敏原查出来的，要通过孩子日常生活中的食物成分、皮肤用品等来寻找。刚才第一个妈妈说到，她的孩子出生后，很早就接受了配方粉，实际上就是很早接受了异性蛋白质，异性蛋白质就有可能导致孩子过敏。

不同程度湿疹的三级治疗方案

因为湿疹多是过敏造成的，所以抹激素药膏就会好转，但是因为根源不在皮肤上，所以不抹激素药膏它又会出现。

湿疹反反复复总也不好？

从出生后1个月开始，11个月的裘裘就被湿疹困扰着。时好时坏的湿疹折磨着孩子，也折磨着父母。起初认为是配方粉过敏。本应该换用低敏性配方粉，可由于孩子的拒服，只能期盼辅食来扭转乾坤，可结果令爸爸妈妈大为失望。孩子吃蛋黄后起湿疹，吃菜后起湿疹，吃肉后也起湿疹——裘裘一家人简直要疯了。什么都不敢给孩子吃，导致孩子又瘦又小。有时，裘裘的爸爸妈妈想既然吃什么都起湿疹，干脆就什么都给孩子吃，可是看到孩子满身的湿疹及痛苦的样子，又不忍心继续下去。虽然，含有氢化可的松激素的药膏能使皮疹暂时消退，可长期使用又怕有副作用，为此也不敢长期使用。该怎么办呢？

在对裘裘和他的父母表示深深同情的同时，我了解到裘裘的妈妈小时候也存在湿疹的问题，4～5岁后逐渐好转。又了解到孩子湿疹的表现是清晨轻、晚间重，孩子吃完食物后每次出现湿疹的程度并不同，也有个别不起湿疹的时候。这些情况提示我们应该慎重推断湿疹的原因。一个孩子不应对如此多种类的食物产生过敏，也不应存在晨轻晚重的特点。是否存在环境因素的问题？在与裴裴的父母多次商榷后，他们终于同意给孩子取血检查过敏原。果然，检验结果显示孩子对任何食物均不过敏，只是对屋里的尘土过敏。再次询问妈妈，家中铺有地毯，家人喜欢每天用吸尘器清理地毯，孩子每天清醒时都在地毯上玩耍。

对于湿疹的治疗，要根据它的严重程度来定，而不是笼统地定为今天用什么，明天用什么，因为孩子身上不同部位的疹子严重程度也不一样，皮肤有破溃、渗水的地方，用药和皮肤完整的地方是不一样的。

破溃、出水的皮肤用激素药膏加抗生素药膏

我们的皮肤表面都附着有很多细菌，如果皮肤是完好的，这些细菌不会对皮肤造成伤害。如果皮肤的完整性被破坏，屏障功能出现问题，细菌就会通过破溃处进入血液，引起皮肤感染。

当湿疹出现渗水、渗血、红肿时，说明皮肤的表皮已经被破坏，合并有皮肤感染，这时候我们要用激素加抗生素的治疗方法，而不能只用激素药膏治疗。较常用的激素药膏是氢化可的松，抗生素药膏较常见的是百多邦软膏，最好不要用红霉素，因为它油性成分含量较多，同样会渗到皮肤里层，引起过敏。用了激素药膏和抗生素药膏后，皮肤很快会出现好转，一两天后，破溃的皮肤就会变完整了。

皮肤有破溃时，不要给孩子用保湿霜、润肤露，因为它们所含的成分会通过破溃处进入血液，造成孩子对保湿霜和润肤露过敏，要在孩子皮肤完整以后才能使用。

皮肤完整后用保湿霜

当皮肤不再渗水，也没有裂口了，说明皮肤已经完整了，这时候的治疗要换成第二阶段：保湿霜。

皮肤有裂口、渗水的时候，因为完整性被破坏，水分流失得很多，这时候皮肤特别容易变得干燥，所以湿疹又称为干性皮炎，而干燥又会加重湿疹，所以要用保湿霜将皮肤的水分锁住，使皮肤变得比较润泽，帮助湿疹恢复。因为患湿疹的皮肤比较敏感，所以要选用温和的儿童专用保湿霜，充分涂抹在皮肤上。

皮肤颜色基本正常后用润肤露

用了保湿霜后再观察皮肤的表现，发现皮肤表面的颜色基本正常、没有红肿现象后，就可以转入第三阶段的治疗，使用润肤

露，继续为皮肤保湿。治疗湿疹时，皮肤的清洁也很重要。因为湿疹特别容易出现感染，为避免感染，必须每天给孩子洗澡，但每次洗澡的时间必须短，不能泡澡或游泳，不用浴液，只用温清水洗。因为皮肤破溃时，如果使用浴液，也会造成浴液渗进皮肤，引起感染。

记录所有入口的和用于皮肤的成分

皮肤治疗只是治标，过敏的根源没找到就治不了本。婴幼儿的过敏主要以食物过敏为主，所以，记录孩子吃进的一切食物的成分，是找到过敏原最直接的办法。爸爸妈妈可以做一个表，记录下孩子两周内每天入口的食物成分以及在皮肤上所用的物品成分，每天对孩子的皮肤情况进行评分，表格如下：

日期	食物成分	皮肤用品	皮肤评分
……	……	……	……

这么填表

● "食物成分"一栏，所有经口入内的食物成分种类都要记录，比如，给孩子吃了面包，如果面包里有鸡蛋、牛奶等成分，也要记录进去。不必记孩子进食的量，而是要记种类。

● "皮肤用品"一栏，包括给孩子使用的护肤品、外用药品等。

● "皮肤评分"一栏的记录，第一天的分值为5分，以后的每一天与第一天对比，症状越严重，分值越高；症状越轻，分值越低。

● 如果皮肤评分出现变化，比如，变高了或变低了，要根据一两天前的"食物成分"记录和"皮肤用品"记录来分析与其他时候有什么不同。

● 至少记录两周，再带着这个记录请专业人员帮你分析食物成分和湿疹的关系。

[第42课]
喘，不等于哮喘

止喘药物用了3个月还没有治愈

丁丁2岁零6个月，去年5月患了上呼吸道感染。由于当时治疗不够及时，2周后孩子仍然咳嗽。爸爸妈妈带着孩子到医院看病，听到医生说孩子有些喘，本已安定的爸爸妈妈马上紧张了起来。按照医生的嘱咐本应用一周的止喘药物吸入，结果用了3个月还不停止。这天，因孩子又有些咳嗽、流涕，来到我的诊室。经过耐心询问，在治疗此次感冒的同时，逐渐将吸入的止喘药物停掉。

孩子已经患哮喘八九年了

13岁的明明患哮喘八九年了，据他的妈妈讲，明明一直坚持吸入药物的治疗，而且效果很好。孩子平常并没有异常表现，只是每日凌晨

俗话说："内不治喘，外不治癣。"这意味着"喘"是比较难治的病症，但"喘"又是孩子常发生的疾病，所以爸爸妈妈对孩子是否患有"喘病"倍加关注。

经常听到爸爸妈妈说自己孩子睡觉时、咳嗽后好像有"喘"的现象。这些家长很想知道孩子是否患上了哮喘。

哮喘是一种反复发作的，以气喘、呼吸困难、胸闷为主要表现的下呼吸道疾病，属于小气道疾病。

喘只是一种病理表现，是由于气道发生痉挛或气道内分泌物滞留造成气道狭窄，气体进出狭窄气道时产生的一种高调声音。喘是哮喘特有的表现，但出现"喘"的现象并不意味着孩子患上了哮喘。

通过上面的例子可以看出，了解哮喘并正确治疗十分重要。孩子存在"喘"，并不一定患有哮喘。特别是当第一次出现喘憋时，医生多提示要好好控制喘憋，以防发展为哮喘。的确，控制喘的方法与治疗哮喘十分接近。有些爸爸妈妈因怕孩子成为哮喘，当孩子病情好转后也不愿意停止治疗；有些爸爸妈妈则因怕止喘药物对孩子造成损害，不愿接受治疗。不论您是哪种想法的爸爸妈妈，都希望您通过上述实例了解到，喘是一个异常表现，但与哮喘并不等同。

到目前为止，还没有短期根治哮喘的方法。尽快控制哮喘发作，有效预防哮喘的发生，是当今哮喘治疗的指导思想。控制及预防哮喘可避免或减轻孩子心肺功能的损害，保证孩子的正

常生长发育。有些孩子随着青春发育期的出现，哮喘可得到根本缓解。只有对孩子的哮喘控制满意、预防得当，待哮喘得到根本缓解时才不会留有心肺功能的不足或障碍。积极配合医生治疗哮喘，努力去除诱发哮喘发作的因素，长期使用正规药物预防，是治疗哮喘的原则。

爸爸妈妈需要知道的事情

● 孩子是否为哮喘，需经过医生的定期随访，根据孩子病情的变化确定。

● 任何药物对孩子都会造成一定的副作用，但是否持续用药，要根据疾病对孩子的影响和药物对孩子的影响，哪个更为重要来考虑。

● 不是哮喘而长期用药，势必突出药物的副作用，给孩子造成不必要的损害。

三种不同类型的哮喘

婴幼儿哮喘

3岁以下的婴幼儿，有3次以上类似气喘发作的现象，而且以前曾患过湿疹、皮肤过敏，同时父母有哮喘或慢性气管炎，就可以诊断为婴幼儿哮喘。

需要特别提醒的是，由于许多爸爸妈妈不愿意接受这个现实，侥幸认为自己的孩子不会患哮喘。因此，婴幼儿哮喘中有相当数量的宝宝未能接受及时的治疗，致使疾病迁延，且逐渐加重。

儿童哮喘

3岁以上的儿童，反复出现咳嗽、喘息，且喘重于咳。喘息常常是突然发作。一般先有鼻痒、喷嚏、咳嗽，然后出现喘憋，出气困难、胸闷，呼气时喉咙里"咝咝"发响，严重时面色苍

两三点时会醒来，自己感觉有些不舒服。吸入药物后即可缓解。

经过详细的检查并未发现明明存在肺功能异常的表现。于是，嘱咐妈妈将每日凌晨吸入的药物逐步换成了盐水。经过2周的转换，孩子没有不适的表现。妈妈把换盐水的情况告诉了明明，他很快解除了心理上对药物的依赖，夜间睡眠也变得踏实了。

诊室镜头回放3

孩子的肺功能仅为同龄孩子的一半

5岁的小光从近3岁时因喘憋被诊为哮喘。经过治疗，症状得到了很好的控制。但他的父母害怕长期吸入药物影响孩子的生长发育，便自行减少给予孩子吸入药物的治疗。每次看病时，总不愿意接受医生的建议。致使5岁的孩子肺功能只为同龄儿童的一半。胸廓发生了"桶状"变形，心脏功能也受到累及。

白，口唇青紫，全身出冷汗。

发作的诱因与多种因素有关。比如闻到农药、油漆、香烟等特殊气味，吸入花粉、灰尘，近期患有呼吸道感染等。

咳嗽变异性哮喘

这是一种特殊类型的哮喘，主要症状是咳嗽，而没有喘憋的表现。

下面是这类患儿具有的特点：

● 反复咳嗽超过1个月，常在夜间或清晨咳嗽加重，往往是阵发性剧烈干咳，吸入冷空气或跑步等能加重咳嗽。

● 应用消炎药几乎无效。

● 应用平喘药可减轻咳嗽。

● 曾患过湿疹、皮肤过敏症等。

● 家族有患哮喘或慢性气管炎的病人。

养育笔记

[第43课]

预防哮喘，从居家环境开始

哮喘是一种慢性小气道炎症性疾病，其发作突然并反复发作。由于哮喘是一种过敏性炎症，因此仅用抗生素之类的药物治疗效果不显著。不过，哮喘也是一种可以控制、可以预防的疾病。由于哮喘需要根据哮喘发作的情况分级进行治疗，也比较复杂，因此必须在儿科医生指导下进行。

哮喘发作期

治疗的目的在于终止发作。哮喘一旦发作，要及早控制，使哮喘发作对小气道造成的破坏作用降到最低限度。药物的主要作用是舒张小气道，抗过敏、解除呼吸困难，达到平喘的目的。

终止发作的药物：氨茶碱、舒喘灵、博利康尼、强的松等口服药物；氨茶碱、甲基强的松龙等静脉药物；舒喘灵、博利康尼、普米克令舒等气雾吸入药物。

哮喘缓解期

治疗的目的在于预防发作。哮喘的发作虽然是突然发生的，但小气道的炎症是长期持续存在的。因此，需要长期的抗过敏治疗。

爸爸妈妈必须明白，即使孩子哮喘发作得到控制，暂时无任何喘息症状（缓解期），仍然需要每天坚持服用预防性药物，最好应用必可酮或普米克等气雾剂吸入。吸入上述药物不会产生任何副作用。吸入剂量应由医生根据孩子的病情确定，轻症哮喘需要持续吸入3~6个月；重者需持续吸入更长时间。

爸爸妈妈需要知道的事情

除哮喘发作期需要看医生外，哮喘缓解期也应该定时看医生，以使孩子得到定时的身体检查，并可咨询用药情况。

预防方法

哮喘是否能得到根本控制，关键在于是否能有效地预防哮喘的发作。预防发作的办法包括：

寻找过敏原，避免接触过敏原

能引起哮喘发作的物质统称为过敏原，是诱发哮喘发作的触发因素。没有触发因素就不会产生哮喘的症状。

从孩子的生活环境中消除过敏原是最好的预防措施。常见的过敏原及预防办法有：

外界空气中的花粉或霉菌的孢子

它们来源于植物的微粒，存在时间很短，容易避开。在花粉或霉菌出现的高峰期，最好少带孩子到室外活动；必须出门时，应戴上口罩。一般来讲，春季发作的哮喘可能与吸入花粉有关；秋季发作者，可能与霉菌孢子有关。

居室内的尘螨和蟑螂

居室内的尘土中含有大量尘螨。它体积小，肉眼难以看到，但它是一种活的昆虫。螨虫以皮肤的脱屑为食物，可生活在枕头、被褥、地毯及长毛绒类玩具中，在阴暗潮湿的环境中繁殖很快。螨虫的最大危害是它们的粪便能引起孩子过敏，诱发哮喘发作。有些孩子对蟑螂的排泄物也会过敏。消除尘螨和蟑螂的办法有：

- 勤洗、勤晒或用开水烫床上用品。
- 不使用地毯，不玩长毛绒类玩具。
- 使用杀虫剂消灭蟑螂。注意喷药或打扫室内卫生时，应该让哮喘的孩子离开现场；待房间彻底通风后，才能将孩子带回室内。
- 由于许多孩子对动物毛发或羽毛过敏，所以，有哮喘孩子的家中最好不要养宠物。

各种烟雾及刺激性气体

烟草气雾既能增加儿童气道的敏感性，又能增加哮喘的症状。爸爸妈妈最好不要吸烟，不要带孩子到不限制吸烟的公共场所。

对于煤气燃烧或炒菜时产生的烟雾，应使用排风扇或抽油烟机将烟雾排出室外。

尽可能不让孩子接触各种刺激性气体，如油漆、蚊香、农药，甚至包括刺激味不强或有香味的气体，如香水、香皂、洗发液等家用化学品。

呼吸道感染

婴幼儿的哮喘发作往往与呼吸道感染有关，因此，预防感冒和控制呼吸道感染也是预防哮喘发作的重要前提。

冬季发作的哮喘，尤其伴有发热者，可能与呼吸道感染有关；持续常年发作者，可能与体内感染病灶有关，如鼻窦炎、慢性扁桃体炎；也可能与长期密切接触尘螨、尘土等有关。

对于容易患感冒的孩子，在冬季到来之前，接受季节流感疫苗的接种是一个预防的好办法，但对鸡蛋过敏者不推荐接种流感疫苗。

免疫疗法

免疫疗法包括调节免疫、抗过敏和脱敏疗法。根据孩子的免疫功能（通过医生检查及相关的化验），选择应用免疫增强剂、免疫抑制剂或免疫调节剂。应用抗过敏药物，如酮替酚、色甘酸二钠或普米克气雾剂等可获得良好的效果。

经常开窗通风换气，保持室内清洁、空气清新；适当进行体育锻炼，增强体质和抗病能力；注意饮食平衡，保持大便通畅，都有利于哮喘的预防。

[第 44 课]
食物不耐受？ 还是食物过敏？

奶制品与湿疹

妈妈带3岁的小红来健康体检。一进门，小红妈妈就兴奋地告诉我，近来孩子的皮肤光滑多了。湿疹几乎全部消失，孩子也不再受皮肤痒痛的骚扰了。

小红从出生后接受的是母乳与进口宝宝奶粉混合喂养。出生1个月起，脸上和头皮就开始出现脱屑样皮疹。抱她时，她会在大人肩膀上蹭；趴着时，脸会在床上蹭，而且，这种情况在逐渐加重。2个月时，脑枕部明显缺头发（枕秃）。3个月时，全身几乎所有部位都受到了湿疹的侵扰。由于孩子经常烦躁不安，只能靠含有激素的药膏暂时缓解痒痛。大家都知道，这种现象与奶制品有关，对于小婴儿，不能停用奶制品。还好，小红

食物，缺了它不行，可有时又会受到它的伤害。除了食物中毒外，几乎每个人都曾经遇到过或将会遇到食物不耐受或食物过敏的问题，这两者有着相同的表现，但却有着不同的治疗和预防的办法。这里通过两个典型例子，帮助大家区别食物不耐受和食物过敏。

食物不耐受是怎么回事？

食物不耐受是指人体对食物中的一种成分或代谢产物产生的非生理性反应。比如，有些孩子吃桃、西红柿、西瓜等食物后，嘴的周围、嘴唇、舌头，以及颈部出现皮肤轻度红肿，并伴有痒痛，这是因食物中一些酸性物质或酶所致。一般数小时后可自行缓解。

很多小宝宝对奶蛋白不能很好地耐受，会出现"诊室镜头回放1"中提到的湿疹问题。几乎80%的宝宝都经历过湿疹的骚扰，但每个孩子的表现差别很大：从轻度的面部皮肤粗糙，到头、面部甚至全身皮肤粗糙并伴有脱屑，甚至严重时皮肤出现小裂口及黄色渗液。

湿疹往往伴有痒痛，孩子会尽可能地去抓、蹭皮肤，所以经常见到枕秃、皮肤抓痕等。对小宝宝来说，停止进食奶制品是不现实的，只能选用深度水解或氨基酸配方粉，并使用湿疹药膏或激素药膏，缓解痒痛。随着孩子年龄的增长，这种对奶蛋白不耐受的情况会逐渐好转，一般到3岁左右基本消失。

食物过敏又是怎么回事？

有些孩子在进食奶制品期间，除了湿疹外还会出现腹泻、呕吐，甚至哮喘。一般来说，出现如此严重的反应就不仅是食物不耐受了，很可能是食物过敏。

对食物过敏的人数是很少的，他们只是对某种或几种食物过敏。当这种食物第一次进入人体时，人体不会表现出明显的不适。但此时食物的消化降解产物已通过胃肠黏膜进入血液。引起过敏的物质（过敏原）即可刺激血液中肥大细胞产生特异的IgE。IgE虽然只是一种蛋白质，但却具有非常灵敏的识别能力。当人们再次服用这种食物时，位于肥大细胞表面的IgE就会指挥肥大细胞释放导致过敏的物质——组织胺。组织胺可使人体皮肤出现奇痒的皮疹、呕吐、腹痛、腹泻等表现；严重者可出现哮喘、呼吸困难等。

过敏是人体对某种食物产生的超敏反应，其结果远远严重于食物不耐受，而且再次进食这种食物时，症状都会逐次加重。由于过敏是动用了人体的免疫系统产生了特异的IgE，通过皮肤试验或血液检查对确定诊断有很大的帮助。不过，因为食物种类实在太复杂，能够进行检测的已知过敏原制剂种类有限，此外，很多食物成分之间有交叉过敏的现象，所以，少数情况下血液或皮肤试验也无法得出明确的结果。

哪些食物容易引起宝宝过敏？

容易引起宝宝过敏的食物包括牛奶、蛋清、豆类、小麦及海鲜。一旦确定为食物过敏，严格意义上讲，治疗和预防的最好办法是停用这类食物。

由于有些宝宝的食物过敏具有随着时间逐渐衰减的趋势，一旦确定为食物过敏应该遵照医嘱停用这种食物。

已3岁，停用奶制品对她的生长发育没有什么影响。随着长大，情况也好转起来。现在，妈妈满脸笑容了，可当初的烦恼却是别人很难体会的。

面片汤与风团
电话里，小东的妈妈急促地告诉我：不知是什么原因，今天中午孩子又突然出了满身的红疙瘩，并且哭闹不止。
当她带孩子来到医院时，我发现孩子满身红疙瘩（医学上称之为风团）。这种情况肯定是过敏所致。可9个月的孩子会对什么过敏呢？在与妈妈交谈中得知这已是第三次了。今天中午，妈妈给小东煮了一点自制的面片汤。追问头两次情况发现，第一次是吃了鸡蛋龙须面后发生的，当时妈妈怀疑是龙须面中可能存在着孩子不能耐受的添加剂等；第二次是吃了自制的小馄饨后出现的，妈妈怀疑与肉或调料有关，只是万万没想到与面粉有关，所以今天又自制了面片汤，结果又再次出现过敏。

经过检查，小东对小麦过敏。从这以后，父母再也没有给孩子添加与小麦相关的食品，至今也未再出现相似的过敏反应。

● 对于牛奶过敏者至少使用深度水解或氨基酸配方粉6个月后再接触。

● 鸡蛋过敏应2岁后再尝试接触。

● 预防大豆、花生或海鲜等过敏，应至少等到1岁后再尝试接触。

需要特别提醒的是，千万不要频繁试用，以防造成终身过敏的问题，同时还可能诱发出哮喘或其他严重的问题。

假如以上情况出现在你的宝宝身上，无论是食物不耐受，还是食物过敏，你都要留意以下这些情况：

● 首先应回忆孩子近来吃过何种食物。特别是对小宝宝来说，能够向医生提供饮食情况，对医生有很大帮助。

● 除了向医生提供孩子的饮食情况外，还应提供自己及配偶小时候是否存在类似的问题。这是因为食物不耐受和过敏具有较强的遗传倾向。

● 为了能够及时发现食物相关的问题，添加辅食应一种一种地添加，观察期至少满3天，出现问题立即停掉，并及时向医生请教。

● 出现问题后，不要过度忧虑，应在医生指导下进行治疗和预防，千万不要相信所谓"偏方"，以免给孩子造成不良后果。

[第45课]

有关过敏的其他问题和预防建议

过敏和家族遗传有关系吗？过敏是否和孩子的体质有关？怎样预防过敏？在有关过敏话题的《崔大夫诊室》栏目现场咨询中，对大家提出的这些问题做出了比较详细的解答。

现场咨询1：过敏和家族遗传有关系吗？

张劲力：因为我比较容易过敏，比如吃了某种食物后，脸上、身上就会起红点。我小的时候过敏特别厉害，长大后好一些了，但有些东西还是不能吃，所以一直担心孩子也有这个问题。

崔大夫：你认为过敏跟遗传有关系吗？

张劲力：有关系吧？我妈妈也有这样的情况。

崔大夫：孩子出生后有过敏表现吗？

张劲力：他小时候湿疹很厉害，实在没办法就用了激素。现在没有湿疹了，但是有过敏现象，比如吃东西吃得满脸都是，然后下巴突然就红了。

崔大夫：孩子出生后第一口吃的是母乳还是配方粉？什么时候开始加的辅食？

张劲力：出生第一口吃的是奶粉，我下奶后就母乳喂养了。第6个月开始加的辅食，吃得挺好的。

现场咨询2：过敏和孩子的体质有关系吗？

洪帆：我女儿平常不过敏，吃虾、吃鸡蛋都没事，可大概两周之前，她感冒了，感冒那几天给她吃虾和鸡蛋，她身上都会鼓起大包块。

崔大夫：孩子身上长的包块痒吗？

洪帆：好像是有点痒，因为她会挠。验指血的大夫说是过敏，开了抗过敏的药，吃了一次，第二天就没事了。

崔大夫：你是以哪种方式生产的？孩子吃的第一口是母乳还是配方粉？什么时候加的辅食？

洪帆：我是剖宫产。刚开始孩子吃的是配方粉，后来是混合喂养。第5个月开始加了米粉，现在她吃米粉、鸡蛋羹、面条。

崔大夫：你觉得孩子的过敏和什么有关系？

洪帆：我觉得跟体质有关。并不是说一种食物随时都会过敏，身体状况不太好的时候会有反应；身体状况好时，情况就会缓解。

如何判断过敏？

● 当人体免疫系统对来自空气、水源、接触物或食物中的天然无害物质出现过度反应时，就出现了过敏。

● 吃海鲜有时候有反应，有时候没反应，很可能是海鲜本身不新鲜，带来了一些不是天然无害的物质，所以出现的这些反应并不是过敏。

● 被蚊子叮咬身上起了包，很红、很痒，也不叫过敏，因为蚊子叮咬后释放的不是天然无害物质。

● 过敏一定是接触了天然无害物质后出现的过度反应，只要对这种东西过敏，以后遇到了还会反复发生，而且会越来越明显。

● 免疫系统的反应是一个瀑布式的反应，一旦过敏会马上反应出来，是非剂量依赖性的。比如，对一种食物过敏，不管吃多吃少都会过敏，而且每次吃都会过敏，也就是说，没有量多量少会造成不同反应的说法。

过敏的两个阶段：致敏—过敏

知道了过敏的特点，我们再来从头说起。先说过敏原，过敏原就是天然无害的物质。过敏原在进到体内以后，会刺激人体的免疫系统，使免疫系统产生IgE（免疫球蛋白E）。

IgE的黏附性很强，会黏附在任何人体内部拥有的肥大细胞上，这时人体已经有过敏的可能性了，但还不会出现过敏症状，称为致敏。当过敏原再次进入人体的时候，它就直接和IgE结合，在肥大细胞膜上钻孔，使肥大细胞膜破溃，于是肥大细胞里富含的组织胺（简称组胺）就会释放到人体组织内，使人体出现过敏症状，比如，皮肤上起疹子、拉肚子、咳嗽，甚至喘息。组织胺释放以后有症状出现，才认为是过敏了。所以，过敏分为两个阶段，第一个阶段是致敏；第二个阶段才是过敏。这就是为什么孩子吃任何一种新的东西，第一次绝对不会出现过敏症状的原因。

过敏因子免疫球蛋白E不会通过胎盘传给孩子

胎儿在妈妈肚子里的时候，是通过胎盘吸收营养的，但并不是任何物质都能通过胎盘输送给胎儿，这中间有一个选择性。实际上，妈妈吃进去的东西消化以后只有很少的一部分从胎盘通过传给胎儿。

除了营养，妈妈还会把自己机体的一些抗体输送给孩子，这种抗体就叫免疫球蛋白，免疫球蛋白又可细分为免疫球蛋白A、G、M、E，它们当中只有免疫球蛋白G能够通过胎盘，而免疫球蛋白E是个大分子，会被胎盘阻挡，无法通过。所以胎儿体内不会有IgE，也就是说，过敏的妈妈体内的IgE是不会通过胎盘传给孩子的，孩子并不是一生下来就会过敏。

但我们确实发现，有个别孩子生下来IgE就很高。这是因为妈妈在怀孕早期有过先兆流产的经历，后来通过保胎保住了胎儿。在出现先兆流产时，妈妈的血液和胎儿的血液已经有了接触，IgE不是通过胎盘，而是通过血液传播给了孩子。

食物过敏，过敏的第一步

孩子出生后，将会经历两大变化，第一个变化是开始经肺呼吸；第二个变化是开始经口进食。经肺呼吸不会造成过敏，经口进食才是过敏的原因，所以，最早令宝宝出现过敏的原因，就是食物过敏。

食物颗粒要被消化、吸收，一定要在胃肠道里被加工成很多小的颗粒，才能完成消化，实施吸收过程，最后将养分输送到血液里。

如果在消化过程中出现问题，大的食物颗粒没有被消化，孩子吃什么拉什么，叫消化不良。如果在吸收过程中出现问题，孩子通常表现为：大便性状很好，但是次数特别多，食物消化后却不能被很好地吸收，这种情况叫吸收不良。不管是消化不良还是吸收不良，都和过敏没有关系，相对来说，过敏是一个比较复杂的过程。

食物在消化过程中，颗粒由大逐渐变小，通常的情况下，这些小的颗粒会被吸收，成为人体内的养分，使孩子能够生长发育，而大颗粒就被当作废物排出体外了。但是如果肠壁细胞之间有缝隙，一些还不是非常小的食物颗粒就会直接穿过肠壁，被血液直接吸收。而这些食物颗粒对于血液来说都是异物，会刺激人体免疫细胞，使孩子出现过敏。

肠道发育不成熟是宝宝过敏的主要原因

刚出生的宝宝肠道还没有发育成熟，肠壁细胞间百分之百都是有缝隙的，所以小宝宝很容易出现过敏。但是为什么并不是所有的宝宝都会出现过敏呢？这是因为宝宝的肠道虽然都有缝隙，但如果这些肠道缝隙被某种物质所覆盖住，使食物颗粒无法直接穿透，无法进入血液当中，自然就不会引起过敏了。

这种能够覆盖住肠道缝隙的神奇物质是什么呢？就是肠道正常菌群及其分泌物。我们的小肠和大肠中覆盖着以厌氧菌为主的细菌群，这些细菌还会分泌黏液。这些肠道细菌和黏液慢慢地就会形成一层保护膜，不仅能遮挡住肠道缝隙，还可以促进食物消化。

那这层细菌怎么来的呢？在妈妈肚子里的时候，胎儿的体内是没有细菌的。孩子出生后，有两个途径可以接触到细菌：一个是自然分娩时，在妈妈的产道内接触的一些细菌，这些细菌会被孩子吞进消化道里；另一个是母乳喂养过程中，妈妈的乳头、乳头周围皮肤和乳管内的细菌会随着母乳喂养过程被孩子吃到肚子里。孩子通过母乳喂养过程获得的是以厌氧菌为主的细菌，到了无氧的肠道环境中不断繁殖，很快就会在肠道内形成保护膜。可见，自然分娩、母乳喂养能够使孩子的肠道菌群早早建立，过敏的可能性也就大大减少。

而刚生下来就吃了配方粉的宝宝就没那么幸运了。奶瓶经过消毒，不像妈妈的乳头和乳管那样附有细菌，孩子的肠道接触细菌的时间就会推后，肠道内的保护膜形成的时间也比母乳喂养的宝宝晚，这时配方粉中的食物颗粒如果通过肠道缝隙进入血液，就有可能引起过敏。刚才之所以问孩子第一口吃的是配方粉还是母乳，就是这个原因。其实，孩子有可能已经有了致敏的情况，但之后通过母乳喂养，肠道内形成了一层保护膜，配方粉的颗粒不能够再通过缝隙直接进到血液里，所以没有出现过敏。

过敏随时可能发生

任何人在任何时候都有可能出现过敏，而不是说小时候不过敏，这辈子就不会过敏了。只要肠道受到损伤，随时都有发生过敏的可能。

很多人过敏，都是在用了抗生素或者患有腹泻之后，因为肠道受到了损伤，出现了缝隙造成的。所以我们会发现，以前吃海鲜并不过敏，但突然有一天就过敏了。刚才一位妈妈说孩子身体状况不好、抵抗力低的时候容易过敏，其实是肠道受到了损伤。这也证明你的孩子身体内已经有致敏因素了，如果没有致敏因素的话，第一次接触某种食物是绝对不会过敏的。

现在，绝大多数人都是处于致敏的状态，会不会出现过敏，就看你有没有继续刺激它。身体状况不好的时候，肠道情况也可能不太好，这时候吃的食物就比平常容易穿透肠壁，引起过敏。所以不是说吃某种食物就一定会过敏，而是要与肠道环境结合起来看。我们一定要记住，过敏是一个动态的过程，是随着人的身体状况而改变的。

小提示

当孩子身体状况不好的时候出现了过敏，这说明他身上已经有致敏因素了，以后再遇到类似的情况时，要注意预防过敏的发生。

过敏药治标不治本

如果孩子已经出现了过敏，可以用抗过敏的药物治疗。抗过敏的药物其实就是抗组胺的药物，它只能消除过敏的症状，但不能逆转过敏的反应过程。也就是说，吃了药以后，过敏的症状会得到缓解，比如湿疹消失了，不流鼻涕了，但是下一次遇到过敏原，还是会过敏，因为过敏药只是把过敏过程中的最后一个环节阻止了，也就是让症状消失，但是前面所有的过程它都无法干预。所有抗组胺的过敏药物都只是消除症状，不治疗根源。就像那位妈妈说的，孩子的湿疹抹了药就好，不抹药又加重。

另外，抗过敏药物还包含激素类药物，激素可以抑制肥大细胞产生组胺，肥大细胞不再产生组织胺，就不会有症状了。但激素同样不能阻止引起过敏的前期过程，所以，治疗过敏只是起到稳定肥大细胞不产生组胺，或促使组胺尽快消退的作用。孩子用药后之所以越来越好，除了因为组胺释放少了，和肠道慢慢恢复健康也有很重要的关系，并不都是药物的作用。可见，肠道健康和过敏是密切相关的。

预防过敏的7点建议

干净有度，不追求无菌

家里要保持干净的环境，这是无疑的，因为脏的话，孩子接触太多细菌，就会生病。保持干净的环境，有少量细菌进入人体，免疫系统能够承受，不会致病，又能锻炼孩子的免疫力，是最理想的状态。但现在很多家庭已经过于干净了，到了无菌的程度，这反而会增加孩子过敏的可能。因为细菌跟我们人体是共存的关系，适当的细菌可以刺激免疫系统的成熟，没有细菌人类也无法生存。我们是自然人，要生存在自然环境中，千万不要人为地把孩子归入免疫力低的特殊人群，把他安置在一个无菌的环境中，使他失去促使免疫系统成熟的机会。

别把消毒剂吃到肚子里

如果问你们吃过消毒剂吗？你们肯定会觉得很奇怪：谁会吃消毒剂？可现实生活中，我们确实有很多机会把消毒剂吃到肚子里。

家里有小宝宝，你们是不是常备着消毒纸巾，经常给孩子擦擦手，如果孩子再用手拿东西吃，或者把小手放到嘴里吸吮，就会把消毒剂吃到嘴里。带孩子去饭店吃饭，如果餐具上写着"已消毒"，还有热乎乎的消毒毛巾，你是不是对饭店的卫生条件很放心，但这也就意味着你要吃消毒剂了。可见，在生活当中我们都在不自觉地吃消毒剂，现在消毒剂的食入已经成了一个特别大的问题。

消毒剂吃到肚子里，就会杀死肠道内正常的菌群，使肠道菌群失调，肠壁受到破坏，使食物颗粒有机会进入血液，引发过敏。孩子肠道菌群正在建立，需要扶植，要尽可能减少破坏肠道菌群的行为。如果这边在建立，那边在破坏，一旦破坏因素比建立因素多了，就会出现问题。

尽可能少用抗生素

抗生素是杀灭细菌的药，但它是好坏不分的杀手，可戏称为"盲人杀手"，不管是对人体有益的细菌还是危害人体健康的细菌，它都一视同仁，全部杀灭。所以你会发现，在给孩子用了一段时间的抗生素，治好细菌感染后，他又开始拉肚子了！这是因为肠道的正常细菌被抗生素杀灭后，本身肠道表面已形成的保护膜会被破坏，食物颗粒就会趁机从缝隙进入，造成过敏。所以，抗生素一定要正确使用，病毒性的感冒、发烧不要使用抗生素。细菌性感染需要使用抗生素时，一定要用足量和用满疗程。

为减轻抗生素的副作用，在服用抗生素的同时，可以给孩子吃一些益生菌制剂，但两者之间要间隔两个小时服用。

最佳年龄选择最佳食物

上面提到的三点真正做到了，从理论上来说，自然的食物孩子都可以吃。但是，人体的消化能力是有限的，所以适当的年龄选择适当的食物也很重要。

适当的年龄，是指与孩子的发育程度适宜。因为孩子的消化功能还没发育到位的时候，如果给他吃了某种超出他消化能力的食物，也会出现不良反应，所以我们提倡最佳年龄选择最佳食物。通常小于1岁的孩子最好不要吃下面几种食物：

● 蛋清。蛋清很难被消化，另外，蛋清也容易导致过敏，最好1岁以后再吃全蛋。

● 鲜牛奶及鲜奶制品。鲜奶的成分不适合1岁以内的孩子。另外，用鲜奶制作的奶制品比如蛋糕、冰激凌也不能吃。

● 大豆和花生。大豆和花生也是容易过敏的食物。

● 带壳的海鲜。海鲜的壳越厚，它的过敏性就越强。

上面提到的这些食物，虽然吃了不一定会过敏，但是过敏性相对比较高，因为这些食物在消化和吸收的过程中，需要更成熟的肠道功能支持，而1岁之内的孩子肠道功能还不够完善，吃了这些食物会给肠道造成过重的负担。

第一口尽量喂母乳

孩子出生后，尽可能地不要先喂配方粉。很多妈妈都有这样的疑问：母乳没下来，如果不喂配方粉，孩子饿坏了怎么办？其实只要掌握好孩子体重的下降幅度就可以了。孩子出生后，体重通常都有所下降，只要孩子体重下降没有超过出生体重7%的时候，就要坚持母乳喂养。举个例子，如果孩子出生时体重为3000克，那么，只要他的体重没有低于2790克，就可以坚持母乳喂养。

可不要小看这第一口母乳，它的作用可大了：孩子吸吮开始得越早，吸吮得越频繁，力量越大，乳汁产生得也越早、越多，而且孩子在吸吮乳汁的同时会把细菌吃进去，有利于早早营造肠道的健康环境。孩子早期接触配方粉越少，致敏的机会就越少，他今后出现过敏的可能就越少。

预防牛奶过敏，为了预防更多的过敏

我们吃的食物虽然不同，但其中所含的成分很多都是相同的，这些相同的成分就是这些食物的公共交叉点。如果孩子正好对这个公共点过敏，那么对于有这个公共点的所有食物都会过敏。早期不接触牛奶，避免肠道受损伤，也避开了1岁以内肠道最薄弱的时期，不仅可以预防牛奶过敏，更重要的是可以预防很多其他食物的过敏。

另外，植物、空气中的漂浮物、微生物以及很多外界环境中的东西都含有类似食物中的成分，比如蛋白质、脂肪、碳水化合物、维生素、矿物质等，过敏的倾向也会逐渐扩展、延伸。所以过敏最早是从食物过敏开始，逐渐发展到接触物，再到吸入物。也就是说，过敏的表现是由消化道的表现和皮肤的表现开始，然后过渡到呼吸道的表现。我们可以看到，哮喘的病人很少喝牛奶就发生哮喘，引起他哮喘的原因可能是着凉了、感冒了，或是到了一个特别的环境当中，可见，过敏正在逐渐由食物转到接触物再转到吸入物。而真正到了吸入物过敏的时候，已经很难预防了。

因此，预防牛奶过敏很重要，不仅仅是为了让孩子以后能接受牛奶，也是为了让他能接受更多的食物。预防食物过敏也不仅仅是为了能让他接受更多的食物，还是为了预防以后的接触物过敏和吸入物过敏。

生活方式比基因遗传更关键

有研究表明，过敏并没有明显的遗传倾向，有过敏史家庭的孩子之所以更容易出现过敏，很大原因是这个家庭中有一些容易引起过敏的生活方式，这样的生活方式在代代相传，而他们并没有意识到这才是过敏的根源，所以才会出现一家几代都过敏的现象。将这些引起过敏的生活方式改变，孩子出现过敏的可能性就会大大降低。

此外，增强体质、强身健体可以预防过敏，这种说法是有一定道理的。因为锻炼，免疫力提高了，肠道菌群也正常，自然就能够避免过敏了。另外，生病的时候，胃肠道状况肯定不如平常，如果吃了不好消化的食物，胃肠道接受不了，出现损伤，就可能出现过敏。可见，身体状况和过敏也有关系。

[第46课]
乳糜泻（麦胶蛋白过敏症）

今天，儿童肥胖、营养过剩已成为社会热点话题，频繁地出现在电视、网络、杂志、报纸中。可提到生长迟缓、营养不良，大家往往会认为那是过去或贫困地区才可能发生的事情。其实，孩子生长发育迟缓并不全是因为营养不良，还可能是非营养性因素引起的，其中，乳糜泻就是常常被忽视的一种非营养性疾病。

为什么不容易想到？

之所以不容易想到，是因为人们过去一直认为乳糜泻在黄种人中发病率较低，况且这个孩子发病又是如此之早。

那么，乳糜泻究竟是一种什么样的疾病呢？这是一种具有遗传易感性的小肠疾病，由摄入含麸质的食物而诱发，儿童和成人都可存在。小麦、黑麦、大麦等所含的麸质蛋白可刺激人体内的免疫系统，导致小肠黏膜的损伤。损伤的小肠黏膜可导致病人出现慢性腹泻，特别是脂肪泻，也就是大便内含有油滴，还可导致营养素吸收障碍，引起贫血、骨质疏松、儿童生长缓慢，甚至停滞。

小提示

在上述病例中孩子之所以发病早，就是因为父母过早地给他饮用了大麦茶，促使疾病过早发生。

什么情况下要考虑到乳糜泻？

除了胃肠道症状外，病人可表现出缺铁性贫血、骨质疏松、

诊室镜头回放

大麦茶惹的祸

这是一个足月男孩，出生体重2.9千克。分娩过程和早期喂养相当顺利。

按照医院的建议，出生后1个月、2个月、4个月和6个月，父母都带着孩子到医院进行了必要的体检和预防接种。体检结果也没有发现什么异常。5个月时，开始添加了辅食（米粉、蔬菜泥、水果泥等），小宝宝非常顺利地接受了辅食。可到9个月再进行常规体检时，却发现生长发育近乎停滞。父母说自出生后7个月起孩子就没怎么长体重。

化验检查发现，孩子的血色素只有89克/升（正常值为120克/升）。于是，我和家长共同探讨了喂养问题。经过改进，在孩子食欲很好的前提下，1个月后体重仍然没有增长的迹象。接着，我

又详细了解了孩子自出生后开始的全部饮食情况，发现了一件意想不到的事情：因为听说大麦茶能暖肚和排气，在孩子不到2个月时，父母就开始给他喝了少许大麦茶。

进一步检查，证实了一种人们很难想到的营养性疾病——乳糜泻（Celiac Disease）。经过调整饮食结构及强化营养，孩子的生长发育情况开始好转。现在，他已经1岁零4个月，生长发育基本接近正常婴儿的平均水平。

生长缓慢或停滞等。由于这些症状，甚至包括胃肠道症状在内，都属于非特异性症状，所以极易误诊。

如果出现以下情况，可考虑到乳糜泻这种疾病：

- 难以解释的贫血。
- 低蛋白血症。
- 转氨酶增高。
- 骨质疏松病引发的骨折。
- 复发性腹痛或腹胀。
- 皮疹。

如何做出诊断？

确诊的"金"方法是进行小肠黏膜活检。但由于小肠黏膜活检并不是一项容易进行的检查，所以血液中特殊抗体的检测往往成为基本诊断方法。

由于对此病比较陌生，因此更应该积极发现和诊断。如果出现可疑症状可以进行血液特殊抗体的检查，包括：抗麦胶蛋白抗体、抗组织转谷氨酰胺酶抗体和抗肌内膜抗体。抗体又分为免疫球蛋白A和免疫球蛋白G等血液检查一共6项。

一旦抗体水平呈阳性，就应采取无麸质饮食治疗。治疗后观察孩子情况好转程度和复查血液抗体水平。如果孩子情况好转，特别是儿童生长发育速度回升，就必须坚持终身无麸质饮食治疗。这样既可改善生活质量，又可预防糖尿病、癌症、不孕症等严重并发症的发生。

无麸质食品（Gluten-free）治疗

目前，还没有药物可以治疗乳糜泻这种奇特的疾病。只有通过无麸质食品治疗，孩子情况才能有所好转。也就是说，必须停止食用含有麸质的食品，主要是各种麦类食品。不含麸质的食物将成为食品来源，包括：大米、玉米、小米、豆类、薯类、水果、肉、鱼、蛋、牛奶、坚果等。

同时，还要根据孩子是否存在贫血、骨质疏松等问题，进行补铁、钙、维生素D、叶酸等针对性的治疗。经过2～3个月食物疗法，如果情况明显好转，而且血中抗体水平下降，就更能证实疾病的存在。这样，患病的儿童或成人就必须终身进食不含麸质的饮食。只要饮食得当，今后的生长发育和生活工作能力都可保持正常。

背景链接

冰山一角

过去曾认为乳糜泻只发生于高加索人，特别是儿童，典型的表现是体重减轻和腹泻。现在认为事实并非如此。由于许多病人并不出现腹泻等消化道症状，因此很难将体重增长缓慢与乳糜泻相连。据有些流行病学专家估计，世界范围内受累及的人数可达1/800～1/330，这是一个相当高的比例，与现在所诊断的病人例数相差甚远，这就如同冰山一角。预计有很多病人还处在冰山的水下部分，尚未得到诊断。由于大家对这种病认识不足，现今从出现症状到确诊的时间平均为10年。可想而知，患儿的父母要经历怎样的一种焦灼。

养育笔记

便便问题

本单元你将读到以下精彩内容：

- 排除宗教和文化因素，包皮环切是否有必要，目前并没有一个定论。
- 虽说包皮环切手术是一种十分简单的手术，但不是所有的男孩都可接受的。
- 不要过于认真清洗婴幼儿的外阴。
- 大便干燥的主要原因是大便在结肠内存留时间过长，大便中的水分被结肠吸收，造成大便干结。

[第]47[课]
宝宝为何尿频?

身为父母,似乎天天都有操不完的心。这边还在为宝宝吃什么、怎么吃焦虑不安,那边又为不成形的便便愁眉不展。因为对表达能力不强的孩子,尤其是还不会说话的婴儿来说,其是否健康,尿、便就是一个指标。松田道雄说得好,我们是在养育婴儿,不是在培养大便。所以,爸爸妈妈们对待尿尿和便便,完全可以放轻松些,当然前提是对它们有详细的了解。

强强的小鸡鸡怎么了?

婴儿期,男婴的包皮粘于阴茎头上。4~5岁时,包皮的部分内面将逐渐与阴茎头分离,形成一些小囊。多数孩子的包皮口较为狭窄,这样就会造成一些尿液存留于此,渗出的尿碱和包皮内面代谢脱落的组织碎片逐渐形成包皮垢。在潮湿的环境下,包皮垢可诱发包皮垢杆菌生长,从而刺激包皮内面和阴茎头发炎。阴茎头和包皮上含有的众多神经末梢,受到刺激时,容易产生排尿感。这就是强强为什么老想小便的原因。

治疗与处理

向妈妈解释这种情况后,我建议最先应做的治疗是控制感染。于是,我在强强的阴茎头涂了些局部麻醉的药膏。15分钟后,用手轻轻向上翻开包皮,即见到了乳白色如同豆腐渣样的包皮垢,还散发着难闻的气味。继续慢慢上翻包皮,并用生理盐水冲洗(或用浸满生理盐水的纱布轻擦)。去除了那些乳白色的包

宝宝小便次数明显增多

近来,5岁的强强小便次数比以前明显增多。爸爸发现了这个问题,可妈妈没怎么当回事,她认为是强强从幼儿园回家后喝水多的缘故。

昨天,幼儿园的老师又向爸爸反映了强强小便次数增多的情况,希望爸爸妈妈带孩子到医院去看医生。这下,妈妈有些慌张了,怕孩子的肾脏出了问题。一大早就带强强来到诊室。

经过检查发现,强强的小鸡鸡头轻度红肿,轻轻按压阴茎头有难以忍受的疼痛。

皮垢后，红肿的阴茎头逐渐暴露出来。

在上翻包皮的过程中发现，包皮内面与阴茎头有相当程度的粘连，分离包皮时出现了粘连部位的渗血，如果不用麻醉药膏，孩子会感到难以忍受的疼痛。包皮完全上翻后，用红霉素软膏涂在阴茎头上，再将包皮翻下。每日上翻包皮后用生理盐水冲洗阴茎头，再涂上药膏，翻回包皮。坚持了5天，红肿的阴茎头已恢复正常，分离包皮时造成的轻度损伤也已复原。

如果包皮内面和阴茎头发炎比较轻微，孩子可能感到阴茎局部有些发痒，会用手去揪阴茎头。这些异常行为有时不易被爸爸妈妈发现。只有当感染比较严重时，爸爸妈妈才会注意到孩子的异常行为。经常遇到这样的情况：在分离包皮时，可以看见包皮内面与阴茎头已存在不同程度的粘连。分离粘连部分将给孩子造成一定的疼痛。强强就是这种情况。

是否应该进行包皮环切手术？

一些西方国家流行为新生儿割除包皮，主要是出于宗教和文化的原因。有研究表明，包皮环切后，可减少阴茎头局部及泌尿系感染、减少性传播疾病和阴茎癌的发生。但事实又表明，婴儿期男婴的包皮粘于阴茎头上，可避免尿、便及尿布对阴茎的损伤。除了有预防损伤的功能外，包皮内存有的神经末梢可增加成年男子性生活中的性快感。因此，排除宗教和文化因素，包皮环切是否有必要目前并没有一个定论。

此外，虽说包皮环切手术是一种十分简单的手术，但不是所有的男孩都可接受的。新生儿对疼痛不敏感，局部涂些麻药即可，可较大的男孩或成人就要接受正规的麻醉了。另外，患有血液系统疾病或其他严重疾病的儿童不能接受手术。还有包皮发育异常，如尿道下裂，也不能接受手术。

毕竟是手术，会有一定的危险。术中出血、术后疼痛和感染是常见的问题。当然，仔细护理孩子可减少这些病痛。若手术医师去除包皮过少，以后还会出现包皮发炎和粘连的问题；若去除包皮过多，可造成阴茎今后发育受阻。要请有经验的医师进行手术，才可避免这种问题。

在中国，很多家庭并不习惯给小男孩进行包皮环切术，那就应该好好护理孩子的阴茎。平素给孩子洗澡时，要尽可能清洗干净阴茎头。对3～4岁的孩子可开始轻轻上翻包皮，一定要循序渐进，千万不要弄痛孩子，以免引起孩子的抵抗。经常轻柔地上翻孩子的包皮，既可避免包皮垢存留引起的感染，又可改善包皮口过紧对阴茎发育的限制。

小提示

　　如果发现孩子有排尿次数增多，阴茎局部痒、痛，阴茎头红肿等，最好及时看医生，以便得到恰当的治疗。

养育笔记

[第]**48**[课]
女宝宝：小阴唇粘连

从生理结构来说，男孩容易出现排尿困难的问题，可有的小女孩为什么也会这样呢？不要紧张，看看问题究竟出在哪儿？

为何会出现小阴唇粘连？

从生理结构来看，短直的女性尿道，容易出现泌尿系统逆行感染，但不易出现排尿困难。要解释这个问题需要从女性的生理结构说起。女性的外阴由外面的大阴唇和里面的小阴唇组成。小阴唇组成的区域内有尿道和阴道开口。女婴出生时，由于母亲雌激素对胎儿的影响，外阴比较肿胀。1/4～1/3的女婴出生时存在小阴唇粘连。20%～30%的女婴于出生后第3个月开始，出现较大范围的小阴唇粘连。若没有接受治疗，出生后12～24个月是出现小阴唇粘连现象的高峰时间。

多数婴幼儿不会表现出明显症状，父母比较容易看见的是排尿后尿布或小裤衩前端总是湿的。这是因为小阴唇粘连可以形成小兜，排尿时存有少量尿液。当排尿结束后，小兜内的尿液又会慢慢自行流出，将尿布和裤衩前端弄湿。只有当小阴唇几乎全部粘连时，才会出现排尿时间延迟，严重者还会出现尿潴留，甚至泌尿系感染。

造成女孩小阴唇粘连的外部原因通常是因为损伤。由于婴儿外阴部局部黏膜非常稚嫩，很易受到污浊或潮湿尿布、排便后爸爸妈妈使用湿纸巾擦洗过力、尿布疹侵袭等方面的损伤。

不要急于进行手工分离

初次得知这种情况时，你一定会非常担忧，希望医生尽快将小阴唇分离开。别着急，局部涂抹些麻醉药后，手工分离过程比较容易。但是，你需要知道的是手工分离有可能造成局部损伤。除了容易引起局部感染，更容易造成再次粘连。

实际上，如果小阴唇粘连没有造成婴儿排尿困难，并不需紧急地将小阴唇分开。如果小阴唇粘连不严重，可以等到孩子进入青春期，随着体内雌性激素水平增加，粘连的小阴唇大多可自行分开。

除非粘连范围较大，出现排尿困难、局部发炎等，才需进行治疗。

治疗的常规办法

将含有1%雌性激素的药膏（倍美力, Premarin）涂抹于粘连的小阴唇局部。起初两周每日两次，然后每日一次再持续一周到两周。在治疗期间，使用药物的间隔时间要逐渐延长，而且使用的剂量也应逐渐减少。药物应用期间不要突然中断，以防小阴唇很快再度粘连。

倍美力阴道软膏是一种从天然物质中提取的雌性激素混合物，使用期间有可能导致女婴的乳房轻度肿大。这是常见的副作用，药物停止后即可恢复正常。如果激素未能使小阴唇分开，排尿困难仍然存在或泌尿系统感染不易控制，才可考虑人工分离。

预防建议

- 经常轻轻拨开外阴局部用清水冲洗。
- 每次排便后局部可以轻涂一层薄薄的凡士林。
- 不要将外阴局部的白色分泌物清理得过于干净。

诊室小结

- 不要过于认真清洗婴幼儿的外阴。
- 发现小阴唇粘连不要恐慌，根据医生指导考虑是否需要用药，耐心等待孩子青春期到来。

[第**49**课]
女宝宝发生了泌尿系感染

孩子为什么总是想尿尿

妈妈今天带小英看医生的主要原因是：她总想尿尿。3岁的小英一直身体不错，可最近，妈妈发现只要电视一播广告或准备上床睡觉，小英就上厕所排尿。起初，父母并未在意，以为是水喝多了。后来发现小英从幼儿园回家后，即使不怎么喝水，也会存在这样的问题。现在，每天睡觉前，小英都要上3～4次厕所。可每次只尿一点尿。于是，妈妈认为这是一种坏毛病，应加以纠正。可每次的严厉训斥，不仅没能纠正小英的"毛病"，反而使孩子十分痛苦，为此，有时还尿了裤子。这下，妈妈认为孩子一定是患上什么病了。

排尿是人体正常的生理活动，每日排尿次数与饮水量、身体代谢状况等多种因素有关。一般来说，小儿每日排尿次数比成人频繁，这是由于其膀胱容量小，控制排尿的肌肉力量较薄弱的缘故。不过，即使再频繁，如果孩子总是想尿尿也是不正常的。

这是不是一种"毛病"呢？

这并不是一种毛病，而是泌尿系感染后的一种续发表现。孩子的肾盂、膀胱或尿道非常容易发炎，因为不好确定发炎的部位，所以统称为泌尿系感染。这是小儿常见的疾病。由于女孩尿道短而宽，尿道括约肌薄弱，细菌很容易从尿道侵入膀胱；再加上女孩的尿道口与阴道、肛门靠得很近，易受大便及其他脏东西污染，因此女孩比男孩更易患泌尿系感染。有人统计女婴泌尿系感染的发病率为1%，而男婴仅为0.03%。

泌尿系感染治愈了，为什么还老想尿尿？

使用不清洁的尿布、大便后清洗屁股时造成大便污染了尿道口、清洗孩子外阴的方法不当等都是造成孩子泌尿系感染的常见原因。一般疾病开始时，可出现外阴部痒痛、红肿，并有一些带有难闻气味的分泌物。严重者可出现发热、小便频繁、排尿时疼痛，甚至腹痛。若贻误治疗可逐渐发展为慢性泌尿系感染，为以后肾性高血压、肾功能衰竭留下祸根。由于小儿很少能清楚诉说自己的不适，若感染程度较轻，又因发热等原因服用了消炎药，其症状可很快缓解。这样爸爸妈妈就不容易发现孩子患了泌尿系感染。

在泌尿系感染期间，由于病菌刺激尿道等部位，排尿可缓解主观的不适感，因此造成孩子有一种依赖心理——频繁排尿可减轻不适的感觉。泌尿系感染治愈后，这种心理依赖，即尿道刺激症状会在有些孩子身上延续一段时间。这种延续症状主要表现为排尿次数增多。当孩子玩耍、看喜欢的动画片的时候，因注意力集中，可暂时排解这种心理依赖；而睡觉前或做自己不喜欢做的事情时，情况就比较明显了。小英就是这种情况。

经询问，小英2周前曾出现过发热，妈妈自行给她服用了3天消炎药，随后一切都恢复了正常。现在除了排尿较频繁外，并没有其他不适。

的确，身体检查也未发现什么异常。那么，孩子到底出了什么问题呢？是否患了泌尿系感染呢？于是，护士在为小英清洗外阴后，留取尿液进行了检查，结果完全正常。

积极有效的解决与预防办法

一般情况下，治疗泌尿系感染并不难，但纠正这种心理依赖需要一定的时间。为了能使孩子尽快摆脱心理依赖，爸爸妈妈应在孩子准备去厕所前，吸引孩子去做些喜欢的事情；睡觉前，给孩子讲有趣的故事，以逐渐拖延排尿的间隔时间。总之，对孩子频繁排尿的表现做出淡化的反应，不要总是询问孩子是否去小便等，否则更容易增加孩子的心理负担。

当然，最重要的是预防泌尿系感染的发生。注意尿布清洁、保持外阴不受大便或其他脏物的污染是预防泌尿系感染发生的保障。一旦孩子出现不明原因的发热，应考虑是否有泌尿系感染的可能。留取中段尿进行尿常规的检查很容易确定诊断。如果诊断确有感染，要积极配合医生进行彻底治疗，以避免慢性泌尿系感染的发生。

宝宝经常剧烈哭闹

果果出生才1个多月，可已经把爸爸妈妈折腾惨了。她经常剧烈哭闹，让她的新手爸妈坐卧不安。因为实在不放心，父母带她来检查。经过检查，并没有发现果果的生长发育及重要器官功能存在严重问题，只是她的腹部较膨隆、肠子运动十分活跃，可以听得到"咕咕"的叫声。果果的父母说小家伙每次排大便时，似乎特别费劲，但大便并不干。而且每次排完大便后，似乎一下子就好了，不怎么哭闹。

宝宝夜里总要起来吃奶

丁丁5个月了，夜里老是要起来吃奶，弄得妈妈疲惫不堪。后来，妈妈在丁丁晚上睡觉前服用的奶中添加了婴儿营养米粉。

的确，添加米粉

[第**50**课]
"便事"的烦恼

每个爸爸妈妈都或多或少地为孩子的大便而担心过、咨询过，甚至看过医生。在这些担心中，大多是因为大便次数少或干燥，以及排便困难。孩子一天应该排几次大便为正常？什么性状的大便算正常？孩子大便次数少怎么办？如何帮助孩子自如排便？

分析原因：暂时性胃肠功能调节不良

新生儿的各个脏器功能尚不健全，胃肠功能也是如此。吃奶时，婴儿会咽进很多气体，同时整个胃肠系统运动不协调，这样就使得肠内的气体不能很顺利地到达直肠而排出。由于肠内有气体在"作怪"，婴儿便会出现腹部不适，甚至疼痛。当然，哭闹也就在所难免了。

这种情况医学上称为婴儿肠绞痛，大多出现在1～2月龄的婴儿中，随着婴儿一天天地长大，4～6月龄后，症状可自行缓解。为了解决眼前的问题，可在医生的指导下选用"消气"的药物来减轻孩子的症状，取得良好的效果。

分析原因：固体食物添加不当

奶中添加米粉，或母乳喂养后再食用少许米粉，在晚上睡觉前喂养婴儿，这种做法确实能延长婴儿夜间睡眠的时间。但是，米粉添加到奶中，就会形成如同混凝土似的食物凝块，如果米粉添加过多，就可能造成孩子不能耐受，而且还会出现便秘。

一般来说，不论宝宝每次喝奶的量多少，开始时，应先从一小匙（奶粉罐中的小匙）加起，最多每100毫升奶中添加1匙米粉。

分析原因：肠发育异常

有一种情况我们称为"先天性巨结肠"，出现这种情况的原因是结肠下段神经发育不良，造成局部肌肉功能障碍。有一段结肠细，而且弹性不良，造成部分机械性梗阻。孩子腹肌力量薄弱，不能很好地抵抗细小结肠带来的大阻力，于是，就会出现排便困难。因为毕竟是不完全梗阻，所以，孩子仍会有大便，但每次大便时不能完全排空。爸爸妈妈发现孩子每次大便量少。因为有过多大便存在肠内，不仅表现出腹部膨隆，而且还会使功能不良结肠的上端出现扩张，也会造成食量的减少。

治疗的唯一办法就是手术切除功能不良的肠段。在手术前，应定时灌肠，减少肠内大便存留量，避免或延缓功能不良肠上端的结肠扩张及程度，以确保手术的良好效果。很多孩子也有类似问题，但功能不良的肠段很短，如果是这种情况，通过医生定时利用指诊（一种用手指的诊断），或是使用扩肠器扩张，问题就能得到解决。

分析原因：功能性便秘

对于孩子排便次数少且每次所排大便十分干燥的情况，医学上称为便秘。肠内大便干燥的主要原因是大便在结肠内存留时间过长，大便中的水分被结肠吸收，造成大便干燥。为何大便会在结肠内存留时间过长呢？大便是消化后的食物残渣与水分、胃肠脱落黏膜、胃肠分泌液、细菌等混合后形成的，其中水分所占比重较大。大便在排空前存在于结肠内，结肠黏膜可吸收大便中的水分。大便在结肠中存留时间越长，水分被吸收率越高，大便自然越干燥。

后，丁丁夜里睡觉踏实多了。可是，新的问题也跟着来了：大便干燥。每次排便前，丁丁都要大哭一场，直到大便排出才罢休。

诊室镜头回放3
宝宝肚子越来越大，吃奶也不好
最近，豆豆妈妈发现：豆豆的肚子越来越大，而且吃奶也不算好。虽然每天大便3～5次，但每次量都不多。父母怕豆豆肚子里长东西，于是，便带着豆豆来到医院。
经过肛门检查（用手指伸进肛门），发现有一段肠子又细又紧。为了进一步确诊，于是将一种无害又不被人体吸收的钡剂从肛门注入肠子，证实了豆豆有一段结肠发育不良。经过手术，现在豆豆一切正常。

诊室镜头回放4
宝宝便秘很严重
终于熬过了孩子爱生病的阶段，小奇的爸爸妈妈本打算松一口气，可最近，折磨小奇的事情又出现了：经常几天都不排大便，而且他自己不会主动告诉大人。可妈妈一督促他大便，他就特别伤心。原来，他大便干燥，排便很费力。虽然使用开塞露的效果不错，但是父母怕他以后依赖药物，每次都先督促他自己去排大便，但最后的结果总以用药结束排便过程。

与此相反的是结肠性疾病，例如，肠炎等，造成结肠不仅吸收水分功能障碍，而且自身还分泌很多液体，就形成了稀水样大便，即腹泻。

婴儿所吃食物较细（如母乳等），形成的食物残渣少，不易出现便秘，但食物选择不当（如：过早添加鲜牛奶，过早添加固体食物或添加过量等）容易形成食物凝块；加上胃肠蠕动缓慢，食物中刺激胃肠蠕动的纤维素含量少等，特别是存在结肠发育问题时，很易形成便秘。

如何治疗便秘？

改变食物结构

1岁之内最好不要采用鲜牛奶喂养。添加固体食物要从少量加起。每次添加后，至少观察3天。若孩子没有胃肠不适、便秘或腹泻、过敏等问题，才可增加固体食物量和种类。

增加特殊食物成分

多吃青菜可增加纤维素的摄入，因为纤维素可促进结肠蠕动。可选用苹果、杏、李子等富含山梨醇的水果汁，加入食物内或单独喂养，可提高结肠存水的能力，避免便秘。

使用药物

用上述措施无效、效果不明显，或紧急解决便秘问题时，可使用药物治疗。对于婴儿便秘最常使用的是开塞露。开塞露的成分是甘油，是糖果等食物中的一种成分，对人体无害。长期使用开塞露，可能会造成年长儿童对药物的心理依赖，婴儿往往不会出现这种依赖现象。开塞露多从婴儿肛门内注入，很快形成排便反射，解决排便困难的问题。另外，还可选用口服乳果糖、小麦纤维素等制剂。

一天大便几次？

- 正常母乳喂养的婴儿每天大便3~4次。
- 配方粉喂养的婴儿每天可排2~3次大便。
- 添加固体食物后大便一般每天1~2次。
- 正常大便的性状为黄色软便。

对于每隔48小时甚至更长时间才排大便的婴儿，需要注意是否存在排便问题。先实施上述预防和治疗便秘的方法，同时帮孩子养成定时排便的规律。若不能获得满意效果，就应带孩子到医院看医生。

何种情况需要带孩子看医生？

- 出生后头48小时无大便。
- 刚出生就开始存在便秘。
- 生长缓慢。
- 腹部持续膨隆。
- 肛门外形不正常或排便位置不对。
- 便秘并伴有全身肌肉无力。

养育笔记

带孩子去看病，儿科医生的提醒

本单元你将读到以下精彩内容：

● 妈妈应特别注意观察孩子的饮食起居习惯和精神状态是否突然发生了变化，特别是还不会说话的婴儿。

● 如果日常饮食的时间和量，以及睡眠的习惯发生明显变化，往往提示孩子存在较严重的不适，这就是疾病的信号。

● 带孩子看病的提醒：初诊时选择自己比较满意的医院；尽可能连续在一家医院就诊；治疗需要有一段持续的过程，不要抱着立竿见影的想法；听从医生的建议。

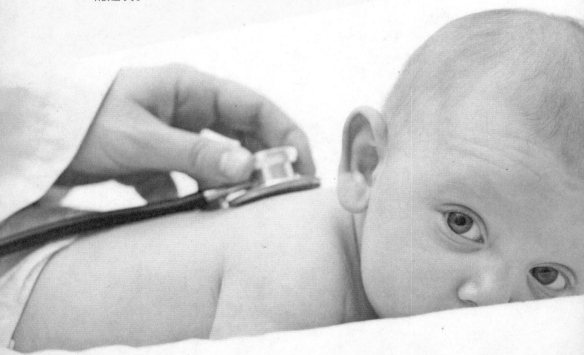

[第51课]
要马上带孩子去看医生吗？

"孩子有点不舒服，我要带他到医院吗？"我经常会接到这样的咨询电话。如果孩子病情较轻，带到医院看医生，不仅耽误时间，更主要的是孩子容易受到其他病人的交叉感染。任何不适或疾病均可使人体抗御病菌的能力下降；如果不带孩子到医院就诊，又怕耽误孩子的病情。爸爸妈妈往往在这种两难中徘徊。

随时通过电话向医生咨询，目前还非常不容易做到。根据自己多年的工作经验，并与其他医生朋友商讨，总结出以下列举的一些必须到医院就诊的情况，希望能给爸爸妈妈一些帮助。

对于出生至3个月龄的宝宝，出现以下情况应送到医院就诊

- 婴儿颜面及口周皮肤出现苍白或发青等颜色的改变。
- 体温高于38℃。
- 出现突发性全身松软或强直。
- 单眼或双眼发红并有白色或黄色分泌物，有时分泌物可将上下眼睑粘连。
- 水样大便每日超过6～8次，而且出现排尿次数减少。
- 出生2周后的新生儿皮肤仍然发黄。
- 全身出现小米粒样的小脓包。
- 新生儿肚脐周围红肿，并有黄色或血性分泌物。
- 口腔内出现乳白色，如同奶皮样不易剥离的附着物。
- 鼻塞已影响了吃奶时的正常呼吸。
- 比较难受的呕吐，而不是简单的溢奶。
- 反复呕吐已持续了6小时。
- 呕吐并伴有发热和/或腹泻。
- 饮食习惯发生较大变化。

- 长时间不明原因、不易哄劝的哭闹。
- 大便带血。

对于3个月龄~1岁婴儿，出现以下情况应送到医院就诊

- 3~6个月婴儿，体温超过38.5℃；6~12个月婴儿，体温高于39℃。
- 拒绝奶水等食物或饮食量明显减少。
- 与往常大相径庭的暴躁脾气；对一般干扰反应强烈；睡眠习惯明显改变。
- 阵发性哭闹，拒绝任何人抚摩肚子。
- 大便带血。

1岁以上的幼儿和儿童，出现以下情况应送到医院就诊

- 超过39℃的高热。
- 寒战伴有全身发抖。
- 任何原因引起的神志突然丧失。
- 不明原因的嗜睡。
- 高调并伴有惊恐式的哭闹。
- 身体任何部位出现突然的无力或瘫痪。
- 不能自主控制的肢体抖动或抽搐。
- 剧烈的头痛。
- 鼻出血或鼻涕具有特殊气味。
- 听力突然减弱或丧失。
- 耳痛或有任何性状的液体流出。
- 视力突然降低或视物模糊。
- 眼睛红肿并有分泌物。
- 述说正常光线非常刺眼，特别是同时存在发热、头痛、脖子发硬。
- 皮肤和/或白眼球发黄，特别是同时存在腹痛、尿色发深或呈茶色。
- 脖子发硬或运动时疼痛剧烈，常常伴有发热、头痛。
- 嗓子疼痛剧烈并伴有吞咽或发音障碍。

● 因吞咽困难出现不能控制的大量口水流出。

● 呼吸费力，特别是嘴唇、指甲等处出现苍白或发青。

● 非剧烈运动引起的呼吸浅、快。

● 严重或持续的咳嗽。

● 间断呕吐已持续超过12小时。

● 呕吐物中带血。

● 剧烈且持续的腹痛。

● 腹胀明显且不喜欢别人按。

● 大便稀，可见黏液或血液。

● 背痛并有发热或排尿不适。

● 排尿次数明显增多并有排尿疼痛。

● 尿中有较大的异味并且颜色发深或呈深褐色，有时可见絮状物。

● 阴茎有分泌物流出。

● 阴道分泌物发黏，呈白色或褐色，并有臭味。

● 非运动损伤引起的关节疼痛、肿胀。

● 切、擦或剐伤后的局部出现红肿、胀痛，有时有脓性分泌物流出。

● 身体大范围出现皮疹、出血点、水疱等。

总体来说，爸爸妈妈应特别注意观察孩子的饮食起居习惯和精神状态是否突然发生了变化，特别是还不会说话的婴儿，如果日常饮食的时间和量，以及睡眠的习惯发生明显变化，往往提示孩子存在较严重的不适，这就是疾病的信号。

一般情况下，爸爸妈妈比较重视孩子的体温、大小便的情况。这些固然重要，但若孩子精神状态及饮食起居尚正常，即意味着孩子的病情不重，爸爸妈妈不必特别着急。

[第**52**课]
带孩子看病的4项提醒

3家医院有责任吗？

2岁半的孩子有些咳嗽，于是爸爸妈妈带着孩子到一家医院就诊。医生诊断后决定在医院门诊连续治疗三天。第一天治疗结束后，爸爸妈妈认为治疗效果不理想，在没有与医生进行交流的前提下，第二天带孩子到了另一家医院。这家医院的医生认为孩子的病情有所加重，需要住院治疗，但由于当时没有空余病床，只能让孩子留在输液室治疗，并等候床位住院。看到输液结束后还需要等床位，于是爸爸妈妈又决定带孩子离院，于当日下午转到第三家医院。这家医院同样是因为床位的问题不能马上住院，但医生看到孩子的病情，嘱咐爸爸妈妈不能带孩子离院。由于当天孩子在第二家医院已经做了静脉输液

谁都希望孩子的病能快快好起来。可是，病情恢复需要一个过程，不能急于求成。作为独立司法鉴定人，我经常参加一些儿科相关的医学司法鉴定。有一次鉴定由衷地触动了我，虽然这样严重的后果并不多见，但爸爸妈妈的这种急切行为，我们却时常能看到。

为什么医院没有责任？

为什么会做出医院没有医疗责任的评定？让我们来分析一下其中的原因。

爸爸妈妈带孩子在第一家医院就诊后，认为孩子病情未见好转，应该返回医院，与医生交流孩子的变化。第一家医院给孩子制定的是连续三天的治疗，爸爸妈妈认为治疗效果不好，既可能与医生诊治有关，也可能与病情变化有关，还可能与治疗时间不足有关。医生只有了解已进行治疗的效果，并再次检查孩子，才可能修正治疗方案。只有根据病情变化逐渐修正治疗方案，才可能获得满意的治疗效果。而孩子的爸爸妈妈并没有完成医院制订的三天治疗计划，又没有将第一天治疗的情况反馈给初诊医院的医生。因此，第一家医院没有医疗责任。

第二、第三家医院都是大医院，又正逢冬季，住院的孩子很多，没有空床位也是常见的事。爸爸妈妈应该听从医生的建议在医院观察等床位，等待地点应该是医院的观察室，而不是回家，这样才可能保证孩子得到积极的治疗。

爸爸妈妈的问题出在哪里？

频频更换医院

仅仅两天时间，爸爸妈妈带着孩子更换了三家医院。这样做的结果是，没有一家医院的医生能准确了解孩子的病情，特别是病情的变化。不给医生充分的时间了解和观察，做出的诊断和治疗往往不会十分准确，有时可能还会出现一些偏差。

没有充分地重视医院的诊断和建议

三家医院给爸爸妈妈出具的书面说明，包括治疗方案和病情评定，爸爸妈妈没有给予充分的重视。凭借自己的感情来理解治疗，也是延误诊断的一个原因。

将孩子交给非法行医者医治

无论孩子病情如何，都不能将孩子的生命交给没有资质的非法行医者。非法行医者不可能具有比正规医院，特别是三级以上医院还有效的治疗方案。

诊室小结

带孩子看病的4项提醒

虽然我们不想让孩子生病，但是病痛还是会时常发生。上面的事件虽然结果极其少见，但爸爸妈妈在孩子生病的过程中辗转多家医院的行为却不少见。所以，面对孩子的疾病，爸爸妈妈必须理性对待，这样才能使孩子早日康复。那么，怎样带孩子看病，才能保证孩子能得到有效而及时的治疗呢？

● 初诊时选择自己比较满意的医院。不要认为孩子病情不重，就随便找一家医院就诊。家长不是医学专业人员，

和消炎的治疗，这家医院就让孩子在急诊室内吸氧、观察并等待床位，而且还出示了书面病危通知。面对这种情况，爸爸妈妈认为医院不重视孩子，没有采取更为有效的治疗，于是再次离院，到自家附近一位无照行医者处就诊。在穴位注射药物后孩子突然病情加重，于是爸爸妈妈急忙返回第三家医院。可惜的是，在去往医院的途中，孩子就离开了人世。

爸爸妈妈认为孩子去世的主要原因是上述三家医院治疗不及时和不积极，于是将三家医院告上法庭。在法院开庭前，几位医学司法鉴定人对此事件进行了评定。评定结果认为三家医院没有医疗责任。

爸爸妈妈想不通，向我们寻求评定的理由。现在，我们就分别从医院和爸爸妈妈的角度来做个分析。

往往不具备准确评估孩子病情的能力。

● 尽可能连续在一家医院就诊。连续就诊有利于医生了解治疗的效果，掌握孩子病情变化的情况。孩子病情变化很快，需要一定时间才能较为准确地确定孩子的病情。如果真是需要转院，应该征得初诊医院的意见，最好能够拿到医院开具的孩子病情和治疗的介绍，以利于接诊医院的连续治疗。

● 治疗需要有一段持续的过程，不要有立竿见影的想法。过于迅速地改换治疗方法，不仅达不到治疗效果，而且还可能延误病情。坚持往往是达到有效治疗的关键因素。

● 听从医生的建议。千万不要自作主张，否则很可能会因此而延误孩子的病情，失去最佳治疗时间。

养育笔记

[第**53**课]
关于带孩子看病的7条建议

孩子生病，爸爸妈妈都很着急，可是光着急没用，从带孩子看医生到回家后给孩子吃药，从孩子生病时的饮食到孩子病愈的判断，都需要爸爸妈妈冷静地对待，这样才能帮助孩子尽快恢复健康。

第一，简洁准确地描述病情

因为医生给每个病人的时间很有限，所以，带孩子看病时，在较短的时间内，用简练的语言准确地向医生描述孩子的病情十分重要，这样医生就能在短时间内了解孩子的病情。在描述时还要提到以下几个方面。

现在病史和过去病史有没有关系

比如一位爸爸妈妈说："这是孩子一年来第10次发烧。"而另一位爸爸妈妈说："孩子很少生病，今天发烧了。"医生就能通过两位爸爸妈妈的描述判断孩子发烧是极偶然的还是反反复复的。另外，孩子哭闹不止，如果爸爸妈妈告诉医生："孩子昨天摔了，今天他哭闹不止。"医生马上就会想到该做什么样的检查。

现在病史中的变化

比如孩子是什么时候开始发烧的，体温是越来越高还是越来越低，来医院之前有没有进行过治疗，治疗后病情是有所缓解还是更加严重等。

不要用笼统的词

老是、一直、好久、从来……这样笼统的描述对于医生来说很难做出判断。最好精确地用数字描述，比如，发烧要说烧3天了，而不是说烧了好久。虽然孩子生病爸爸妈妈都很着急，但看医生时一定不能因为着急而慌乱，因为爸爸妈妈的责任是代替孩子把不舒服的情况说出来，描述不清楚，医生无法准确判断，耽误的是孩子。

在家里给孩子吃了什么药，效果如何

孩子感染咳嗽，爸爸妈妈可以这么问："孩子吃抗生素2天了，咳嗽还跟原来一样，是接着吃还是换一种药？"医生可能会说接着吃。也许再接着吃一天，孩子就好了。而如果爸爸妈妈没有说明吃药的情况，医生因为不知情，就会新开一种药，吃新药从开始吃到见效需要3天左右的时间，这样就造成了病程的延长。

吃、喝、拉、撒、睡的情况

吃、喝、拉、撒、睡代表着孩子的整体健康状况。同样是烧到39℃，一个孩子的生活规律没有变化，该吃的时候吃，该睡的时候睡，而另一个孩子吃饭睡觉全受影响了，显然后一个孩子的病情比前一个孩子重。

第二，仔细听医嘱

看病时，虽然吃什么药、怎么吃医生都会在病历本上写明，但医生的字体一般不太好辨认，回家后你也许看不明白，所以医生开药时一定要仔细听，听不明白就问，直到弄清楚再离开。因为回家后，孩子吃药的事情全靠父母掌握，前面经历了看病、检查、诊断，最后就是用药治疗，这个最后的环节没弄明白，前面的工作不就白做了吗？

用药剂量要记清楚

药量少了起不到应有的效果，量过多则可能造成中毒等副作用。

用药时间不能马虎

比如孩子患了急性肠炎，需要吃抗生素和益生菌，但这两种药是不能同时吃的，否则抗生素会把益生菌杀死。应该饭前吃益生菌，饭后吃抗生素。如果爸爸妈妈没有仔细听医嘱，两种药一起让孩子吃，很可能一点效果也没有。

第三，再次看医生，带着上次的病历和药

孩子病了几天，如果需要再次带孩子上医院，一定要把之前吃的药带着，同时还要带

上病历本和检查结果。这有两方面的原因：

一方面，不能保证爸爸妈妈能记住孩子吃的所有药物名称，而且药物还有商品名和成分名之分，医生关注的是成分名，爸爸妈妈通常爱说商品名，加上同一种成分的药物，不同的生产厂家会有不同的商品名，这之间就有可能出现偏差。而只带病历本的话，医生也不一定能看清病历本上的药名。让医生直观地看到药，了解药物的成分是什么，他就好决定下一步的治疗方案。

另一方面，医生看到孩子以前吃的药，可以给孩子进行连续性的治疗。因为每用一种药都需要达到一定的浓度才会有效，如果医生不知道孩子正在服什么药，又开了新药，新药需要经过一定的时间才能达到起效的浓度，而这段时间原来吃的药又停下来了，浓度在减退，这样不仅会使孩子的病程变长，而且病情还有可能加重。

第四，家庭成员之间不埋怨、不急躁

孩子得病以后，很多家庭几乎都会出现家庭成员之间的不愉快交流：因吃药或看病的看法不一致而争执、埋怨，或是自我检讨没照顾好孩子。

孩子生病的时候，爸爸妈妈在互相埋怨或自我检讨的时候，实际上是在无意中给孩子灌输一种憎恨疾病的思想，认为感冒不应该得，得了感冒就是倒霉的事。

其实，大多数孩子得的都是常见病，并不严重，所以没有必要那么紧张。以后孩子生病的时候，一定要告诉他，生病不可怕，谁都会得病，看了医生，吃了药，过几天就会好的。如果家庭成员之间真的有分歧，也要躲开孩子交流。如果爸爸妈妈在这个时候不镇静，给孩子造成的阴影远远比疾病要严重得多。而家庭成员之间很融洽地去面对孩子生病，孩子反而会感到轻松，身体也会恢复得快些。

第五，要问孩子是否难受

孩子生病的时候，爸爸妈妈往往会以某项具体指标作为标准来判断病情的轻重，比如体温，通常认为发烧40℃的孩子肯定比发烧38℃的重，其实不一定。如果孩子烧到40℃还满地跑，而烧到38℃的孩子却无精打采地躺着，显然38℃的孩子病情更严重。

怎么知道孩子病得严不严重？要看他是否难受。什么叫难受？孩子的自然生活规律发生了改变，就是难受。同样是发烧，孩子是不是难受，意味着病情是轻还是重。大一些的孩子可以问他难不难受，小一些的孩子虽然不能用语言表达，但如果他玩得好，作息的时间也没有大的改变，就说明他并不难受。而那些生病后"乖"得不得了的孩子，不爱动，不想说话，不哭也不闹，其实说明他很难受。

所以，千万不要以自己主观的想法来判断孩子的病情：39℃还能忍，40℃就严重了，不看医生就不行了，其实不是这样。有一句俗语叫"爱哭的孩子有奶吃"，孩子生病时一定不能有这种想法，他哭闹得厉害就带他去看病，他不哭不闹就不用去，一定要反着来：孩子越是不哭不闹，往往可能病情越重，这是需要带孩子去看病的一个很重要的理由。

第六，生病后，清淡饮食

孩子生病后的饮食以清淡、易消化为总的原则，尤其是患消化道疾病要特别注意。

有的爸爸妈妈认为配方粉营养均衡，孩子生病时如果吃饭不好，可以让他多喝些奶。其实，奶中的脂肪含量很高，不属于清淡饮食。如果孩子患了呼吸道感染，喝点奶问题不大，但如果是消化道疾病就要特别注意，因为消化道的损伤会造成奶的吸收不良，奶中有乳糖，喝了以后腹泻更厉害。

孩子患有消化疾病，只喝米粥营养不够，又不能喝普通配方粉，怎么办？这时要改用不含乳糖的配方粉，它不会刺激胃肠道，既能代替奶的营养，又能避免消化道的损伤及加重。

第七，愈后的评估

孩子生病大概几天能好？怎么才算好了？这次好了以后会不会还有类似问题再出现？会不会影响到生长发育……可能爸爸妈妈都有这样的想法。特别是经过一两天的治疗效果不大明显的时候，爸爸妈妈更是心里没底。那么，怎么去对孩子的愈后进行合理的评估呢？需要注意以下两点：

与医生和有经验的父母交流

如果孩子病了几天，用药效果也不明显，你可以跟医生交流一下，孩子是不是病得比较严重？是否需要检查？医生就会比较重视，也会给你一个是否需要复查的决定。也可以跟有经验的妈妈聊一聊，如果她的孩子也曾得过这种病，她会告诉你孩子会有哪些情况出现，她是怎么处理的，这样你的心里就有底了，不会那么恐慌。最近患疱疹性咽颊炎的孩子特别多，患病时，孩子的口腔有疱疹，疱疹破溃时，孩子会因为口腔和嗓子疼而有一段时间不愿意吃东西，有经验的妈妈就会告诉你，忍几天就好了。

不要太依赖网上的信息

网上的信息非常多，但并不是针对你的孩子个人而言的，如果你只是依赖于网络，而关键词输得又不精确的话，得到的信息就太多了，如果再搜索到非常严重的后果，往往会弄得你心神不安。比如，孩子高烧3天不退，网上搜索的结果可能就有白血病！所以，这时不要急于上网，否则无形中会增加你的焦虑，不仅影响到自己和家人，也会增加孩子的压力。

养育笔记

正确使用药物

本单元你将读到以下精彩内容：

- 静脉输液虽然有它的好处，但并不一定就是最积极的方式，应该遵循"能口服不肌肉注射，能肌肉注射不静脉给药"的原则。
- 使用抗生素治疗细菌感染，一定要保证足够的时间，把细菌彻底杀死，避免耐药细菌的产生。
- 病毒感染期间，使用抗生素不仅达不到治病的目的，还会导致人体特别是肠道内菌群失调。
- 海淘的药品和食品，要以安全为前提，否则会影响使用效果，甚至影响孩子的健康。

[第54课]
退热药，混搭用

虽然我们都不希望，也尽量避免孩子发烧，但没有一个孩子能躲过发烧。

实际上，发烧是人体的一种自我保护机制，发烧可以有效抑制病原菌对人体的破坏。当病原菌侵入人体时，人体免疫系统会调动一切可以动用的力量来阻止它们，其中，让体温升高就是一种常见而明显的方式。

既然发热是人体自我保护机制之一，那为什么还要退热呢？通常退热是针对高热而言，也就是指体温超过38.5℃。因为高热会使体内代谢过高，导致人体消耗明显增加。3岁以前的孩子大脑发育还不够成熟，高热有可能导致神经系统异常兴奋，出现高热惊厥，使孩子的神经系统受到损伤。所以，当孩子体温超过38.5℃时，应该采取退热治疗。退热治疗分为物理疗法和化学疗法。物理疗法包括：多喝水多排尿、温水浴，甚至枕冰袋等；化学疗法主要是使用药物治疗。

但是，在用药物降温的时候，爸爸妈妈也会遇到一些困惑和难题。

选退热药，成分不同，用量也不同

在给孩子使用退热药之前，要先看清楚退热剂的成分。通常儿科医生推荐的婴幼儿退热剂主要有两种成分：对乙酰氨基酚和布洛芬，而含有阿司匹林的药物是不能给12岁以下的儿童用于退热的。那么，这两种成分的退热药有什么区别？怎么使用？在详细介绍使用方法之前，我们先通过表1来看看此类药物的使用剂量。

诊室镜头回放1

使用退热剂每天不能超过4次

11个月的楠楠一天前开始出现高热，体温超过了39℃。在医生的指导下，父母给孩子服用泰诺林小儿滴剂退热。药物服用后效果很好。说明书标明，药物应该间隔至少4个小时才能再次服用，但说明书上又提到，每天使用不能超过4次。这下爸爸妈妈左右为难了：吃药后退烧的有效时间是4个小时左右，如果孩子4个小时后又烧起来，这样算下来，每天使用退热剂的次数肯定会超过4次，这该怎么办？

使用退热剂1小时还没有退热

1岁零3个月的宝宝近几天发热，体温超过了39℃。使用泰诺林小儿滴剂将近1小时后，孩子的体温仍然没有减退。爸爸妈妈不知该如何使用退热药物了：是加量，还是再用其他退热剂？

表1 对乙酰氨基酚（例如，泰诺林）			
婴幼儿体重（千克）	剂量（毫克）	滴剂（毫升）	混悬液（毫升）
4.0	60.0	0.6	2.0
6.0	90.0	0.9	3.0
8.0	120.0	1.2	4.0
10.0	150.0	1.5	5.0
12.0	180.0	1.8	6.0
14.0	210.0	2.1	6.5
16.0	240.0	2.4	7.5
18.0	270.0	2.7	8.5
20.0	300.0	3.0	9.5
22.0	330.0	3.3	10.5
24.0	360.0	3.6	11.0
26.0	390.0	3.9	12.0
28.0	420.0	4.2	13.0
30.0	450.0	4.5	14.0
32.0	480.0	4.8	15.0
34.0	510.0	5.1	16.0
36.0	540.0	5.4	17.0
38.0	570.0	5.7	18.0
40.0	600.0	6.0	19.0
42.0	630.0	6.3	20.0
44.0	660.0	6.6	21.0

表1中推荐剂量可能高于药品说明书标示。所以，依据表1服用对乙酰氨基酚期间，如果未咨询医生，一定不要同时服用其他含对乙酰氨基酚的复方感冒药。对乙酰氨基酚的日常最大用量为每4小时一次，每次15毫克/千克（对应于泰诺林小儿滴剂为100毫克/毫升，儿童混悬液为160毫克/5毫升～32毫克/毫升）。如果孩子体重超过44千克，可参考成人剂量1000毫克/每剂，或4000毫克/日，连续服用不要超过7天。

表2 布洛芬（例如，美林）			
婴幼儿体重（千克）	剂量（毫克）	滴剂（毫升）	混悬液（毫升）
4.0	40.0	1.0	2.0
6.0	60.0	1.5	3.0
8.0	80.0	2.0	4.0
10.0	100.0	2.5	5.0
12.0	120.0	3.0	6.0
14.0	140.0	3.5	7.0
16.0	160.0	4.0	8.0
18.0	180.0	4.5	9.0
20.0	200.0	5.0	10.0
22.0	220.0	5.5	11.0
24.0	240.0	6.0	12.0
26.0	260.0	6.5	13.0
28.0	280.0	7.0	14.0
30.0	300.0	7.5	15.0
32.0	320.0	8.0	16.0
34.0	340.0	8.5	17.0
36.0	360.0	9.0	18.0
38.0	380.0	9.5	19.0
40.0	400.0	10.0	20.0
42.0	420.0	10.5	21.0
44.0	440.0	11.0	22.0

表2 中推荐的剂量也可能高于药品说明书标示。同样，依据此表服用布洛芬期间， 如果未咨询医生，也不能同时服用其他含布洛芬的复方感冒药。布洛芬的日常最大量为每6小时一次，每次10毫克/千克（对应于美林小儿滴剂为50毫克/1.25毫升～40毫克/毫升，儿童混悬液为100毫克/5毫升～20毫克/毫升）。如果孩子体重超过44千克，可参考成人剂量600毫克/每剂，或2400毫克/日，连续服用不要超过7天。

退热药，这么用效果好

● 最好同时选择两种不同成分的药物，比如泰诺林和美林。

● 给孩子退热时，最好两种药物交替使用。这样可以减少每种药物24小时内使用的次数，减少药物的副作用。这两种药物成分不同，对婴幼儿的副作用也不同。

● 原则上，使用对乙酰氨基酚后4小时可选择布洛芬；使用布洛芬后6小时可选择对乙酰氨基酚。如果退热效果不理想，前期使用药物剂量不足的可以将剂量补足，也可以选择另外一种退热药物。如果孩子出现高热惊厥，两种药物可以同时选用，而且每种药物剂量依然照旧。

● 服用一种药物如果出现呕吐，应该选择另外一种药物。

● 如果孩子不能耐受口服药物，可选择直肠内使用的栓剂。

● 即使药物选择正确，剂量也适当，但要想达到理想效果，还要让孩子摄入足够的液体，这样才能保证机体通过散热达到退热的效果。

● 退热剂只是针对发热而用的。引起发热的原因有很多，要咨询医生，选择适宜的对因治疗。

诊室小结

● 儿科医生推荐的婴幼儿退热剂主要有两种成分：对乙酰氨基酚和布洛芬。

● 给孩子退热时，最好两种药物交替使用。

● 要想达到理想效果，还要保证孩子摄入充分的液体，以达到散热、退烧的效果。

养育笔记

[第55课]

有炎症一定要用消炎药吗?

说起炎症,大家的第一反应就是消炎,而且很快就会联想到消炎药——抗生素。炎症是什么?有炎症一定要用抗生素消炎吗?抗生素能解决什么问题?还是通过诊室里的实例来解释吧。

发炎、发烧:免疫系统抗感染的过程

通俗地说,炎症就是人们常说的"发炎",表现为红、肿、热、痛。炎症可能是感染性炎症,也可能是非感染性炎症。通常情况下,炎症是有益的,是机体对于刺激的一种自动防御反应,但有时候炎症也是有害的。

那什么是感染呢?感染是病原菌侵入人体后,对人体局部或全身造成的损伤,同时也是刺激人体免疫系统参与抗感染的过程。比如,细菌感染时,血液中白细胞急剧增加,并且涌向感染部位,就会出现强强那样的情况:肿大的扁桃体上覆盖了白膜——聚集的白细胞。病毒感染使血液中淋巴细胞急剧增多,涌向感染部位,就会出现静静那样的情况:咽部出现很多小疱——淋巴滤泡。

人体免疫系统参与抗感染的过程还表现为发热。引起发热的原因很多,但最常见的是感染。发热对孩子有利也有害。发热时人体免疫功能会明显增强,这有利于清除病原体和促进疾病的痊愈。但是,如果孩子体温超过39℃,有可能出现高热惊厥、昏迷,甚至产生神经系统的后遗症。所以,当孩子体温达到38.5℃时,就应服用退热药物。常用的退热药物包括对乙酰氨基酚(泰诺林)和布洛芬(美林)。

201

发现孩子咽部不仅充血明显，而且还长了很多小疱，诊断为疱疹性咽颊炎。医生嘱咐爸爸妈妈回家后尽可能鼓励孩子多喝水，体温超过38.5℃口服退热药物，给孩子吃凉些的奶、粥等流食。听到这样的嘱咐，爸爸妈妈总觉得不踏实：孩子嗓子痛难道不是炎症吗？为什么不给孩子消炎？不用抗生素，炎症能消吗？

细菌感染：必须用抗生素彻底消灭

那么如何消灭感染，也就是如何抗炎呢？现在广为使用的抗生素其实只能针对细菌，有个别的还可针对支原体等。抗生素可以通过抑制或破坏细菌的生长，起到消灭细菌的作用。细菌是活体微生物，各自之间有相同点，也有不同点。针对不同的细菌感染，医生会推荐作用相对较强的抗生素，而不是"最高级、最贵"的抗生素。强强患有扁桃体炎，原因是甲型溶血性链球菌感染。氨苄青霉素对其杀伤力最强，所以阿莫西林成为首选。

人们在应用抗生素的同时，细菌也锻炼了自己的耐药能力，如果一次不使其彻底死亡，当这些细菌再次传染给其他病人时，它们对用过的抗生素会产生一定的耐药性。如此反复传播，最终的某个时候，这些细菌对这种抗生素不再敏感，抗生素也就无法再杀灭细菌了。所以，使用抗生素治疗细菌感染，一定要保证足够的时间，把细菌彻底杀死，避免耐药细菌的产生。这就是为什么医生嘱咐强强的爸爸妈妈一定给孩子使用10天抗生素的道理。

病毒感染：用抗生素适得其反

如果是病毒引起的感染，抗生素却爱莫能助。一般病毒感染，特别是呼吸道病毒感染，可以自愈，病程多在3～5天。也就是说，病毒在人体内存活时间有限。只要病毒感染期间孩子症状不太严重，比如，退烧较快，吃饭、排便等基本正常，病毒就可以在人体内自然死亡。静静就属于这种情况，因此，医生没有给静静开抗生素。

病毒感染期间，使用抗生素不仅达不到治病的目的，还会导致人体特别是肠道内菌群失调。人体的开放器官，包括肠道内都有一定数量的正常菌群，它们是人们维持正常生命活动的有益菌，参与人体的正常代谢，同时抵御有害菌的侵袭。如果在不必要的情况下使用抗生素，或使用抗生素不当、过量、长久，都会破坏人体内的正常细菌。抗生素不会识别哪些细菌对人体有利，哪些细菌对人体有害。所以，我们将抗生素称为"盲人杀手"。如果人体内正常菌群失调，就可能为其他有害菌进入人体制造机会，形成继发的"二次感染"。

另外，感染期间除了可能使用抗生素之外，对症（发烧、咳嗽、脱水）治疗也非常重要，比如体温超过38.5℃时使用退热药；喝足够量的水预防脱水；适当吃一些化痰止咳药物也是非常重要的。

诊室小结

● 炎症可能由感染所致，但感染不一定由细菌所致。确定感染的原因，才可选择合理的治疗。

● 一味依赖抗生素，依赖高级抗生素或短时使用抗生素，会造成细菌耐药，导致细菌感染的治疗越来越难。

● 滥用抗生素还会导致肠道菌群失调，出现不该出现的问题——持续腹泻、过敏、变态反应性疾病等。

● 合理选择、合理剂量、合理疗程使用抗生素，才能对身体有帮助。

养育笔记

[第]56[课]

输液，有必要吗？

孩子生病，特别是感冒、发烧好几天后仍不见效，爸爸妈妈往往会要求医生给孩子输液治疗，认为这才是最有效的治疗方法，才能让孩子好得更快。静脉输液真的能缩短感冒、发烧的过程吗？静脉输液到底能够解决什么样的问题？

静脉输液，补水的有效方式

体液，包括血液在内，除了含有大量的液体外，还含有其他一些物质：有非常重要的电解质，如钠、钾、氯等；有被消化系统吸收入血的其他营养物质，如葡萄糖、氨基酸、脂肪酸、维生素和微量元素等；还有人体代谢后产生的废物，如非蛋白氮、尿酸等。人体的体液和血液互相连通。

正常情况下，体液中所含的水分、电解质、营养物质都是从我们的嘴里摄入，经胃肠道消化吸收进入血液，再转送入体液。而代谢后产生的废物会从体液进入血液，再经过肾脏、消化道等代谢器官排出体外。

当孩子生病时，如果食物和水量摄入不足，液体、电解质和其他营养物质的摄入也会减少。由于很多营养物质在人体内是有储备的，所以，短时间内孩子不会出现营养不良的问题，但是水分和电解质会很快缺乏，出现脱水。特别是孩子患了肠道疾病，比如腹泻时，不仅营养物质吸收受限，更严重的是，大量从体液渗出的液体，以水和电解质最为丰富，经过肠道以水样便的形式大量、快速排出，很容易导致孩子脱水。

孩子脱水时就需要静脉输液来补充了。通常出现下面几种情况时，需要进行静脉输液：

- 代替通过口服补充液体的方式，补充体内丢失的液体。
- 弥补口服液体摄入的不足。
- 作为静脉使用药物的媒介。

输液的原则

脱水是一种急性疾病，来势凶猛，应该快速纠正。但是，快速是要符合人体生理功能和状态的，也就是说，输液应遵循"先快后慢，先盐后糖，见尿给钾"的原则，要尽量模拟人体的体液或者纠正不正常的体液成分。

输液不仅仅是为了补充体内液体的丢失或不足，而且也要保证孩子生病时的代谢需要，所输的液体应该至少包括水分、氯化钠、葡萄糖这几种成分。所以，静脉输液要有专业医生确定输液中水分、电解质和葡萄糖的比例以及液体输注的速度，而且，液体成分和输注速度还应根据不同的情况进行适当调整。

输液还应该根据病情确定持续的时间。仅通过几个小时的输液就能解决问题的可能性很小，一般至少要经过12~24个小时才能有效，第一个例子和第三个例子中的医生建议孩子应该接受一段时间的静脉输液就是这个原因。

输液 ≠ 输抗生素

静脉输液虽然有它的好处，但并不一定就是最积极的方式。我们应该遵循"能口服不肌肉注射，能肌肉注射不静脉给药"的原则。当然，小宝宝肌肉较薄，所以医生一般不提倡肌肉注射，但是也不能动辄就静脉给药。

孩子发烧只是感染性疾病的常见症状，退热药物可暂时解决高热问题。由于退烧过程是通过体内向外界散发热量的过程，需

诊室镜头回放2

病毒性感冒需要输液吗？

12个月的京京在过完生日的第二天出现发热，体温高达40℃。虽然出现高热，京京的一般情况还好，吃、喝基本没有受到影响。服用退热药后，体温能够降到38℃以下，但3~4个小时后，体温还会再度上升。爸爸妈妈担心退热药吃多了有可能出现副作用，希望医生给孩子静脉输抗生素治疗。医生经过检查，诊断京京是患了上呼吸道病毒感染，没有必要静脉输液，更不需静脉输抗生素治疗。可爸爸妈妈仍然不放心。

诊室镜头回放3

宝宝脱水需要住院输液治疗吗？

10个月的宝宝突然出现呕吐、发热，一天后开始出现腹泻，每天排水样大便10余次。腹泻后，宝宝的尿量明显减少，而且口干、精神差。医生诊断后，认为宝宝已经有明显的脱水

症状，必须住院接受持续静脉输液。爸爸妈妈对输液没有什么意见，但却认为没有必要住院接受持续的静脉输液。

要大量水分参与。所以，如果水分摄入量不足或丢失过多，都会影响退热药物的效果，就像上面第一个例子中的洋洋和第三个例子中的宝宝那样。这时适当输液，纠正体内水分不足，对于退烧是有利的。但是绝对不能理解成静脉输液，特别是静脉输抗生素可以治疗退烧，或缩短退烧过程。

还有更重要的一点就是，孩子患病需要使用相应的治疗药物，医生也会根据具体情况来决定是否给孩子输液，但并非输液就一定要用抗生素。抗生素只针对细菌和某些支原体、衣原体等病菌，不能抑制和杀灭病毒。上面3个例子中的孩子都属于病毒感染，使用抗生素是无效的。而且，抗生素本身属于化学物质，使用不当不仅无效，还会对孩子造成不该有的负效应。

诊室小结

● 静脉输液是一种治疗的方法，在必要的时候，我们会采取这种方法为孩子治病，比如，孩子体内缺水，他又不愿意配合口服补液，或者口服补液效果不好时，这样能快速纠正脱水，也能使孩子顺利退烧。

● 需要强调的是，并不是说输液就能让孩子好得更快，更不是治疗常见发烧、感冒的方法。

● 带宝贝看病时，父母不用主动向医生提出给孩子输液，甚至指明要用抗生素。需要静脉输液时，医生会根据孩子的情况确定输液的种类、速度、时间。

[第**57**课]
止泻药先别急着吃!

宝宝腹泻了，这是每个妈妈都会遇到的情况。但要做出正确的处理，先要了解一些常识。腹泻，如果从医学角度给它下个定义，应该是指大便的频度突然增加和性状突然变稀的一种病理现象。引起这种病理现象的原因很多，包括感染、过敏、消化不良，等等。不论哪种原因引起的腹泻，都会造成营养素在肠道内吸收明显减少，而且还会造成很多体液经肠道丢失，引起脱水，严重者可出现休克，乃至死亡。为此，很多爸爸妈妈都希望能尽快给孩子止住腹泻。

止泻，确实是医学上的一种治疗方法，但是能否给腹泻的婴儿，特别是急性腹泻的婴儿使用止泻药，使用什么药一定要慎重，一定要由有经验的医生决定。下面的例子可以帮助你理解这个道理。

检查与治疗：宝宝患了细菌性肠炎

通过导泻的办法取出一些大便检查，发现其中含有大量的白细胞、脓细胞和很多的红细胞。这是典型的细菌性肠炎的表现。于是，医生给孩子进行了温盐水灌肠、口服抗生素等治疗。

看完这个实例，你一定想举手提问。下面的3个问题也是强强父母想知道的，一起来听听吧。

诊室镜头回放

服用了止泻药孩子开始呕吐、发热

2岁的强强3天前开始出现高热、呕吐，紧接着又腹泻。1~2小时就排一次稀水样大便，而且每次大便量很多。现在孩子的体温倒是基本正常了，也不怎么吐了。可孩子的精神状况很差，不愿喝水也不愿吃东西。

爸爸妈妈一致认为强强的主要问题是腹泻，如果能把腹泻止住，情况就能好转。于是，他们给孩子服用了一种大人服用的止泻药物。

别说，真管用。半天后，孩子的腹泻就基本止住了。可孩子的一般情况不但没有见好，反而又开始呕吐、发热了。爸爸妈妈见势头不妙，只好马上带孩子到医院。

问题1：最初，出现腹泻，孩子为什么病情好转了？

人体肠道的黏膜如同筛子，可以将肠腔内对人体有用的营养素经肠道黏膜吸收到人体内，称为吸收；还可将人体内代谢的一些废物经肠道黏膜分泌到肠腔内，称为分泌。分泌到肠腔内的废物会通过排便离开人体。正常人体肠道的吸收和分泌是个相互平衡的过程，所以，人体才需要有规律地进食，才会存在有规律地排便。

腹泻本身不是原因，而只是一种现象。引起婴儿腹泻，特别是急性腹泻的常见原因是感染。引起感染的细菌主要是痢疾杆菌、沙门氏菌等；病毒主要为轮状病毒。这些病菌及其毒素可以导致肠道吸收能力降低，同时还刺激肠道黏膜分泌增加，造成肠道内容物增多，增多的肠道内容物，连同病菌和毒素一起，刺激肠道蠕动增加，形成腹泻。换言之，腹泻是将肠道内多余或有毒的物质排出体外的过程。从某种意义上说，腹泻是一种有益的过程。

正因为如此，才会出现上例提到的，婴儿出现腹泻后，高热和呕吐都出现好转的情况。

问题2：为什么吃了止泻药，腹泻止住，孩子的病情反而加重了？

治疗腹泻的最主要的办法是病因的治疗。根据病因，以及根据肠道内丢失水分的多少，可口服补液的糖盐水或静脉持续输注含有电解质的含糖液体。

如果只是单纯地止泻，比如服用复方苯乙哌啶、易蒙停、含有樟脑酊的药物、硫酸阿托品等改变胃肠道运动功能的药物，会提高胃肠道的张力，抑制肠蠕动，制止肠道推进性收缩，从而减缓食物的推进速度，使肠道黏膜有充分的时间吸收肠道内的毒素和代谢产物。因此，也才会出现强强虽然腹泻止住了，但细菌及毒素仍在消化道内，再度出现发烧和呕吐的情况。

问题3：为何采用温盐水灌肠的治疗？

如果怀疑肠道感染，或腹泻同时伴有高热等中毒症状及腹泻突然终止等情况，可以采用温盐水持续、反复灌肠的办法，促使肠道内积存物和毒素快速排出。这也是缓解腹泻相关症状的一种较好的办法。

[第58课]
面对激素

一提到用激素，爸爸妈妈们都会紧张起来："这可是激素啊，能让孩子用吗？"其实，药物里你所知道的激素并不可怕，可怕的是不能正确地使用及了解食物中你不知道的激素。

和激素照照面

激素是由特定细胞分泌的，对它所作用的靶细胞的物质代谢或生理功能体起调控作用的一类微量分子。我们体内的激素有上百种，它们分散在我们的血液、唾液、皮肤等很多地方，激素对人体的生长发育产生的不是直接影响，而是通过调控我们的新陈代谢、生命过程和生长发育发挥作用。

激素在人体内的含量很小，作用却很重要。当激素水平在人体内的种类和量都刚刚好时，我们是健康的。当激素水平出现任何问题时，都表明人体出现了异常情况。

孩子用了激素类的药会引起性早熟吗？

激素根据化学结构分成四类：

第一类是类固醇。也叫肾上腺激素。爸爸妈妈们担心的、平常提到的，其实就是这类激素。

第二类是氨基酸衍生物，包括甲状腺素。

第三类是蛋白质类的激素，比如，垂体激素、胃肠道的激素等。

第四类是脂肪类的激素，就是前列腺素。

激素有很多作用，比如，调节蛋白质、糖和脂肪的代谢，调节人体内的水电平衡，维持人体正常的生理功能，以及细胞的新陈代谢，控制细胞的新陈代谢，也就是控制细胞的衰老过程。

激素的另外一个作用就是促进生殖器官的发育成熟，而能够促进生殖器官发育成熟的激素是第一类激素，也就是类固醇激素，包含生长激素、性激素。只有这类激素才能引起性早熟，并不是所有的激素类药物都可能引起性早熟。

医生在临床应用生长激素时是非常谨慎的，只有在孩子的人体性生殖器官发育明显滞后时，才会用生长激素或者一些性激素来刺激生长，正常的孩子基本上不会用到这类激素。

湿疹膏和雾化治疗的药物里都含有激素，会对孩子的身体造成不良影响吗？

湿疹膏有的确实含有激素，这种类固醇的激素可以改变皮肤的新陈代谢，延缓皮肤衰老，所以你会发现使用后粗糙的皮肤变得光滑了。正因为它能延缓皮肤衰老，所以，如果使用过多，使局部皮肤的代谢过快，就有可能诱发皮肤癌，这也是爸爸妈妈不敢给孩子使用的原因。其实这种担心没有必要，如果把我们平常口服的激素水平看作100%的话，医生开出的量通常只是0.1%、0.2%，最多也就是1%、2%，药量极小，完全可以放心使用。

孩子出现呼吸系统感染，需要做雾化治疗时，也会使用激素，因为激素还有抗炎的作用，可以使疾病痊愈的速度加快。相对来说，雾化治疗所用的激素其实比皮肤外抹的激素更安全，因为吸入的激素不可能完全留在体内，有相当一部分会随着呼吸而呼出来。如果给孩子用了5毫克的激素，真正到达肺里面的可能连0.5毫克都不到，可见呼吸道的激素量是很少的。但使用雾化治疗时，需要注意的是口鼻部的保护。雾化吸入治疗时，气雾会喷在孩子的脸部和口鼻部，激素经常作用于这个部位，要比平时皮肤上抹的激素量多得多，这个部位就可能出现问题，比如毛发增多，皮肤变硬。所以做雾化治疗时，要让孩子闭上眼睛，治疗后要给孩子用清水洗脸，并用生理盐水或淡盐水洗洗眼睛，以去除附着的激素。

口服激素类药会让孩子长胖，这会影响健康吗？

如果疾病比较严重，需要口服激素进行治疗，而且剂量比较大，激素就会对人体产生一定的影响。

一个影响是内在的激素分泌减少，因为外来的激素增多，内在的激素就尽可能不产生，以维持身体激素的平衡，所以内在激素的水平会下降。另一个影响就是人体的代谢开始逐渐适应大剂量的激素，所以用了激素后，因为新陈代谢加快了，孩子的饭量就会增加，很快就胖起来。当疾病控制到比较满意的程度时，就要慢慢停掉激素，但不能一下子全停了。因为外来的激素突然没有了，而人体内的激素又不可能马上产生，导致孩子体内出现激素水平急剧下降，所有已经开始旺盛代谢的细胞突然失去了刺激，会快速衰竭，这种情况非常危险，严重的甚至会危及生命。所以口服或注射的激素只要连续使用超过3天，减量时就必须缓慢，使细胞代谢慢慢趋于正常水平，等待内在器官的激素分泌慢慢达到正常水平，这样才是安全的。

激素类药用多了，会有依赖吗？

说到依赖，其实很多时候是因为我们恐惧激素，才造成了激素的长期依赖。举个例子，孩子患了湿疹，因为湿疹膏里有激素，爸爸妈妈不敢常用。孩子稍有好转就停了。因为没好彻底，很快就复发，不得不再用，但一见好又停用。这样反复刺激，皮肤会越来越敏感，导致你不得不老用激素来治疗，最后激素没少用，而且这个病似乎还离不开激素了。

那究竟应该怎么用激素才科学呢？一方面是要严格按照医生开出的用量和时间，等病情彻底好转再停药；另一方面是积极查找病因。比如咳嗽时，用了激素后孩子的症状马上减轻了，这并不是激素治好了咳嗽，激素只能对症，而不能对因，它只是控制了咳嗽的症状，要彻底治愈咳嗽，还要找到真正引起咳嗽的原因，是过敏引起的咳嗽，就要查到过敏原；是感染引起的咳嗽，就要用抗生素治愈感染，这样才能让咳嗽彻底消失。

所以，躲躲闪闪地用激素，不仅会令孩子接受更多的激素，也不利于治愈疾病。

怎么防止孩子吃了含激素的食物引起性早熟？

孩子吃多了有性激素的食物会引起性早熟，这是很多爸爸妈妈都担心的问题。这样的担心并不多余，因为药物里的激素含量你能知道，但食物中的激素却无法察觉，孩子不知不觉吃进去的激素是你无法知道的。

饲养猪、鸡等动物时，如果在饲料中加入性激素，会缩短它们的生长周期，促使动物提早成熟，提高产肉率，收益也就大了。孩子吃了这些动物的肉后，激素也会随着肉一起被吃进去，虽然针对动物的激素和针对人体的激素结构不完全一样，但仍然有类似的作用，所以，吃多了确实会引起孩子性早熟。

药里的激素有医生把关，而食物里的激素则需要爸爸妈妈来把关了。除了尽量选择有机食品外，食物的烹调方式也是非常重要的一点。

怎么才能把食物中的激素降到最低，其实很简单，就是把食物做熟了，而且要熟透了。特别是蛋白质、脂肪类的食物，因为在高温加热使食物变熟的过程中，食物中的很多结构会发生变化，蛋白质会发生变性，激素也会因蛋白质的变性而改变。

同样的一种食物，烹调方式不同，熟的程度也不同。比如同样是鱼，清蒸鱼虽然肉质很嫩，口感很好，但它未必是很熟的，而炖鱼则是熟透了的。油炸食品虽然在热油里炸，但因为时间短，也不一定是熟透的，而小火慢炖的食物才是熟透的。白灼虾吃起来很鲜嫩，就是因为开水焯的时间短，蛋白质没有完全变性。而虾煮的时间长了，感觉虾肉老了，实际上是蛋白质变性了，肉里的激素也就跟着改变了。煮鸡蛋和鸡蛋羹相比，前者要比后者熟，因为生鸡蛋是液体，鸡蛋羹是半固体，而煮鸡蛋是固体，从液体到固体，蛋白质结构变化是最大的。所以，如果单纯追求口感和味道，让肉嫩嫩的、鱼鲜鲜的，很可能它们的蛋白质变异性不是很好，食品中的激素活性就比较大，孩子吃下去后，出现副作用的机会也就多了。

养育笔记

[第59课]

一份药物说明书，一种健康好习惯

每个药盒中除了含有药物外，还有一份详细的药物说明书。爸爸妈妈们都会按照医生的嘱咐给孩子服药，却很少有人在给孩子服药前详细阅读药物说明书。如果你哪一天突然认真读了药物说明书，就会发现很多问题。透过下面的例子，可以使我们详细地了解药物说明书，做到正确用药。

问题1：说明书上介绍了羟氨苄青霉素确实可以治疗甲型溶血性链球菌，可是还针对其他十几种细菌，有没有一种专门抗甲型溶血性链球菌的特别抗生素呢？

根据细菌的形态和一些特点，将细菌分为不同类别。例如，革兰氏阳性菌或革兰氏阴性菌，球菌或杆菌，等等。甲型溶血性链球菌即是一种革兰氏阳性球菌。

根据药物的主要化学构架，也将抗生素分为不同类别。例如，青霉素类、头孢类、大环内酯类、氨基糖甙类，等等。羟氨苄青霉素就是一种青霉素制剂。每类抗生素都有其特有的抗菌的机制——有破坏细菌的细胞壁的、有抑制细菌生长的，等等。这样，根据作用机制，每类抗生素可对抗一类甚至几类细菌。每类细菌中又根据许多细菌的特性分别命名为不同的名字，因此，每类细菌中包含了几种、十几种，甚至几十种被单独命名的细菌。同样，每类抗生素也根据细微结构特点分为不同的药物。这样，就会产生一种抗生素可以对抗许多种细菌的作用。同时，一种细菌可以受到多种抗生素的制约。医学上将抗生素对抗细菌的种类范围称为抗菌谱。

诊室镜头回放

遥遥妈妈对药物说明书的疑惑

3岁的遥遥因为连续高烧3天来到医院。经过检查发现，孩子嗓子明显红肿，前胸和后背已开始见到红色疹子。经咽部提取分泌物的快速抗原检测提示为甲型溶血性链球菌感染，也就是平日人们说的"猩红热"。这是一种较为特殊的感染，倘若治疗不彻底，可能会导致肾脏或者心脏受损，出现急性肾小球肾炎、风湿热或者风湿性心脏病等。

为此，医生选用了"羟氨苄青霉素"制剂，并特别叮嘱爸爸妈妈一定按照医嘱去做：一天服用3次，每次最好间隔8小时，连续服用10天后再带孩子到医院复诊，复诊时带着当天孩子的晨尿。

反复的叮嘱引起了

虽然每种抗生素都能对抗很多种细菌，但对每种细菌作用的效果并不完全相同。这就是临床医生为何会根据所感染细菌选择不同的抗生素，以获得最佳的治疗效果。事实上，没有专门对抗某种细菌的专门抗生素，只要选择恰当就可以获得预想的结果。

问题2：每8小时服一次，每天服用3次，似乎比较麻烦，有没有一天只服一次的抗生素？

药物进入体内后会在血中形成一定的浓度，只有浓度适宜并维持一定的时间，才会达到消灭细菌的作用。一定的药物进入体内可形成有效的血液浓度，但血内的药物会随着时间的推移，逐渐被肝脏和肾脏代谢。因此，药物只服用一次是远远不够的，需按照药物代谢的特点定时服药，以确保血中药物浓度适宜。一次服药剂量过大，使血中药物浓度过高就会破坏正常细胞，产生不良效果。当然，间隔时间过短或过长服药均不会达到理想效果。

作为医生，应该建议病人按照药物的代谢特点按时服药。多数时为了生活方便，一天3次的药物分别于早晨、中午及晚上服用。对于特殊的细菌感染一定要按照理想的方式和间隔服药。有个别种类抗生素在人体内代谢较慢，大约为24小时，这样就可以每天服用一次。但这类抗生素是不能杀灭所有细菌的。医生会根据孩子感染的细菌选择使用相应的抗生素，而不是根据服用的方便与否进行选择。至于药物应连续服用多长时间，这要根据细菌的特性、感染的严重程度来决定。这就是所谓的"疗程"，一般急性感染的抗生素治疗疗程为7~10天。

问题3：餐后服药效果好，那么餐后多长时间服药效果最好？每天服药3次，最后一次会在夜间，那时已餐后好几个小时了，会不会刺激肠胃并影响药物的治疗效果？

餐后服用药物可以减小药物对胃肠的直接刺激，更主要的还是帮助药物吸收。一般餐后30分钟服药最好。但是服药时间有时与进餐时间相差较长，虽然对药物的吸收不是最佳，但对维持血中药物的浓度十分重要，只能这样选择。

问题4：孩子本身就有皮疹，可药物的不良反应之一就是皮疹，会不会影响效果的观察？如何判断皮疹是否由药物引起？

如果孩子对药物本身或制剂中其他添加成分不耐受或过敏，都会表现出一定的异常反应，最常见的是皮疹。但是药物引起的皮疹，常称为药物疹，有它的特点。医生会根据孩子的病史和服药时间、表现分别出皮疹的原因。任何药物会给病人带来应有的益处，同时也会带来一定的不良影响，例如，呕吐、腹泻、皮疹等。只要药物的正作用肯定，轻微的不良影响不是换用药物的理由。所以爸爸妈妈在遇到孩子服药后出现了特殊反应，应及时通知医生，由医生做出继续服药或换药的决定。

问题5：羟氨苄青霉素的有效期为2年，可是拿到手里的药物离失效期只有9个月了，会不会作用不够强了？

有效期是药物能够起到应有作用的时间保障，只要在有效期内服用该药就能产生应有的效果。爸爸妈妈不必因为药物接近失效期就怀疑药物的作用。但一旦过了有效期，就应该坚决处理掉，不再服用。

诊室小结

养成阅读药物说明书的好习惯

面对爸爸妈妈提出的问题，我心中十分高兴。不论是为孩子，还是为我们自己，都应在服用药物前认真仔细阅读药物说明书，这样才能保证用药安全。希望每个人都能养成这种能够使人终身受益的习惯。

[第 **60** 课]
孩子误服了药物！

宝宝误服了治疗心脏病的药物

晚上，突然接到瑶瑶爸爸打来的电话，说刚才发现瑶瑶正在玩爷爷治疗心脏病的药片。由于家人对爷爷现有的药片数目不清，而孩子又没有明显的异常表现，不知她是否误服了药片！家长来电话是想知道，如果孩子真的误服了药物，将会出现怎样的异常表现？如果现在还没有明显异常，是否可以继续在家观察？如果去医院，医生将如何处理这种事情？

当时，我告诉他应该立即做两件事情：

第一，赶快用勺柄或筷子刺激孩子的咽喉部，造成孩子呕吐。呕吐得越完全越好，并检查呕吐物内是否有残留的药片。

第二，立即送孩子

合理用药可以解除人类病痛，可滥用或错用药物会给人类带来新的病痛。误服药物即是引起新病痛的祸根之一。

第一时间：快速实施的方法

从中毒的时间上讲，药物中毒可分为急性和慢性；从中毒的途径讲，可分为口服、皮肤吸收、呼吸道吸入和注射；从中毒物性状讲，可分为液体水剂和固体片剂。而孩子药物中毒多为急性水剂或片剂口服中毒。

解救这类中毒的第一种方法是尽快、尽可能多地从胃肠道内清除药物。包括紧急催吐和彻底洗胃。紧急催吐最好能在发现地点完成，当然多半应在家中完成。如上所说，使用勺柄、筷子等直接刺激孩子的咽喉部，诱导孩子出现呕吐。根据孩子对刺激的反应程度，可采用一次或者数次。总之，呕吐得越完全越好。采用人工催吐的时间越早越好。家长一定果断行动。药物在体内的吸收速率多为指数变化，早催吐1秒钟，就有可能截断药物的吸收高峰，就有可能挽救孩子的生命，避免药物引起的不良后遗症。

人工催吐方法比较简单，但需注意的是实施催吐时将孩子保持弓背头低位或侧位，以避免孩子将呕吐物误吸入气管，造成新的问题。

第二种方法是将孩子立即送往有可能实施洗胃的，离家最近的医院。使用生理盐水持续洗胃，可继续清洗胃内残留的药物。对孩子来说，洗胃过程比较痛苦，但不会对孩子造成损害。家长一定要配合医生完成。一般来说，医生在给孩子洗胃后，经洗胃管注入一定的导泻药物，以促进肠道蠕动，减少肠道对药物的吸收。

第三种方法即是医生根据误服药物的性质、剂量，以及孩子的表现决定是否采用其他药物进行体内拮抗。必要时，采用相应的生命支持方法。

后两种方法在病人到达医院后由医生进行，而第一种紧急催吐应由家长在家中或去医院的路途中尽快完成。紧急催吐不仅最容易实施，而且是治疗误服药物的最有效的方法。

请家长切记，当怀疑或确定孩子误服药物时，您应做的是紧急家庭催吐，并立即送往就近医院进行洗胃。

紧急家庭催吐：只要怀疑，就要进行

是否实施紧急催吐不是根据误服药物的性质、剂量的大小、误服的可能以及孩子的表现来决定，而是有一丝可能就应进行。千万不要根据孩子是否有异常表现来决定。

一旦孩子出现了异样的表现，就说明药物已被吸收，很可能就会出现不可逆的后果。若家长没有看到孩子误服药物，孩子又没有出现异样表现时，很多家长往往处于徘徊的地步，而犹豫不决。可这"犹豫""徘徊"就很可能错过了最佳解救时机。

到附近的医院进行全面检查，如需要，要及时洗胃。

瑶瑶爸爸当时有些犹豫，理由是孩子目前没有任何不良表现，这样做是否必要？在我的坚持下，还是进行了呕吐刺激，果不其然，发现呕吐物内含有两片尚未完全溶化的药片。接着立即到医院洗胃，防止了一场大祸的降临。

若发现孩子误服了药物或怀疑误服了药物，上述提及的是必须快速实施的方法。

[第 **61** 课]
药品＆食品，海淘有风险

网络生活给我们带来了很多便利，足不出户就可以买到世界各地的东西，这对于有了宝宝的家长来说真是太方便了，所以，参与海淘（海外网购）的妈妈越来越多。不过，当这些产品涉及食品、营养品、药品时，就要多加小心了，其中有一些潜在的风险需要特别注意。

风险1：卖家不专业

很多家长海淘的初衷，是想给孩子买一种比较安全的食品，但是接触了国外的产品以后，眼界一下就宽了，有太多的种类可供选择，于是，海淘的范围越来越大，品种越来越多。

世界范围的海淘，虽然能淘到不同国家、不同品牌的产品，但随之出现了一个难题：语言障碍。那么多国家的产品，能看得懂说明书的很少，产品怎么样，全凭店主的介绍。但很多网店并不是专业人员在操作，说明书也不是专业人员翻译的，不是很准确。家长按照这样的说明书来操作，实际上是很不科学的，会存在一定的风险。

风险2：营养品需要入乡随俗

外国的营养品就一定比中国的好吗？即使质量好的国外营养品，对于我们国家的孩子来说也不一定适合。最为常见的例子就是维生素D的购买。维生素D的补充，各个国家推荐的量都不同。有家长对此很不解："孩子在泰国时，医生说不用补，回到国内说每天要补400个国际单位，到了北欧，说要补600个国际单位。这是怎么回事？"

其实，补不补维生素D，每天补多少，这跟我们一天中皮肤受到日光照射的时间和强度有直接关系。但很多家长并不了解，觉得哪个国家的产品好或朋友推荐哪种产品，就去买这种产品，这样很有可能导致孩子维生素D补充不足或补充过量。所以，有时候海淘的不是一个简单的产品，如何使用它还跟孩子生活的环境直接相关。

风险3：邮寄与使用过程的隐患

产品不一样，保存的方法也各不相同，有的东西对温度有要求，如果温度过高容易变质；有的东西保质期短，海淘的路途长，等拿到手时已经临近保质期了。比如，益生菌的保存条件是25℃以下，如果运输过程中被放在高温的环境中或在太阳下被暴晒过，质量肯定会出问题。而海淘的邮寄条件肯定和大批药物的运输条件是不一样的，从这点上来说，海淘药品的邮寄过程存在一定的风险。

另外，直接从海外购买物品，它的说明书都是外文，很多家长读不懂说明书，无法了解正确使用和保存产品的方法，这也会影响到使用的效果，如果是药品或营养品，还可能影响到孩子的健康。

风险4：售后服务没有保证

"同样的东西，在国内买比较贵，在国外买，即使加上手续费和运费，还是要便宜得多，我们为什么不去海淘？"很多家长这么说。确实，海淘可以买到一些实惠的好东西，但它的安全监管缺失也是一个不容忽视的问题，尤其是与健康有关的食品和药品。

海淘来的食品或药品，如果孩子吃了以后出现问题，是没有办法得到及时的安全监控和补偿的。我的病人曾跟我说过这样一件事情，她的孩子吃了某种配方粉后，出现了不良反应，这种产品在国内也有卖的，但找到厂家后，他们说不能负责，因为家长在购买的整个过程中，跟他们的监管是完全脱离的，中间哪个环节出的问题他们不知道，所以不能给家长任何保证，也不能给补偿。所以，海淘虽然便宜，但消费者也可能要承担一些损失。这就跟我们平时买电脑或电器一样，如果要保修，价格就贵一些，以后出了问题你不用操心；不要保修，价格就便宜一些，但出了问题只能自己解决。所以，除了要对比价格，还要想到安全保证的问题。

说了这么多风险，并不是说海淘不好。而是要考虑好利弊，哪些东西可以海淘，哪些东西需要慎重，要根据孩子的情况来决定，不是简单地听别人说什么好就买什么，这才是最关键的。

海淘是一种锻炼，也是一种交流

网络购物给我们的生活带来了很多的方便，也让我们开阔了视野，让我们接触到平时根本接触不到的东西。这个过程，其实也在锻炼我们每一个做父母的人，怎么去甄别这些东西，怎么去聪明、理智地选择适合孩子的东西。

同时，海淘的过程中，我们和孩子能够有机会了解这个世界，了解世界各地的不同产品，这是一件好事。当然，我们现在的文化交流也很频繁，很多国外的人来到中国，也会有很多家长带着孩子出国。此外，现在网络购物平台的发展，使交流更丰富，形成了人和物的双重交流，这也是未来生活中不可缺少的一种趋势。在这种趋势环境下，更促使我们要用一种科学的眼光看待孩子的成长，让我们和孩子更加国际化。

当然，海淘也存在一些风险，需要我们建立安全意识，尤其是关乎孩子健康的产品。所以，如果还不能够很好地甄别这些产品的时候，那些风险高的产品可以先不要涉及，相信我们孩子的基因对本土食材的适应性会更好一些，在熟悉的环境里，借助我们更强大的专业的支持体系就地取材，这样相对来说更安全一些。

诊室小结

● 直接从海外购买物品，说明书都是外文，很多家长读不懂说明书，无法了解正确使用和保存产品的方法，会影响到使用的效果，如果是药品或营养品，还可能影响到孩子的健康。

● 有时候海淘的不是一个简单的产品，还要重视如何使用它，这跟孩子生活的环境直接相关。

● 海淘的产品售后服务难以保证，所以在购买产品前，要考虑好利弊，哪些东西可以海淘，哪些东西需要慎重。

其他

本单元你将读到以下精彩内容：

● 孩子经常玩手机，会影响视力的发育。

● 孩子偏头不仅影响容貌，还会影响颅骨的发育和五官的功能。越早纠正，效果越好。

● 乳牙比恒牙更容易患龋。帮助孩子清洁口腔，养成健康的饮食习惯并定期检查，可以有效预防龋齿。

[第62课]
斜视

刚出生的小宝宝，睁开眼睛的时候很少，这时候很难对孩子的眼睛进行仔细观察。等到孩子满月后，睁眼的机会明显增多，家长发现的"问题"也就逐渐多起来：眼球不随物体转动；两只眼运动不协调；两只眼往内侧聚或两侧散等。这些可能是什么问题呢？

宝宝一出生就能看东西吗？

胎儿眼睛的结构一经初步形成，在子宫内就能察觉到光亮了。但是，出生后，婴儿的眼睛必须通过学习，才会看东西，而且这种学习是一个循序渐进的过程。

新生婴儿的视力极差。如果测定他的视力，大约也只有0.04。换句话说，新生儿只能看到接近乳房大小和形状的物体。新生儿不仅视力差，而且几乎是个色盲，仅能区分黑、白和红色。其实，达到这程度已经具有确切的意义了，因为妈妈的乳房是粉红色的。

此后头几个星期内，宝宝的视力很快成熟起来。出生几个星期的宝宝，眼睛每天就能接收到数千张图片信息的刺激了。在眼睛成熟的同时，也逐渐具备了聚焦的能力，大脑也开始整合眼睛看到的信息了。从眼睛学看东西的角度看，宝宝的进步是非常迅速的。当宝宝长到6~7个月时，视力可提高到0.4。

宝宝视力的发育过程包括哪些方面？

学会聚焦，看清远近的物体；学会识别颜色；学会使用双眼看出物体的立体状态等。一旦宝宝学会了看，就开始寻获视觉知识了：学会区别父母的外貌；学会区别白天和黑夜；学会区分远体和近物。

宝宝为什么会出现斜视？

出生后头几个月，当宝宝需要学着看东西时，他的视力会大大提高。同时，眼睛和大脑也开始共同工作，大脑可以解释从双眼获得的立体视觉信号了。

起初，大脑接收的信号不是双眼同时输入，而是由每只眼分别输入的，致使大脑接收到的信号有时会非常奇特。引起这种奇特现象出现的最常见原因是散视——两只眼睛注视着不同的方向。这种令家长不安的现象将终止于出生后4~6周，那时大脑和双眼之间就能进行很好的沟通了。此后，宝宝还会偶尔出现散视或对眼。到宝宝3~4个月时，对眼的现象就基本消失了。

有多少是真性斜视？

真性斜视是很少见的，如果发现宝宝偶尔出现对眼现象，通常是由于眼睛向内散视或向鼻侧聚集的随机动作所致。出生后头1周的宝宝会经常出现对眼现象，这是因为宝宝控制眼睛的能力还不成熟，而且大脑还不能与眼睛同步工作。随着婴儿的生长，散视的频率将越来越低，直到有一天完全消失。如果仅一只眼睛向内斜或向外斜，且出生2~3个月后还频繁出现，很可能是控制眼睛运动的肌肉比较薄弱，这种情形才能称为斜视。

目前为止，宝宝出现对眼现象的最常见原因是成人的视觉假象。假设婴儿眼睛很大、鼻梁很宽、上眼睑很厚，即使婴儿双眼已相当的协调了，你还会认为他存在对眼。这种现象称为假性斜视。

怎么观察、处理宝宝的散视、对眼？

出生后头2个月的宝宝偶尔出现散视现象，不需要任何治疗。如果宝宝的一只眼睛运动不良、双眼持续出现对眼或频繁散视现象，就要带宝宝到医院进行相关检查，但这种情况如果出现在不满8周的宝宝身上，可以不必担心。

3个月以上的宝宝出现一只眼睛或双眼持续内斜或外斜，要向眼科医生请教。有时家长很难判断宝宝的眼睛是向内还是向外斜。但只要有所怀疑，就应该带孩子去医院。

医生会对宝宝进行遮盖测试，以此检测两只眼睛间的协调能力，从而确诊斜视。先让宝宝双眼注视一件物体，然后用盖布遮住一只眼睛2秒钟后放开。如果宝宝眼睛正常，他会持续注视着原有的物体。如果宝宝一只眼睛为斜视，当把正常眼睛盖住后，有斜视的眼睛会轻微移动，这是因为它要努力聚焦于目标上而形成的移动。

判断宝宝是否真有对眼的最好办法是观察眼睛对光线的反应。当光照射时，如果宝宝双眼能同时相聚于发光点，说明他不是对眼。如果宝宝双眼分别注视不同的方向，说明他的眼睛可能有问题。

医生会根据检查结果解除"警报"或进行必要的治疗，比如，戴眼镜进行矫正，眼镜可以帮助宝宝将双眼聚集于同一物体上。如果斜视诊断得太迟，大脑就会适应眼睛不协调生成的信号，从而阻断或抑制有问题的那只眼发来的信号。以后即使戴眼镜，眼睛仍然斜视。这些孩子只能接受眼部肌肉的外科手术来矫正斜视。手术后，通常还要戴眼镜。

宝宝表现出对眼的3个原因

● 不成熟的眼睛控制系统导致散视和偶尔的对眼。

● 眼睛和鼻子的解剖关系，容易使家长产生错觉，感到宝宝存在对眼。

● 宝宝眼睛真的有些偏斜，并集中于鼻侧。

诊室小结

● 宝宝用眼睛看东西是需要"学习"的。

● 如果宝宝在学习过程中出现问题，需要"教师"的及时指导——医生的教育矫正。

● 如果不及时教育矫正出现的问题，也许要付出很大的代价，甚至导致无法矫正的后果。

[第]63[课]
视力发育

孩子的视力将相伴他未来一生，而且眼睛一旦近视了，将是不可逆的。在这个电子产品极其丰富的年代，孩子的视力尤其需要好好保护，否则，他可能小小年纪就是"小眼镜"了。

关注孩子的视力发育

孩子的视觉能力是慢慢发育完善的，不能用成人的标准来判断孩子的视力是否正常。那怎么知道孩子的视力发育是否正常呢？可以从以下几个方面来观察：

是否有良好的光敏反应。接触较强的光线时，孩子会表现为闭眼或是皱眉，这说明孩子的光敏反应能力正常。

是否有瞬目反射。瞬目反射是指当有物体快速接近眼睛的时候，会引起眨眼，这是一种保护性反射。可以在孩子眼前挥一下手，看看他是否眨眼。

是否有视觉追物能力。选一件颜色鲜艳的或者孩子感兴趣的玩具，从孩子眼前慢慢划过，检查孩子的目光是否会随着物体移动。视觉追物能力正常的孩子视线是会随着玩具移动的。当孩子再大一些，每当看见他比较熟悉的面孔出现在视野里的时候，就会表现出欣慰和欢喜的表情，这都能说明孩子的视力发育良好。

眼睛需要好好保护

与嗅觉、听觉相比，孩子的视觉发育比较晚，需要几年的时间才能发育到接近成年人的水平。在视力发展的关键阶段，做好

诊室镜头回放
手机成了最好玩的玩具

1岁零8个月的稳稳走路还有些跌跌撞撞的，手机却玩得很熟练了。稳稳平时由姥姥带，姥姥忙着做饭、做家务时，或稳稳哭闹时，姥姥的哄娃利器就是手机，用手机给他听歌、看动画片，稳稳已经学会怎么划屏、怎么点击进入了。妈妈担心稳稳这样玩下去，离近视就不远了。

孩子的视力保健非常重要。

注意眼睛的清洁卫生。告诉孩子不要用手揉眼睛，如果有异物进入眼睛，要及时告诉爸爸妈妈，请大人帮忙处理。

注意日常用眼卫生。家长不要让1岁以内的孩子看电视、手机、iPad，特别是不能看广告，因为广告大多是快速闪动的画面，对孩子的眼睛很不好。孩子2~3岁时可以逐渐让他们看一些适合年龄的动画片，每次20分钟左右。不要让孩子在光线太暗的房间里看电视，和电视的距离也不能离得太近。

关注孩子的视力。观察孩子在日常生活中的一些习惯和细节，初步判断孩子的视力是否存在问题，如果孩子有下面这些表现，则说明他的视力可能有些问题，应该考虑是否需要就医检查：

● 孩子的动作比同龄孩子明显笨拙，走路的时候经常跌跌撞撞、躲不开眼前的障碍物。

● 看东西的时候，时常会眯起眼睛、歪着头，看书、看电视的时候总是离得很近。

● 对色彩鲜艳、变化多端的电视画面不感兴趣。

别把手机当玩具

虽然没有明确的科学研究表明手机的辐射对孩子的视力有影响，但是长期看手机屏幕会影响孩子的视力发育这点是毋庸置疑的。婴幼儿视力发育还不完全，对色彩的分辨能力也较弱，如果孩子用手机玩游戏、看动画片，聚精会神地盯着手机屏幕，会影响他眼睛的发育。

做孩子的好榜样。为了避免孩子玩手机，爸爸妈妈首先要给孩子做好榜样，在孩子面前尽量少摸手机，因为孩子的模仿能力很强，看见爸爸妈妈总是拿着一个小方块滑来滑去，孩子也会模仿这种动作。在操作手机时，屏幕的动画效果让孩子感到十分新奇，更加容易让孩子上瘾。所以，要想让孩子对手机不感冒，家长要先放下手机，自己多陪伴孩子。

转移他的兴趣。如果孩子已经对手机上瘾了，爸爸妈妈要转移他的兴趣，当孩子要手机时，爸爸妈妈可以用玩具或带他外出来分散孩子的注意力。

家庭成员需要统一战线。在保护孩子视力、不给他玩手机这件事上，不仅是爸爸妈妈，所有家庭成员都要统一战线。要告诉老人，玩手机会影响孩子的视力发育，不要孩子一哭闹就把手机当玩具哄他。

诊室小结

● 孩子的视力发育比较晚，需要几年的时间才能发育到接近成年人的水平。在视力发展的关键阶段，做好孩子的视力保健非常重要。

● 年龄小的孩子视力发育还不完全，对色彩的分辨能力也较弱，如果孩子用手机玩游戏、看动画片，聚精会神地盯着手机屏幕，会影响他眼睛的发育。

● 不要把手机当玩具来哄孩子。为避免孩子玩手机，家长首先要做出好榜样。

养育笔记

[第]**64**[课]
偏头

孩子的头长得有点偏了？没关系，头发一遮就看不出来了。真的是这么简单的事吗？不是的，孩子偏头，不仅会影响容貌的美观，还会影响他的颅骨发育和五官功能。而偏头发现越早，纠正越容易，效果也越好。

为什么会出现偏头？

经常向一侧睡。如果经常让孩子向右侧或左侧睡觉，时间长了，会导致孩子出现偏头。

胎儿头大、双胞胎。孩子的头比较大，或者是双胞胎、三胞胎，由于子宫内的空间有限，孩子的头部受到挤压，出生时就可能出现偏头或歪头。

斜颈。孩子出现斜颈，头会自然地向一侧偏，头部长期与床面接触的位置就会被压扁，导致偏头。

偏头可能引发的问题

影响容貌。头形长得不对称，脸形也会相应地出现不对称的情况，偏头的孩子，通常都是一侧头高，对侧的脸就大，而头部较瘪的一侧，对侧的脸就小。比如，左边头高，右边的脸就会偏大。右边头瘪，左边的脸就小。头形和脸形都不对称，看起来不美观，会影响到孩子的容貌。

影响颅骨的发育。孩子的大脑处于快速发育的阶段，是大脑顶着颅骨长。孩子出现偏头，虽然不会影响脑发育，但颅骨的形状会改变，影响颅骨整体的发育。

影响五官的功能。头形不正，脸形自然也会相应出现不对称的情况。而脸形不对称会导致孩子出现眼睛、耳朵不在一条水平线上的问题，使得这些器官相应的功能都受到影响。

● 眼睛不在一条水平线上，孩子看东西时可能无法聚集在一个点上，如果孩子习惯性地用一只眼睛盯着东西看，另外一只眼睛就会慢慢变成弱视。

● 两只耳朵不在一条水平线上，两只耳朵接收到的声音就会有差别，依靠声音分辨位置的能力也会相应下降。

● 两边脸不对称，脸小的一侧下颌就会相对短，这一侧的牙齿发育会受到影响。

矫正偏头，越早越好

6个月以内：体位疗法

6个月以内的孩子骨头还比较软，用体位疗法就可以矫正，即使用矫正枕头来矫正。

矫正枕头的中间部位有个成人手掌大小的凹陷，这个凹陷就是起到矫正作用的关键。

● 如果想矫正孩子头部比较鼓的位置，在孩子睡觉时，可将他头部凸出的部位嵌进枕头的凹陷区域里。

普通枕头和床面都是平的，孩子头部凸出的位置在这些平面上着力点很小，无法保持平衡，他自然会习惯地用较平的一侧挨着枕头或床面，使得凸出的位置始终处在没有外力作用的状态下，会越长越凸出，而扁平的地方因为总被压着，会越来越扁平。使用矫正枕头，将头部凸出的位置嵌进矫正枕头的凹陷里，可以起到固定作用，使得头部较鼓的位置能够被抵住，在一定程度上限制了这个位置继续生长。

> **诊室镜头回放2**
> **偏头矫正，越早越好**
> 喜喜和乐乐是一对双胞胎，出生后生长发育都不错，就是乐乐的头长得有些歪。妈妈有些担心。奶奶却说："没关系的，慢慢就能自己长圆了，不用管。再说了，以后头发一长，就看不出来了。"妈妈咨询医生，医生告诉她，宝宝偏头需要矫正，现在宝宝还小，矫正完全来得及，而且越早矫正，效果越好。

● 如果想矫正孩子头部较扁平的一侧，也可以将扁平的部位枕在凹陷位置上，这样，头部比较扁平的位置没有接触到任何平面，不受外力，给颅骨留出了生长的空间，使得头形能够向正常的状态发展。

6个月后：使用矫正头盔

孩子6个月以后，颅骨已经逐渐变硬，而且孩子已经能自如地翻身，体位疗法已经不能很好地矫正了，我们需要使用矫正头盔来矫正。

矫正头盔根据每个孩子的头形定制，孩子戴上头盔后，凸出的地方会被头盔顶住，被限制生长，而扁平的位置和头盔之间有一定的空隙，可以继续向圆形发展。久而久之，孩子的头形就会变得圆起来。

使用头盔时，每天要戴约23个小时，最短的矫正时间是3～4个月。最好在孩子6～18个月时使用，如果孩子的年龄超过了18个月，矫正的时间就要延长许多。

单纯侧睡，效果不理想

有的家长想通过让孩子侧着睡来矫正偏头，这种做法效果不理想。如果实在没有矫正枕头，可以让孩子在平躺的时候，在他脸大的一侧垫上毛巾，让他的头向另一侧偏。

诊室小结

● 孩子偏头，不仅会影响容貌的美观，还会影响他的颅骨发育和五官功能。

● 6个月以内的孩子骨头还比较软，用体位疗法就可以矫正，即使用矫正枕头来矫正。

● 孩子6个月以后，颅骨已经逐渐变硬，而且孩子已经能自如地翻身，体位疗法已经不能很好地矫正了，需要使用矫正头盔来矫正。

[第65课]
斜颈

宝宝总是歪着头，是因为宝宝的习惯动作吗？其实这是一种误解！

为什么孩子经常歪着头？

为了解决家长的一系列问题，我们应该从孩子歪头的原因谈起。孩子歪头，可称为"斜颈"。斜颈字面的意思就是"扭曲的颈部"；医学上形容的是由于颈部两侧肌肉强度不一致，造成的头歪斜或转向一侧的现象。

对于新生儿来说，斜颈是个非常常见的现象。因为胎儿蜷曲于一个狭小空间内，随着胎儿的一天天长大，空间变得越来越小，胎儿的颈部就会逐渐扭曲起来，以协调身体，适应子宫内的空间。颈部扭曲的结果，就会造成颈部一侧的肌肉——胸锁乳突肌逐渐被拉长，致使颈部两侧胸锁乳突肌的长度出现差异。婴儿出生后，头部就会自然地偏向胸锁乳突肌较短的一侧。如果将孩子头部保持正中位或转向另一侧，较短的胸锁乳突肌就会被拉伸。

有时候，在胸锁乳突肌较短的一侧能摸到包块或肿胀的肌肉，这是由于分娩过程中，孩子一侧的胸锁乳突肌受到牵拉，并形成轻微的炎症。孩子出生一两周后，被牵拉的肌肉继续肿胀，就会形成一个大硬块。这时，孩子喜欢将头歪向受损的一侧，因为这种姿势能保持受损的肌肉处于最放松的状态，不至于有被牵拉的感觉。随着肿胀逐渐消退(这种肿胀是一定能消退的)，创伤的肌肉会完全恢复正常或形成纤维索带。由于纤维索带比较硬，

诊室镜头回放

宝宝躺在床上时，总是歪着头

满月的豆豆今天来做第一次体检。足月、自然分娩的小豆豆很让父母省心，出生后一切非常顺利。妈妈有足够的母乳，豆豆的进食也非常规律。体检结果表明，孩子的生长发育正常，只是有一点，就是孩子躺在床上时，头总是不自觉地向右歪。对于这一点，爸爸妈妈也都注意到了。但妈妈认为可能是因为大人的床放置在孩子小床右侧的缘故；爸爸认为是因为孩子使用的枕头偏高的缘故。可是医生经过检查发现，孩子颈部两侧的肌肉硬度不同，右侧明显强于左侧。面对这样的结果，家长一下紧张起来：孩子得了什么病？能治疗吗？如何治疗？是否会有后遗症呢？

而且不如没受过伤的肌肉那样富有弹性，所以孩子的颈部肌肉运动会因此而受限。

除了以上原因之外，斜颈也可能是因为出生后的某些原因导致。比如，当孩子的头部某一处比较平，他会就势歪斜，因为那样躺着比较舒服；或者父母总是让孩子以同一种体位躺着，时间长了也会造成孩子喜欢将头部保持于同一姿势，因此造成体位性斜颈。而体位性斜颈会造成颈部反复向一个方向扭曲，导致颈部一侧的肌肉逐渐变短。

父母应该注意什么？

刚出生的小宝宝，一天中的大部分时间都在睡眠中度过。如果孩子整天都保持歪着头的睡眠姿势，很容易造成颅骨枕部逐渐变平。这样就会形成一个恶性循环：孩子喜欢将头保持一个固定的姿势，颅骨就会出现一平整的区域，这一平整区域很容易地支撑着孩子的头部，孩子因此就会更喜欢保持这一特殊的姿势。所以，发现孩子的头总爱歪向一侧时，家长可以试着在孩子睡觉时轻轻扶正他的头部，并使用中空的定型枕头来固定头部位置。如果这样做仍不能将孩子的头部保持中位，就要带孩子去看医生了。

斜颈有哪些矫正方法？

医生通过简单的查体就能确定孩子是否有斜颈。如果孩子颈部较短的一侧没有摸到形似橄榄的小包块，只要经常矫正孩子的睡眠姿势，尽可能保持孩子头部处于中位就可以了。如果孩子颈部出现小包块，家长就要在医生的指导下，在家给孩子进行颈部按摩和伸张练习。

如果孩子出生2~3个月后，颈部肌肉张力和长度仍然不一致，医生就会请物理治疗师介入。物理治疗师会通过协调性的练习拉伸较短一侧的颈部肌肉——胸锁乳突肌。一般经过治疗，斜颈就能得到纠正。

对于极少数经过物理治疗仍没有好转的孩子，外科医生会考虑通过外科手术来将颈部较短一侧的、紧绷的胸锁乳突肌适当切开，以达到肌肉伸张的目的。

诊室小结

● 歪头并不是孩子主动的习惯动作，而是与两侧颈部肌肉的张力不同有关。

● 家长除了应该尽可能保持孩子头部处于中位外，还应在医生的指导下，按摩孩子较短一侧的颈部，以免孩子出现偏头现象。

● 如果家庭治疗效果不好，要带孩子到医院，特别是较大的儿童医院，接受物理治疗师的专业治疗。接受物理治疗的时间不应晚于孩子出生后2～3个月。

养育笔记

[第66课]

揪耳朵

有时，大人很难理解小宝宝的一些举动，比如说揪耳朵吧。对于大一点的孩子，你可以通过语言交流进行了解，从而判断出是否因为有什么不舒服的地方。而对于婴儿，你往往就会束手无策，很容易联想到生病。

许多父母都认为揪耳朵是耳部感染，特别是中耳炎的必然征象。其实，很多原因都可能造成婴儿戳耳朵、揪耳朵、拉耳朵和搓耳朵的现象，比如，因为疼痛、因为耳朵容易被触摸到而玩弄……先让我们看看下面的3个实例：

检查结果

耳部及其他部位完全正常。

需要治疗吗？

不需要。3～4个月的婴儿，开始逐渐对自己的身体好奇了，他发现了自己的耳朵。此时，家长也会注意到婴儿不仅在清醒状态下，而且在睡觉时，常会乱动耳朵。特别是当婴儿高兴或感到舒适时，就会揪着耳朵。健康婴儿在高兴的时候抻拉自己的耳朵并不是不舒服的表现。

很多婴儿通过揉擦耳朵进行自我安慰，这种现象有时会持续到儿童期。

诊室镜头回放 1
高兴时就揪耳朵
3个月的楠楠非常招人喜爱，她已经开始认识妈妈了，还会跟妈妈咿咿呀呀地交流感情。可玩到高兴时，她老是揪自己的耳朵。妈妈试图阻止，也无济于事。有点不放心，妈妈带楠楠来到了医院。

诊室镜头回放 2
原来，他在长牙！
5个月的豆豆近来总爱哭闹，还揪自己的耳朵，外耳都被他揪出了一些血痕。家长试图通过手电筒照亮，观察一下豆豆耳道内的情况，可是什么也没有发现，只好到医院进行检查。

检查结果

耳部完全正常，但牙龈已红肿，说明孩子正在长牙。

需要治疗吗？

一般不需要，但要帮助他缓解出牙的不适。如果揪耳朵时常伴有哭闹或哭闹时常揪耳朵，很可能是因为疼痛所致。最常见的原因是出牙。婴儿出生时，乳牙已基本形成，并储存于牙龈内部。这些埋藏于牙龈内部的乳牙，只有穿透牙龈才能萌发出来。虽然绝大多数婴儿于出生后6~12个月就可见到萌出的牙齿，但牙齿在牙龈内的萌发过程通常从出生后几周或几个月即已开始。随着乳牙在牙龈内的运动，它会刺破神经和周围的组织，引起牙龈肿胀，甚至发炎。这就是出牙痛的原因。婴儿还会感到牙龈肿痛、触痛，并流过多的口水。当婴儿平躺时，不舒适的感觉可从牙龈传到耳部，所以出牙时婴儿常会揉搓、抻拉自己的耳朵。如果揪耳朵是因为出牙痛所致，可使用出牙环、磨牙胶等。如果婴儿哭闹严重，可以适当服用止痛药物（泰诺林等）。

检查结果

存在咽部和中耳发炎。

需要治疗吗？

是的，但要对症治疗。在引起孩子揪耳朵的原因中，耳部感染是最令人担忧的。通常，还会伴有发热和感冒的症状。一般来说，小于6个月的婴儿不易出现这种情况。

很多病菌可造成耳部感染，只有明确为细菌感染时，才需使用抗生素治疗。为了缓解孩子耳部的疼痛，除了可使用泰诺林、美林等止痛药，还可向耳道内直接滴入止痛消炎的液体。

> **诊室镜头回放3**
> **耳部感染了**
> 1岁的灵灵昨天开始发高烧，体温达到39℃。小家伙看起来异常烦躁，不仅厌烦饮食，还不断揪耳朵。

还有

耳垢阻塞了外耳道。这种现象不常见，但有些蜡状耳垢的婴儿常会出现深部耳垢，这些耳垢容易刺激婴儿感到不适。即使怀疑是蜡状耳垢刺激了婴儿，家长也不能插入任何东西进到婴儿耳内去清理这些耳垢，即便使用特殊棉签也不行。在这种情况下，最好请专科医生在特殊照明情况下，利用特殊器具取出深藏的耳垢。

需要担心吗？

揪耳朵是婴儿常有的"异样"动作，需要引起重视，关键是要辨别婴儿是否存有疼痛。

不需要担心

宝宝高兴、舒适，饮食好，睡眠香。

需要去看医生

如果孩子伴有哭闹，就要观察孩子是否存在发热。最好带孩子看儿科医生，以确定揪耳朵的原因，并采取适当的治疗。

养育笔记

[第]67[课]
耳垢由谁来清理?

耳垢,又称耵聍。它是由外耳道耵聍腺分泌的蜡状物与耳道皮肤脱落的角细胞、汗液和皮脂腺分泌的油质混合而成。从外观性状上耳垢可分为干性和油性两种。亚洲人多为干性,西方人多为油性。耳垢可防止耳道遭受水和病菌的侵袭,但耳垢过多又会给我们造成危害。看一看下面这个例子。

检查与治疗

经过检查发现,东东的两侧耳道已被坚硬的耳垢阻塞,根本看不到耳道终端的鼓膜。向爸爸询问得知,近来不论是看电视还是玩游戏,东东总是把声音放得很大。

向双侧耳道滴入耵聍软化药水,又用正压温水装置清洗后,在耳灯的帮助下,分别取出了两个"硕大"坚硬的耳垢。深棕色的耳垢散发着一种臭味。取出耳垢后,就能清楚地看到双侧鼓膜终端。

为什么会出现这种情况呢?

人耳分为外耳、中耳和内耳三部分。中耳是管道性传导系统,耳垢多存在于中耳道内。通过耳镜可以看到,干性耳垢石为淡黄色片絮状,油性耳垢为深褐色油膏状。通常如果耳内存在少量耳垢,无论是大人还是孩子,都不会产生异样的感觉。但是,如果耳垢过多就会让人感到不舒服。过多的耳垢不仅会堵塞耳道,还会引起听力下降和耳道饱胀感。

诊室镜头回放

"妈妈,帮我掏掏耳朵"

最近,6岁的东东总是说耳朵难受,老是喜欢让妈妈给他掏耳朵。可妈妈一掏,他就喊痛。于是,爸爸妈妈决定带东东到医院进行检查。

特别是孩子，由于他们的耳道短、平，细菌容易通过外耳进入中耳，所以中耳炎的发生率较高，而过多的耳垢会阻留细菌，增加耳道感染的机会。另外与成人相比，孩子的咽鼓管短而平，加上孩子易患咽喉部感染，同样会增加中耳炎的发生。发炎自然会有一定的脓、血渗入至耳道。脓、血与耳道内已形成的耳垢混合，不仅阻碍了脓、血的排出，还可减弱药物的抗菌作用。这种与脓、血混合的耳垢，其中的水分逐渐蒸发就形成了耳垢石。上面例子中东东就是这种情况。耳垢石的长期存留会使孩子感到耳部不适，而且还会阻碍声音传导，出现异样声音感或听力减退。

如果孩子有耳垢，你该怎么做？

由于少量耳垢可预防水和病菌对耳部的侵袭，所以只有少量耳垢时，一般不需清理。

如果耳垢多，孩子感觉到不舒服，最好请医生来处理。这是因为一般的家庭中没有耳灯，家长在为自己和孩子清理耳垢时往往采用的是盲法操作。盲法操作既不容易将耳垢清理干净，又容易造成局部损伤，反而会增加感染的可能。

医生会怎么做？

如果到医院进行处理，医生可以通过耳灯或反光耳镜直接观察耳道内部情况，如果没有耳垢阻挡，医生可轻易观看到耳膜。耳垢较多时可直接用棉签或医用镊子取出。

许多年幼的孩子害怕医生，不愿意接受这样的处理。这时，医生就会选用含有油、碳酸氢钠、过氧化氢、醋酸等成分的滴耳液软化耳垢。软化的耳垢容易从外耳道排出，很容易清理。

如果发现耳垢，医生会先用滴耳液软化耳垢，并用正压温水装置冲洗。等耳垢结石软化后(若耳垢结石软化不够，在取出时会给孩子造成很大的疼痛)，再小心用镊子取出。耳垢结石取出后，医生会再次观察耳道皮肤表面是否受到结石的损伤。

你需要知道的几件事

总体来说，耳垢对人体是有益的，不需要特别处理。但下面几点需要注意：

● 每隔6个月~1年带孩子到耳科就诊请医生检查并决定是否需要清理耳垢。

● 耳垢过多时最好不要擅自在家中为孩子清理。

● 当小婴儿经常抓、揪耳朵时，及时请耳科医生检查。

● 当大些的孩子出现耳部痒、痛或其他异样感觉时，及时请耳科医生检查。

● 当孩子出现呼吸道感染时，应询问孩子是否存在耳部不适，有可能的话，应向耳科医生请教。一般医院的儿科医生没有耳镜，很难早期发现孩子患有中耳炎。

养育笔记

[第68课]牙齿发育

为什么迟迟不出牙？

幼幼妈妈最近为她的出牙问题发愁，幼幼已经8个月了，比她还小1个月的小伙伴都长出两颗白白的小牙了，她却一点动静都没有。是不是幼幼的牙齿发育有问题？

孩子的牙齿在胎儿期就开始发育了，但牙齿萌出是有早有晚的。牙齿长出来后，就要面临预防龋齿的问题，因为乳牙健康很重要，一定要好好保护。

牙齿在胎儿期已开始发育

在孕妈妈怀孕的时候，孩子的乳牙牙胚和恒牙牙胚就已经开始发育了。所以，在胎儿期，孩子的牙龈里就有两层的牙胚，一层是乳牙胚，一层是恒牙胚。

孩子出生时，有一部分乳牙已经钙化，埋伏在颌骨里。这时，牙齿已经存在了，只不过它们还没有"露面"，所以，刚出生的婴儿牙床都是光秃秃的，只有牙龈，没有牙齿。孩子6个月左右，牙龈才开始萌出。在孩子出牙的前两个月，我们会看到孩子的牙龈开始变得凹凸不平，这是牙胚在往外顶。很快，小小的乳牙就会冒出来。

出牙时间的个体差异很大

正常情况下，孩子萌出的第一颗乳牙是下颌的乳中切牙，萌出的平均月龄在6~7个半月。下乳门牙萌出后不久，上乳门牙跟着萌出。通常上颌相对部位的同名牙比下面下颌的乳牙晚1~4个月才萌出。在孩子2~3岁时，乳牙长齐，共20颗。

乳牙萌出的时间，不同的孩子会有差异，这与孩子出生的地区、季节、户外活动多少、添加辅食营养情况及遗传等多种因素有关。有的孩子可能4个月就开始出牙了，有的孩子则要推迟到11~12个月，甚至1周岁以后。在孩子出牙的过程中，家长不用和别的孩子去对比，更不必焦虑，因为孩子出牙的个体差异性很大。

龋齿是如何发生的？

龋齿俗称"虫牙"，是影响人类口腔健康的最广泛的疾病。人的口腔里有大量的细菌，这些细菌和唾液混合，堆积起来，会在牙齿表面形成一种稠密的、没有一定形状的细菌团块——牙菌斑。菌斑中的细菌以糖为养料，能把糖变成酸，这些酸会侵蚀牙齿，时间长了，就会形成龋齿。

与恒牙相比，乳牙更容易患龋，这与乳牙的牙釉质、牙本质很薄，矿化度低，抗酸力弱有关。孩子6个月左右，随着第一对下乳前牙的萌出，患龋齿的风险也随之而来。这时孩子仍以母乳或配方粉为主食，很多孩子还有喝夜奶的习惯，如果清洁口腔不彻底，牙齿上就会残留较多的食物残渣、软垢，这些都是细菌的最爱，细菌得以大量繁殖，并产生酸性物质，时间长了，牙齿就会被腐蚀破坏，出现龋洞。由于乳牙的矿化程度比恒牙低，所以，乳牙龋的进展速度很快。

乳牙很重要，要好好保护

乳牙虽然要被替换掉，但它们在孩子的生长发育过程中却起着相当重要的作用。乳牙除了具有咀嚼食物的功能外，还有促进孩子颜面与颌面部骨骼、肌肉的生长发育等功能。而且，20颗乳牙还是将来恒牙萌出时的"向导"——它们使恒牙继承并沿着乳牙的位置萌出。所以，保护乳牙完好是一件很重要的事情，千万不要忽视乳牙的健康。

养成健康的饮食习惯。不要让孩子养成喝夜奶的习惯。如果

诊室镜头回放 2

长龋齿了！

丁冬快2岁了，最近妈妈发现他的上门牙上有斑点，用牙刷刷、用手巾擦都无法把斑点去掉。去医院检查，医生说是龋齿，建议尽早治疗。妈妈说："反正宝宝的乳牙迟早是要换的，不用治了吧？"医生告诉她，乳牙健康很重要，千万不能忽略。

孩子夜里喝着奶就睡觉了，牙齿得不到清洁，牙齿上附着大量的糖分，很容易导致龋齿。另外，最好在孩子满1岁前教会他用杯子喝奶、喝水，而不要再用奶瓶来喝。水果和蔬菜有利于牙齿的食物，要经常给孩子吃，少给孩子吃糖果和各种点心，这些食物对牙齿不利。

保持良好的口腔卫生。在孩子第一颗牙长出来的时候，清洁工作就要开始了。清洁牙齿时，要用一块干净的、柔软的布或者专门为孩子设计的婴儿牙刷清洁牙齿。每次孩子喝完奶或果汁、吃完辅食后，都要给他喝几口白开水，以冲掉残留的汁液或食物，保持牙齿的清洁。

定期做口腔检查。在孩子1岁左右，或者出牙后的6个月内，最好带他去牙科做一次检查，此后，每隔半年进行一次口腔检查，这样便于及时发现龋齿，及时治疗。

给牙齿涂氟并做窝沟封闭。可以定期由专业的口腔医生给牙齿涂氟，给孩子刷牙时，要使用含氟牙膏。孩子的磨牙长出来后，可以进行窝沟封闭。

诊室小结

● 在胎儿期，孩子的乳牙牙胚和恒牙牙胚就已经开始发育了。

● 孩子出牙的个体差异性很大，有的孩子4个月就开始出牙了，有的孩子则要推迟到11~12个月才出牙。

● 保护好乳牙是一件很重要的事情，千万不要忽视乳牙的健康。

[第69课]

肾病综合征

父母都希望自己宝宝体重增长得快些。但无论你怎样期待，孩子的体重增长总是有一定的规律——循序渐进。如果短时间内体重增长过快，往往意味着孩子的身体出现了问题。

的确，听到自己的宝贝得了这种疾病，父母都会一下子接受不了。通过下面的仔细分析，也许能帮助您镇静下来，面对这突如其来的挑战。

当肾出现了毛病时

人体有两个肾脏，它们是人体重要的排泄器官。血液中对人体不利的物质——代谢废物都要经过肾脏排出体外。

如果单位时间内肾脏不能排出足够的代谢废物，堆积在人体的废物就会导致心脏、脑等重要器官受损，引起尿毒症的表现；如果单位时间内肾脏排出的不仅是代谢废物，而且也排出了很多有用的物质，则会引起人体内相应物质的缺乏，同样可引起心脏、脑等重要脏器受损。"肾病综合征"就是一种大量蛋白经尿液丢失，而引起一系列症状的疾病。多发于2～5岁的孩子，男孩较女孩容易患此病。

目前，还不能确定是何种原因损害了肾脏内的滤过膜。受损的滤过膜孔能滤出血液中大量的蛋白，并经尿液排出。大量蛋白经尿液丢失造成血液处于低蛋白状态。血液内低蛋白就不能保持足够的水分在血管内，这样大量水分就会离开血液进入血管外的

宝宝1个月体重增长了1.5千克

妈妈带着2岁的甜甜来到医院，因为几天来孩子一直在发热和咳嗽。可我见到孩子的第一个印象是：她的眼睑明显浮肿。于是，我开始向甜甜妈妈询问可能的原因，她说可能是孩子刚上幼儿园有些不悦，爱哭闹，夜里睡眠不好。

表面上看，甜甜浮肿可能与妈妈所说的原因有关，可经过仔细询问发现了新的问题：1个月来，孩子体重增长了1.5千克（甜甜妈妈认为这是一个很好的现象）。除此以外，孩子的肚子总是鼓鼓的，而且很硬。排尿时，还可见大量泡沫。

仔细检查还发现，甜甜全身均处于水肿状态，并且腹腔内有积水。初步判

断孩子患有"肾病综合征"。为了最后确诊，收集24小时内的尿及取血进行了必要的检查。检查证实体内大量蛋白从尿中丢失；血中蛋白含量很低，胆固醇含量很高，血液凝固性明显增强。完全符合"肾病综合征"的诊断。

2天后，甜甜的父母再次带孩子来到医院。这次，孩子的全身浮肿有所好转，特别是眼睑变化更为显著。甜甜的父母不但对目前的诊断结果持有怀疑，而且对应该进行的"激素疗法"很不理解。他们认为，既然没有治疗孩子的病情就已经有了明显好转，是不是浮肿状况与发热、咳嗽有关？能否暂不用激素治疗？

组织内，形成组织水肿、胸腹腔积液。松软组织处（例如，眼睑、外阴等部位）水肿较为明显。水肿，意味着体内含水量增多，造成体重增加。但大量液体进入的是血管外组织，实际血管内的血容量却减少、血液在浓缩。病人会面临血压的变化和形成血栓的危险。

采用何种治疗办法？

目前，主要的治疗方法是激素疗法——口服强的松。通常，坚持足量治疗4～8周后，根据尿中是否可以检出蛋白，考虑能否逐渐减量。为了观察激素的效果，每天家长应该记录孩子的尿量及尿蛋白情况。

目前，市场上有快速检测尿蛋白的试纸出售，将试纸蘸上尿液后1～2分钟即可得到尿蛋白的粗略含量。

另外，根据血液凝固状态、血中白蛋白水平等其他指标，医生还会给予抑制凝血和补充蛋白等相应的治疗。

这种疗法有什么副作用？

长时间应用激素虽可控制疾病的发展，但也可造成孩子食欲急剧增加，体重迅速上升，表现出向心性肥胖（脸部、躯干浮肿，四肢相对细）；还可造成血压增高，行为异常，骨骼脱钙等；特别是也可造成孩子抵抗力下降，容易患感染性疾病。每次患感染性疾病还会使"肾病综合征"的表现加重：浮肿明显，尿蛋白增加，尿量减少，等等。案例中的甜甜就是这种情况。

由于使用激素期间不能接种任何疫苗，预防感染就成了说起来容易，做起来十分艰难的事情。所以，孩子一旦出现任何感染征象——发热、咳嗽、腹泻、呕吐或接触了患有水痘、麻疹等传染病的病人，就应尽快与医生联系，采用必要的有效治疗，例如，静脉或肌肉注射免疫球蛋白或使用有效的抗生素等。另外，还要及时补充钙、维生素D，进行利尿治疗等。这些治疗都要听从医生的安排，千万不要自行处理。

如果激素疗法效果不理想

使用一段时间的激素，尿中仍然可以检测出一定的蛋白，说明孩子对激素不敏感。这时，医生往往建议进行肾穿刺活检。肾穿刺活检可帮助医生进一步了解肾脏的变化，以便调整治疗方案。

养育笔记

[第**70**课]
走不稳？查查髋关节

宝宝1岁左右，就慢慢开始学习走路了。不管他是不是能走稳，他两条腿的走路姿势和运动能力都应该是对称、协调的。如果宝宝走路时双腿的运动是不对称的，看起来好像有点儿瘸，说明宝宝的下肢发育出现了问题。

走路不正常，与髋关节有关

其实，孩子的双腿长短不一，并不是绝对长度的差异，而是相对位置的差异，其原因就来自于髋关节。髋关节又称为杵臼关节，由两块骨头组成。一块凸面向外的骨头被一块凹面向内的骨骼包裹，其活动范围很大。髋部能帮助我们抬腿、平衡身体和行走。宝宝出生前，髋部就已经开始发育，出生后会继续发育成熟。在胎儿时期，髋部的凹槽就已能包裹股骨头了，宝宝出生后，双腿就可以开始自由地运动。像球一样的股骨头只有置于舒适位置，才有利于髋关节继续更好地发育成熟。

出生时，宝宝的髋部还没有形成理想的球和窝的功能。存在于骨盆上的窝还比较浅，不能起到应有的作用。出生后不久，儿科医生会对宝宝髋关节的发育情况进行检查。医生通常双手握住宝宝的膝盖，向上屈曲后再外展宝宝的大腿骨，并在骨盆的窝部旋转大腿骨头部。如果大腿骨头部所处的位置合适，医生会认为髋关节窝部发育良好。如果旋转髋关节时听到"咔咔"的沉闷声音，代表大腿骨头部脱离髋关节窝部，说明髋关节窝部太浅。较浅的髋关节窝容易造成大腿骨头部滑脱而出，长此下去可引起髋关节发育异常，原有的球和窝的结构，变成了球和板的结构。医学上称

诊室镜头回放
宝宝两条腿行走时不对称

18个月的薇薇到医院进行常规的体格检查。薇薇的生长发育一切正常，只是走得不够平稳。医生仔细观察，发现孩子的两条腿行走运动不对称。右腿似乎为主力方，左腿显得有些被动、牵拉。我问妈妈是否注意到这一现象，妈妈认为这是孩子还没完全学会走路的原因，没有特别重视。但是经过检查发现，孩子双腿的长短不一，右腿略长于左腿。听到这个结果，妈妈非常吃惊，因为孩子自出生到现在，经过多名医生的检查，从没有提到孩子的腿有问题。孩子是突然瘸了，还是以前就瘸，只是没有发现呢？

为髋关节发育不良。

以前都将宝宝的这种情况称为先天性髋关节脱位，现在发现其实是宝宝发育不良的髋关节所致——太浅的关节窝不能保证大腿骨头部自由运动。但有些情况正好相反。出生时宝宝的髋关节是正常的，可是一些其他原因造成了髋关节脱位，影响了大腿骨头部的自由运动。

所以，髋关节发育不良代表着两种可能性，一种是宝宝出生时髋关节窝太浅；另一种是宝宝出生后出现的真性髋关节脱位。

如何发现髋关节发育不良？

100个新生儿中就有一位髋关节发育不良，而1000个新生婴儿中才会出现一位真性髋关节脱位患者。这些问题常见于头胎或女性婴儿，以及有髋关节发育不良或韧带过度松弛家族史的婴儿。在臀位生产的婴儿中，髋关节发育不良的发生率极高，可达1/4。这是因为臀位婴儿在妈妈子宫内特殊的大腿位置，不利于髋关节窝形成。除了以上原因外，现在还不清楚出现髋关节发育不良的真正原因。

年轻的父母一定要记住，不是所有患髋关节发育不良的宝宝出生时都能诊断出来。所以，所有宝宝，特别是上面提到的那几类宝宝，都应该接受一次以上的髋关节检查。因为对新生儿进行髋关节检查时，不是所有患有髋关节发育不良的婴儿大腿骨头部随时都能从窝部滑出，因此，不是每个髋关节发育不良的宝宝都能在出生时被发现。如果进行多次检查，一般就不会漏诊了。

当宝宝还在医院期间或出生后几周内，髋关节检查时发现了"咔咔"的声音，可以进行X线或超声波检查，以便能清楚地看到髋关节窝的形态，对于出生头几个月的小宝宝来说，超声波检查是比较好的方法，可以精确测量宝宝大腿骨头部与关节窝的准确距离。如果宝宝存在髋关节发育不良，治疗期间还要重复进行超声波检查。只有超声波检查提示髋关节发育已经正常了，治疗才能结束。

几种治疗方式

发现宝宝髋关节发育不良，要采取相应的治疗措施：

- 使用叠加双层纸尿裤。这是为了确保宝宝大腿和髋关节保持稳定的位置关系，使宝宝的大腿骨头部协助关节窝变圆、变深。

● 使用模具。这种模具是保持宝宝的大腿在正确位置的一种装置。模具虽然较大，但却能限制髋部的活动，促进髋关节窝的发育。根据使用模具前髋关节发育的情况，可持续穿戴数周或数月。不过，大多数宝宝都不愿意使用模具。

● 如果穿戴模具后效果并不理想，还可以采用石膏固定的办法。将宝宝的大腿骨固定于合适的位置，同时可以牵拉有关的肌肉和韧带。

● 外科手术。通常情况下，在宝宝满1岁，最好超过18个月时，或使用各种方法均告失败时，才考虑手术治疗。

● 除了采取积极的髋关节发育不良治疗，以后还要经常进行物理治疗，年龄较大的宝宝更应如此。因为髋关节发育不良的常见远期并发症是关节疼痛和不成熟性关节炎。未经治疗的髋关节脱位引起的最严重的并发症是一条腿看上去比另一条腿长，实际上两条腿是等长的，只是髋关节位置不对称，才造成两腿不齐。

诊室小结

● 宝宝走路姿势异常有可能是髋关节发育不良。

● 如果髋关节位置不正常，今后就会存在明显的行走困难。

● 不是所有患有髋关节发育不良的宝宝在出生时都能诊断出来，因此，1岁以下的宝宝，都应反复接受儿科医生的检查，以及时纠正，减少或避免今后出现严重的行走问题。

[第**71**课]
髋关节滑囊炎

没有扭伤，也没磕没碰，孩子怎么会突然瘸了呢？是孩子说不清发生了什么，还是保姆没有看好孩子，又不愿承认错误……让我们一起从下面两个实例中找答案。

检查与诊断：孩子的关节出了问题

经过检查，发现强强的双腿没有骨折等骨骼病变，但左大腿主动和被动运动都受到限制。在进行被动运动时，孩子有痛苦的表情。X线检查提示：大腿骨骼结构正常，但左髋关节间隙增大。看来，明显是关节的问题。

检查与诊断：髋关节滑囊炎

从外表上看，小勇的双腿没有外伤的痕迹，也没有明显红肿，而且双腿外形也没有明显差异。但孩子的右大腿主动、被动活动均受到了限制。

同强强的检查结果一样，X线检查只发现小勇的髋关节间隙增大。同时，取血检测了关于结核、风湿、感染等疾病，结果均为阴性，没有发现什么异常。听到这样的结果，小勇的爸爸妈妈似乎有些着急。什么原因也未找到，难道孩子真是得了什么怪病？

其实，检查结果已经说明小勇患的很可能是髋关节滑囊炎。

滑囊炎是怎么回事？

滑囊是充满滑膜液的囊状间隙，位于组织间产生摩擦的部位，

诊室镜头回放1
鞋不合适，还是出怪相？
1岁零3个月的强强刚刚学会走路，最近几天，他走路的样子好像有点特别：左腿总是拉在右腿的后面，像个小瘸子。
仔细询问孩子的情况，强强的妈妈说没有发现孩子拒绝行走，或走路时有痛苦的表情。再追问孩子的病史，才知道强强3天前曾得了感冒，因为很轻微，也就没太在意，这两天逐渐好了。

诊室镜头回放2
孩子突然不能坐、不能站，也不能走
7岁的小勇昨天早上起床时，大呼腿痛，不能坐、不能站、不能走。开始，小勇妈妈以为是孩子在撒娇。经过一番又哄又骗，小勇还是大喊大叫，看来真是很痛苦。于是，妈妈有些

着急了。妈妈急着追问小勇："昨天，你是不是摔跤了？是不是抻腿了？有人欺负你了吗？"可是，小勇都一一否认了。本来只是有些着急的妈妈突然惊恐起来，孩子这几天只是上呼吸道有些感染，怎么突然出现了这样的问题，是不是得了怪病？于是，同小勇爸爸一起将孩子抱到医院。

比如，肌腱或肌肉经过骨突起的部位。滑囊对正常运动有润滑作用，可减少运动各部位之间的摩擦力。滑囊可与关节相通。滑囊炎最多发生在肩部。可能与肿瘤、慢性劳损、炎性关节炎(如痛风，类风湿性关节炎)或慢性感染(如化脓性细菌，结核菌等)有关。

但是，小儿的滑囊炎有着不同的特点：7岁以下的男孩最易出现，髋关节是受损的主要部位，大多为一侧发病。到目前为止，发病原因并不十分清楚，可能与病毒感染后，机体对感染出现的超敏反应有关。一般来说，患滑囊炎的孩子，在患病之前都有不同程度的感染，比如，上呼吸道感染等。由于之前的感染大多较轻，所以往往不易得到家长的重视。这个病的整个病程仅为7~10天，所以称为暂时性髋关节滑囊炎。

暂时性髋关节滑囊炎有何表现？

- 发病急。
- 以一侧髋、膝关节疼痛为主要表现。

年龄较大的孩子可准确地叙述疼痛部位和疼痛性质，而较小幼儿往往以拒绝行走为主要表现。病情较重的孩子，甚至不能站立，不能行走；而病情较轻的孩子，只出现行走姿势异常。行走姿势异常是一种自我保护的姿势，这也就是突然瘸的原因。运动不便的一侧即是发病侧。医生根据前期的感冒病史、急性发病情况，结合X线检查，在排除其他相关疾病的同时，即可做出诊断。

如何进行治疗？

最好的治疗办法是：卧床休息或限制腿部活动1~3周。

在充分休息的同时，可使用一些非激素类的抗炎镇痛药物，以缓解髋关节的肿、痛。可选用儿童常用的布洛芬，也就是儿童发热常用的退烧药——美林。也可使用外用的扶他林乳剂进行局部按摩。

小提示

休息并用药3~4天后，应该再去看医生，以得到很好的复诊。

会留下后遗症吗？

通常认为这是一种良性疾病，来得快，去得快，不会造成生命危险和残疾，用不着特别复杂的治疗方法就会好转。

不过，疼痛持续10天还未缓解，应该再次复诊，排除化脓性关节炎、关节结核、风湿性关节炎等疾病，以免延误治疗。

小提示

即使10天内病情完全缓解，也要于病后3~6个月进行复诊。因为极少数患过暂时性髋关节滑囊炎的孩子，日后可能发生股骨头无菌性坏死。

诊室小结

其实，在日常生活中，孩子突然变瘸这样的现象并不少见。很多孩子由于病情较轻，加上小男子汉们意志坚强，不易引起大人的注意。

作为父母遇到这种情况不必过于惊慌，但也不要太大意。

- 及时就诊，进行髋部X线检查。
- 最大限度限制孩子的下肢活动。
- 在医生指导下，适当使用消炎镇痛药物。
- 定时复诊，确保孩子的健康成长。

养育笔记

悉心护理

　　稚嫩的宝宝，需要细心呵护。定期体检、清洁卫生、保暖消暑、安全和健康防护、生病时的护理和生病后的恢复……甚至宝宝生活用品的选择和使用，都需要爸爸妈妈细心对待。

　　护理，无疑要花费掉爸爸妈妈大量的精力。但这一切都是值得的。良好的护理为宝宝建立了生活中的健康安全体系，他就会少生病，即便生病了，也能较快地痊愈和恢复。

　　下面我们就一起来学习科学护理宝宝的知识和技巧。

第十四单元
日常护理

本单元你将读到以下精彩内容：

- 干净并不等于无菌。一定空间或物品上含有少量细菌，不足以致病，常规换气、清洗就可以做到干净。
- 不要以孩子的手脚温度作为判断孩子的冷暖和穿着是否合适的尺度，应该以颈部温度作为标准。
- 准备要二宝时，要安排好照顾大宝的人。不要拿大宝、二宝相比较，每个孩子生长发育的步伐都不同。

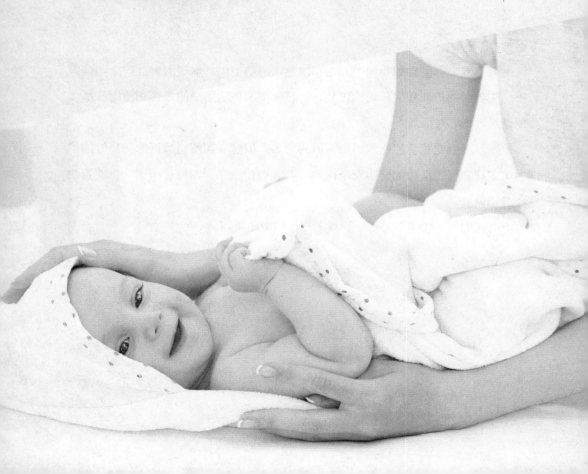

第72课
早产宝宝出院以后

如果你的小婴儿是早产儿，当小家伙儿终于要出院回家时，会令你欣喜若狂，可又不知所措。面对这个瘦弱的小婴儿，究竟该如何更好地照顾他呢？

早产儿的世界需要更多呵护

十月怀胎，一朝分娩，新生命就此诞生。可有些小生命会因各种各样的原因早早来到这个世界。我们平日提到的十月怀胎，指的是40周的孕期；在未满37周的孕期就降生的，医学上称为早产儿。一般早产儿的出生体重不满2500克。由于早产婴儿发育不够成熟，出生后会在医院的新生儿监护中心进行特别护理和治疗。

早产儿的不成熟表现在6个方面

● 不能维持正常体温，所以早产儿需要在暖箱内进行培育。

● 呼吸费力或出现呼吸暂停。不成熟的肺影响了早产儿呼吸，往往需要人工呼吸机及一些特殊药物，以帮助其成熟。

● 早产儿的肝功能不成熟，所以皮肤黄疸出现早，而且程度较重。不及时采取光疗等措施控制黄疸的进程，会出现大脑的不可逆的损伤——医学上称为胆红素脑病。

● 早产儿肝功能不成熟还可导致全身出血，特别是脑出血、肠出血。维持早产儿体温稳定、血糖正常、呼吸平稳等是预防出血的基础。

● 营养是人类生存的基础。可早产儿往往不能进行正常吸

诊室镜头回放
早产宝宝回家后该如何护理？
30岁的小青怀孕期间不幸合并严重高血压，不得已，在怀孕第32周进行了剖宫产，生下了体重仅有1300克的男宝宝。

宝宝出生后因为呼吸费力，而被实施了气管插管，并通过气管插管注入了一种称为"肺表面活性物质"的促进肺成熟的药物，接着又使用氧气和人工呼吸机3天。小家伙逐渐能自主呼吸了，可仍然需要在暖箱内培育。

由于吃奶力气不足，护士每次喂奶不是让他吸吮奶瓶，而是通过一根从鼻孔插入胃内的细管，将母乳及母乳添加剂慢慢注入胃内。就这样，孩子的体重一天天增长，生活能力也一天天提高了。

当体重达到2000克时，小宝贝终于被移出了暖箱，并开始试用奶瓶喂奶。当体重达到2500克时，小青两口子得到了通知，他们的宝贝可以回家了。可在欣喜若狂的同时，更多的是担忧。回家后如何照顾婴儿？孩子何时应复诊……

吮，需要一根插入胃内的细管进行喂养，而且正常母乳或配方粉不能满足他的需求，需要在母乳中加用母乳添加剂。

● 新生儿的免疫系统发育不成熟，早产儿更是如此。全身感染是最容易出现在早产儿身上的病症。注射免疫球蛋白和必要的抗生素可预防及控制感染。

闯过这"六关"后，早产儿就有可能出院回家了。当孩子住院时，全家会为小宝宝担忧、焦急；可得知小宝宝即将出院，全家又会乱作一团、不知所措。原因是家长不知道在家中如何更好地照顾这个瘦弱的孩子。

当早产儿出院后

早产儿出院后，医生应同父母一起共同关注孩子的健康。关注的方面包括：

耐心喂养

喂养是生长发育的基础。由于瘦小的婴儿出生后即经历了痛苦的磨难，各方面能力较正常婴儿差，表现为吃奶的力气不足。由于孩子嘴小，应选用适宜的奶头；由于吸吮力气不足，应耐心喂养。一般出院初期，一次喂奶多需要30～40分钟。而且，喂奶期间孩子经常会睡着。可以抚摩耳部弄醒孩子，完成喂养。由于控制胃部入口处贲门肌肉发育不成熟，很容易出现喂养后的呕吐现象。遇到这种现象时，应将孩子置于侧卧位。这时，一侧嘴角处于低处，口腔内存留的呕吐物易于流出口腔。

小提示

千万不要竖抱孩子，这样存留口腔内的呕吐物会呛入气道，引起吸入性肺炎。

预防接种

当孩子体重达到2千克时，可以考虑实施预防接种。由于孩子出生体重不同，经历的疾病过程也不同，达到2千克的早晚差异较大。今后的预防接种程序只能因人而异，由医生为孩子制订特殊的预防接种时间表。家长应该根据这特殊的时间表到当地保健部门为孩子进行接种。

小提示

进行预防接种前告诉医生孩子是早产儿，提醒他做出相应的计划并采取措施。

家庭用药

由于早产儿出生时发育不成熟，生后培育治疗过程会促进器官功能逐渐成熟起来，可仍然会存留一些问题。比如，贫血、骨发育不良(如早产儿佝偻病)、慢性肺功能异常(如支气管肺发育不良)、视力发育异常(如早产儿视网膜病)等。由于每个孩子的情况不同，孩子出院回家后会服用或吸入一些药物。给小婴儿喂药不是件容易的事情，在医生的许可下，可以将一些药物随奶同时喂入，这样可以保证药物的服用。

小提示

对于吸入药物，应在喂奶前完成，以避免呕吐。

发育评估

生长发育

由于早产儿出生体重差异很大，如何评价他的生长发育是一件较难的事情。现在，有早产儿生长发育曲线图可以帮助我们做出正确评估。当孩子生长达到母亲的预产期——40孕周时，可以改用正常婴儿生长发育曲线图，使用正常婴儿生长发育曲线图时应注意采用矫正月龄进行评估。

矫正月龄=出生后月龄-(40-出生时孕周)/4，例如，孕周只有32周的小宝宝，现已出生3个月，他的矫正月龄=3-(40-32)/4=1个月。这时可将孩子的身高、体重和头围与正常婴儿生长发育曲线图中1月龄进行比较。矫正月龄使用到孩子满24个月(2岁)时。

视听发育

在孩子出院前医院应对早产儿进行第一次听力筛查。家长一定要向医生询问结果。如果筛查没有通过，应根据医生的安排进行复查。若已通过筛查，家长也应注意孩子对声音的反应。存在任何疑虑，都应进行再次听力筛查或诊断性评估。再次筛查或诊断性评估应在耳鼻喉科进行。

早产儿视网膜血管发育往往不成熟，这种情况称为早产儿视网膜病。目前已有明确规定，对出生体重小于1.5千克的早产儿，于生后4～6周进行早产儿视网膜病筛查。发现问题及时治疗，可避免或减轻今后孩子视力异常的出现或程度。

呼吸功能

对于存在支气管肺发育不良的婴儿，应在医生指导下进行呼吸治疗。只有坚持治疗，才能改善孩子今后的状况。

行为发育

早产儿出生后脑发育过程中也会存在各种异常情况。定期请具有指导孩子生长发育经验的医生检查，以便及时发现问题，及时进行早期干预和矫正。只要孩子在出生后一个月内不存在脑出血、不存在先天性脑发育异常等遗传或严重损伤性脑病，定期接受医生的指导后，孩子的行为发育与正常儿童间不应有明显差异。

社交能力

由于孩子是早产儿，有些家长不愿让孩子接触其他孩子或成人，以避免呼吸道感染等。这样往往影响了社交能力的培养。良好的社交能力培养将非常利于婴儿大脑的发育。当然，要到孩子稍大一些，身体强壮一些再进行这样的交往。

早产儿刚一到人世就经历了生死磨难，在生长过程中，应得到家长、医生及社会各界人士的关注。也应在医生的指导下，实施科学的循序渐进的早期干预（见附录2：早产儿宫内生长曲线）。

[第]73[课]
安抚奶嘴的传言与事实

安抚奶嘴会让孩子的牙齿排列不整齐，会使孩子拒绝接受妈妈的乳头，会让孩子产生依赖……关于安抚奶嘴的种种传言，让许多妈妈对它产生极大的排斥感。事实真的如此吗？

关于安抚奶嘴的传言很多，而且大多是负面的，而它的"功劳"却被掩盖住了。现在，就让我们将传言与事实做个对比吧。

传言：没必要给孩子安抚奶嘴

事实：小宝宝，特别是6个月以内的小婴儿，更需要安抚奶嘴的帮助。当他们感到肠胀气、饥饿、疲惫、烦躁，或是试图适应那些对他们来说既新鲜又陌生的环境时，会需要特别的安慰和照顾。如果吃东西、轻轻晃动、爱抚等方式还不能使他平静下来，他就会开始吸吮手指，这时，可以考虑给小宝宝使用安抚奶嘴了。

宝宝通常对安抚奶嘴的大小和形状很挑剔，所以在最开始的时候，要多给他试用几个不同形状、大小的安抚奶嘴，观察他的反应，直到他满意为止。对于习惯于吸吮手指的宝宝，可将乳汁或果汁涂于安抚奶嘴上，诱导宝宝接受安抚奶嘴，戒除吸吮手指。

传言：安抚奶嘴会使孩子形成乳头混乱，影响母乳喂养

事实：小宝宝们非常聪明，他能清楚地知道妈妈的乳头和塑料制品之间的差异。当小宝宝需要妈妈的照顾、安慰时，他会选择妈妈，而不是安抚奶嘴。研究显示，关于安抚奶嘴会影响母乳喂养的说法是没有事实根据的。恰恰相反，安抚奶嘴还可能促进

诊室镜头回放1
长期使用安抚奶嘴，会影响牙齿发育吗？

刚过满月小宝就开始吸吮自己的右拳头，2个月起开始吸吮大拇指。妈妈怕他将手上的细菌吃到肚子里，不让他吃手，可又阻止不了。爸爸建议让宝宝吸安抚奶嘴，妈妈却认为长期吸吮安抚奶嘴有可能会影响牙齿的发育。双方各持己见，谁也说服不了对方。

诊室镜头回放2
宝宝总爱吃手

强强8个月了，仍然酷爱吃手，连睡觉都要吃，左手拇指都吸出了厚厚的茧子。父母试图给他换成安抚奶嘴，可强强不接受；将辣椒水涂在手指上也不见效。眼看着孩子的牙齿一个个长出来了，父母担心会影响到他牙齿的发育。

母乳喂养。因为安抚奶嘴让孩子能够自我安慰，就能让疲惫的妈妈腾出时间来好好休息，身体得到尽快恢复，促进乳汁的分泌。但最好等到孩子出生三个星期以后，再给他使用安抚奶嘴。

传言：使用安抚奶嘴会影响孩子牙齿的发育

事实：这种说法不全面。安抚奶嘴是否对孩子的牙齿造成损害，要根据使用的频率、程度、时间长短判断。如果孩子只是在1岁以前偶尔使用安抚奶嘴，不会影响牙齿的发育。但如果孩子安抚奶嘴总不离嘴，确实会对牙齿有影响：出牙时间比其他孩子要晚，或是牙齿排列不整齐。所以，孩子1岁以后就不要再使用安抚奶嘴了。

另外，吸吮手指和吸吮安抚奶嘴相比，前者对牙齿的影响更严重。安抚奶嘴由盲端奶头和扁片组成。盲端奶头可以防止孩子吞咽进较多的空气，而扁片可以通过反作用力的方式缓解孩子吸吮造成对牙齿和牙龈的影响。

传言：用安抚奶嘴会使孩子有依赖性，很难戒掉

事实：大多数孩子到了6~9个月的时候会主动戒掉使用安抚奶嘴的习惯。这时，孩子开始学习坐、爬等技能，这些不断增长的技能和控制能力，让他们觉得很满足，于是，安抚奶嘴就不那么重要了。很多孩子即使平时不再用安抚奶嘴了，但睡觉时仍然要用。遇到这种情况，可以适当延长使用安抚奶嘴的时间，但最晚不能超过两岁。如果孩子两岁还不能改掉这个习惯，可以采用"强制"的办法，如外出旅游、换居住地等，让安抚奶嘴"突然"消失。虽然头几天孩子会不适应，但这个过渡不会太难。

传言：孩子习惯于含着安抚奶嘴入睡不好

事实：其实只是一部分孩子会这样，但这不见得就是件坏事。如果安抚奶嘴能帮助孩子顺利入睡，使他形成有规律的睡眠，那就是件非常好的事。通常孩子睡着后，安抚奶嘴会从嘴里掉出来，他会不高兴，甚至哭闹不止，因而影响睡眠，这时你可以将它重新放入孩子口中。等孩子到了6个月左右，会自己把掉出去的安抚奶嘴找回来。

传言：使用安抚奶嘴可以减少婴儿猝死

这种说法很有可能。通过对500个有小婴儿的美国家庭调查发现，睡觉时使用安抚奶嘴的孩子发生猝死的概率要比没使用的孩子低3倍。专家研究发现，主要原因是小宝宝口含安抚奶嘴入睡时，一般不会用俯卧的睡姿，这样就减少了窒息的发生。而且使用安抚奶嘴的宝宝睡觉时都比较敏感，如有不舒服的感觉会主动醒过来。这些特点都可以防止发生猝死。

传言：使用安抚奶嘴的孩子患中耳炎的概率更大

这种说法有一定的合理性。如果孩子把带有细菌的安抚奶嘴放到嘴里，就有可能引发炎症，所以要记得每天清洁他的安抚奶嘴。其实，吸吮手指更容易吞咽进细菌。

传言：吸吮安抚奶嘴有助于让孩子养成用鼻呼吸的习惯

这个观点有一定合理性。用鼻子呼吸可以防止外在的病毒和病原菌侵入体内，用嘴呼吸则办不到。研究发现，孩子在使用安抚奶嘴的过程中，能养成闭口的习惯，自然就促使他学着用鼻呼吸。要注意的是，孩子一旦习惯了用鼻呼吸(尤其是1岁以上的孩子)，就不要刻意让他使用安抚奶嘴了。

安抚奶嘴的安全提示

- 每天定时用开水冲烫安抚奶嘴。如果碰到脏东西或掉在地上，应马上清洗干净。
- 不要在安抚奶嘴上系绳子。过长的绳子可能会缠绕住孩子的颈部或者胳膊，发生意外。
- 及时更换新奶嘴。有裂纹、有小孔以及部件不齐全的安抚奶嘴需要及时更换。一般两个月就要换一次新的，如果孩子吸吮的力量很大，更换更要频繁。
- 提防孩子把安抚奶嘴咬掉、咽下，阻塞气管，发生窒息。如果怕孩子总是咬安抚奶嘴，就要给他准备磨牙的安抚奶嘴。

● 尽可能选择和妈妈乳头形状相似的安抚奶嘴。

● 吸吮安抚奶嘴是可以替代吸吮手指的习惯。对于本身就不喜欢吸吮手指的孩子来说，没有必要训练他吸吮安抚奶嘴。

● 孩子1岁以后，要逐渐转移他对安抚奶嘴的依赖。

养育笔记

[第]**74**[课]
藏在湿纸巾里的消毒剂

孩子的手脏了，你通常用什么方法帮他清洁？是用水冲洗，用湿毛巾擦，还是用湿纸巾擦？如果是用湿纸巾擦，那么你可要注意。

干净 ≠ 无菌

"病从口入"，妈妈们都深知这个道理。为了阻挡细菌进入自己宝宝的体内，让自己的宝宝健健康康的，妈妈们将"把好手—口关"贯彻得很彻底，上面提到的那两位妈妈就是如此。孩子的手是最容易接触细菌的，加上孩子爱吃手，爱用手抓东西吃，所以手也就成了家长的重点清洁对象。以前，家长常用湿毛巾或手绢给孩子擦手，现在有了方便的湿纸巾，而且消毒效果更好，家长当然就把湿纸巾当成首选的清洁物品了。

讲究卫生、保持干净没有错，但现在很多家长对于"干净"的要求过高，恨不得宝宝一点细菌都不沾才叫干净了。其实，干净并不等于无菌。一定空间或物品上含有少量细菌，不足以致病，常规换气、清洗就可以做到干净。而无菌指的是一定空间或物品上几乎不含细菌，是通过消毒才能达到的。

消毒剂正以干净的名义跑到宝宝肚子里

要消毒，就必须使用消毒剂。常用消毒剂是无色透明的固体颗粒，溶于水后是带有微弱气味的无色液体，只有液体状的消毒液才可起到消毒作用。现在市面上的湿纸巾很多都带有清洁剂、

诊室镜头回放1
总是用消毒湿巾给宝宝擦手

5个月的丹丹还在接受全母乳喂养，长得非常健康。可是从1个月前，妈妈发现丹丹的大便里似乎有一种黏液样的东西。经过大便检查，发现大便中含有白细胞和红细胞，曾被诊断为细菌性肠炎，可用抗生素治疗效果却不明显。1个月来，丹丹大便中时常含有少许白细胞和红细胞，令妈妈非常担心：这孩子是不是得了什么难治的病？于是带着丹丹来到了诊室。

在看病的过程中，医生发现丹丹一吃手指，妈妈就马上用消毒纸巾给她擦手。可没过几分钟，丹丹又把手放到了嘴里，于是妈妈又擦……通过询问，得知妈妈为了让丹丹的小手保持干净，已经给她用

消毒纸巾擦手1个月了。丹丹大便不正常后，妈妈觉得自己的卫生工作没做好，给孩子擦手擦得更勤了。

医生建议妈妈停止用消毒纸巾给孩子擦手，并口服益生菌药物。此后，丹丹的大便情况开始见好，两周后大便恢复正常。

1岁了还长鹅口疮？

妈妈无意间发现女儿心心的嘴唇里面粘上了不容易去除的"奶膜"，听其他家长讲可能是鹅口疮。可鹅口疮通常在新生儿期较常见，怎么1岁的心心还会患上？

医生给心心检查时发现，不仅她的上下嘴唇内膜都有白色的附着物，就连口腔内、咽部统统被白色黏膜所覆盖，试图剥离白色黏膜可见少许出血，确实是典型的鹅口疮征象。

仔细询问孩子的情况后得知，近来心心开始自己走路，但还走不稳，经常摔倒，小手也弄得

杀菌剂等消毒成分。用这样的湿纸巾给孩子擦手后，手上的细菌是被消灭了，可是消毒剂的水分蒸发后，消毒剂的固体颗粒就会留在孩子的手上。当孩子吸吮手指时，消毒剂颗粒就会溶于孩子的唾液内，进入胃肠道。

消毒剂颗粒进入孩子的胃肠后，会杀灭孩子肠道本身存在的正常细菌。而肠道中的正常细菌不仅可以帮助人体消化吸收食物中的营养物质，还能保护肠道黏膜免受致病菌的侵袭，抑制致病菌在胃肠内过度繁殖，避免疾病的发生，这些对人体有益的细菌就是益生菌。而消毒剂不可能区分出哪些细菌对人体有益，哪些细菌对人体有害，一视同仁地全面杀灭，结果就会导致肠道内菌群失调。

消毒剂会带来哪些伤害？

肠道黏膜表面的细菌层受到破坏，肠道黏膜暴露在外，自然会造成黏膜损伤。损伤的黏膜会出现炎症样反应，导致大便中出现少量的红细胞和白细胞。肠道黏膜损伤后，不仅大便中会带有少量红、白细胞，而且还会影响食物中营养素的吸收，会令孩子感觉胃肠不适，出现轻度腹泻、腹痛等。第一个例子中的丹丹就是这种情况。

肠道正常细菌可以抑制致病菌在肠道内过度繁殖。正常状况下，我们也会不断吃入对人体有害的细菌，但是每次吃进去的数量有限，而且会被肠道中对人体有益的益生菌抑制住。霉菌，就是存在于人体内却长期受到益生菌抑制的一类病菌，所以肠道正常菌群是霉菌的天敌。如果肠道菌群受到消毒剂破坏，霉菌就会大量繁殖，形成霉菌性胃肠炎，包括口腔在内的整个消化系统就会形成白膜样霉菌附着现象。人们常将口腔黏膜内的白色附着现象称为鹅口疮，其实见到鹅口疮，就意味着整个消化系统都会出现类似的表现。第二个例子中心心的问题，就是因为消毒剂进入

体内，造成肠道菌群失调，引发霉菌大量繁殖而出现的。

可见，干净和无菌是不同的，在日常生活中，我们应该保持干净，但应该避免无菌，因为无菌对于我们的正常生活是有害的，对孩子来说更是如此。保持孩子肠道的正常菌群，不仅可以避免孩子的胃肠受损，促进营养吸收，还可避免胃肠感染或加速胃肠感染的恢复。

所以，千万不要好心办坏事，让消毒剂伤害到孩子的胃肠。

诊室小结

● 保护孩子小手干净非常重要，但方法要得当。

● 可以使用清水清洗过的湿毛巾或手绢给孩子擦手，尽量不使用消毒湿纸巾。

● 如果使用了消毒湿纸巾，应该再用清水清洗孩子的双手，以清除手上的残余消毒剂颗粒，避免慢性消毒剂食入现象的发生。

脏脏的。可心心玩一会儿就要吃些小饼干之类的零食，妈妈怕她用脏手抓东西吃不卫生，每次吃东西前都用湿纸巾给她擦手。

听到心心确实患了鹅口疮，妈妈很郁闷：鹅口疮是不注意卫生造成的，我都已经那么严格地给孩子的小手清洁、消毒了，怎么还会感染鹅口疮？给心心开了鹅口疮特效药——制霉菌素，并联合益生菌治疗，5天后，孩子的鹅口疮基本消失，一周后，口腔黏膜全部恢复正常。

养育笔记

[第] 75 [课]
尿布皮炎

小屁屁的问题永远是妈妈们讨论的热点之一。纸尿裤好还是尿布好？护臀膏用还是不用？便便后用纸巾擦好还是用水冲洗好？……可别小看这些貌似琐碎的事，要知道，一不小心，宝宝就会出现红屁屁，也就是尿布皮炎。

3个原因，让小屁屁遭遇尿布皮炎

围绕小儿外阴和肛门的区域都属于尿布区域，这个区域皮肤出现皮疹、破溃、渗出或者任何皮肤问题，都称为尿布皮炎。

说到尿布皮炎之前，我们先了解一下皮肤的简单结构。皮肤由外表的表皮、表皮下的真皮和皮下组织、皮肤附属器组成。其中的表皮具有非常重要的生理意义，因为它不仅可阻止外来细菌进入人体，还可以阻止任何化学物质进入体内，所以，皮肤被称为人体的第一道生理天然屏障。

这层关键的屏障一旦受损，细菌、外界的化学物质就可乘虚进入人体，导致皮肤出现损伤，即皮疹。尿布皮炎就是由皮疹和皮炎共同组成的皮肤改变。

引起尿布皮炎的因素主要有3个方面

因为局部潮湿引起皮肤过度水化和温度增高

不管是纸尿裤还是尿布，包裹的时间过长，使包着尿布部位的皮肤水分蒸发减少，就会导致局部潮湿。皮肤被潮气浸泡，就会出现皮疹，甚至糜烂。

用了护臀霜，红屁屁没有好转

近来天气逐渐转暖了，可小老虎妈妈的烦心事也来了，因为她发现最近孩子小屁屁的皮肤开始变红。于是妈妈用了护臀膏。可是，小老虎的红屁屁不但没有见好，反而越来越严重。仅仅4天时间，小屁屁就开始脱皮，甚至出现微微渗水的现象。本来妈妈认为小屁屁发红是小事一桩，没想到会变得这么严重，只好求助于医生。

用湿纸巾依然出现了红屁屁

皮皮已经9个月了。两天前皮皮出现发热，紧跟着又出现腹泻，医生诊断为轮状病毒性肠炎。由于皮皮每天七八次地排黄色蛋花汤样稀水便，为了防

摩擦局部皮肤

尿布本身会对皮肤造成摩擦，清洁大小便时，特别是使用湿纸巾擦拭时，也会摩擦局部皮肤。如果小屁屁的皮肤本身已经被潮气浸泡，再加上摩擦，特别容易导致局部皮肤破溃，加重皮肤损伤。

尿液和粪便的浸泡

尿液和粪便浸泡小屁屁的皮肤，是引起尿布皮炎的主要因素。尿液本身释放的氨可导致局部环境形成高pH环境，致使局部皮肤上细菌增生，加上粪便中消化酶对皮肤的损伤，局部皮肤的过度水化、湿度高，受到摩擦刺激等原因，非常容易出现局部皮炎。宝宝尿布区域的皮肤常见的微生物有白色念珠菌(一种真菌)和金黄色葡萄球菌(皮肤常见细菌)等。

3步治疗尿布皮炎

尿布区域湿热、高pH环境是发生尿布皮炎的重要环节，因此，尿布皮炎的治疗应该包括下面3个步骤：

保持尿布区皮肤的清洁和干燥

干燥要比清洁更重要。除了及时给宝宝更换尿布外，用水清洗小屁屁要比用纸巾擦拭好。清洗后先不要马上包上尿布，让小屁屁自然晾干或用吹风机吹干后，再换上干净尿布。只要做到这一点，用纸尿裤和尿布并没有什么根本不同。

使用屏障保护剂

使用含羊毛脂、氧化锌、凡士林等活性成分的屏障保护剂，可保护皮肤免受湿热的刺激。

使用抗真菌和抗细菌的药物

如果医生确定宝宝的小屁屁存在局部感染，可根据医生的建

止小屁屁的皮肤受到损伤，每次排便后，妈妈都会认真地用湿纸巾给皮皮擦拭臀部。即使这样，第二天孩子小屁屁的皮肤还是发红、渗水了。经过护臀膏、抗生素药膏的护理，几天后，皮肤渗水有所好转，但是小屁屁的皮肤仍然发红。

诊室镜头回放3

是不是尿布惹的祸？
6个月的晶晶从出生起就一直使用纸尿裤，一切情况很好。奶奶从老家来看孙子，认为纸尿裤不透气，执意给换成了尿布。还没用两天，晶晶的臀部皮肤就开始发红，继而又发展成破溃、渗水。看到这种情况，晶晶的父母认为是尿布惹的祸，可奶奶却坚持认为纸尿裤不能用，谁也说服不了谁。

议使用抗真菌和抗细菌的药物，比如，达克宁、红霉素等。对于严重的尿布皮炎可考虑加用一些1%氢化可的松软膏。

预防和治疗尿布皮炎，应该注意以下几点

- 尽量减少尿布的使用时间。

- 及时更换尿布，注意尿布区的干爽和清洁，其中干爽最重要。

- 在宝宝出现尿布皮炎前，先使用屏障保护剂，比如护臀霜或润肤露等。

- 如果宝宝已出现尿布皮炎，轻度的可先用鞣酸软膏、氧化锌软膏等;中、重度尿布皮炎要加上少许外用激素软膏；合并感染时采用相应抗感染治疗。

养育笔记

[第]76[课]
预防着凉，从细节着手

冬天天气冷，家长的关注重点之一就是别让孩子着凉，以防孩子患上感冒等呼吸道疾病。可总是防不胜防，不知不觉中孩子又感冒了。孩子穿得也不少了，家里温度也不低了，到底是哪个环节出了问题？

冬季，如何避免孩子着凉？

预防着凉最好的办法就是预防孩子在冬季时出汗。由于孩子心脏的收缩能力有限，每次心脏搏动时达到四肢末梢的血液相对较少，造成孩子的手脚偏凉。因此，不要以孩子的手脚温度作为判断孩子的冷暖和穿着是否合适的尺度，应该以颈部温度作为标准，只要颈部温暖就说明孩子并不冷，不用再加衣服和被褥了。

再有就是给孩子洗澡。家长往往比较注意洗澡间和洗澡水的温度，所以，洗澡过程中孩子其实不容易着凉。但是，洗澡后如果不能将孩子的身体，包括头发、腋窝等皱褶处擦干，即使衣服穿得再厚，仍然可能受到室内相对较冷温度的影响，使孩子着凉。

着凉的前因后果

上面两种情况，你猜哪一种容易令孩子着凉感冒？看了我们的分析，你马上就能找到答案。

要想知道孩子为什么会着凉，要先从人体皮肤如何调节体温说起。

我们的皮肤上有丰富的血管和汗腺，当环境温度增高时，皮

诊室镜头回放1

孩子是着凉了吗？

1岁零2个月的贝贝已感冒3天了。姥姥认为是因为洗澡的时候着凉了。

我询问家长后了解到，进入冬季后，家中温度基本维持在25～26℃。孩子白天在家穿着针织内衣和棉衣，出门时外面再加上大衣，晚上睡觉穿着针织内衣并盖着被子。平时孩子的手脚都挺暖和，有时还有微汗，偶尔会发现孩子手脚偏凉。每天给孩子洗澡一次，因为担心洗澡时着凉，所以每次给孩子洗澡时都是全家出动，洗完后赶紧擦干身体并穿好衣服。

我又详细追问给孩子洗澡后是否保证孩子的身上都擦干了，家长迟疑地表示不能保证将孩子身上全部擦干，特别是头发、颈下、

腋窝等部位还是有些潮湿。他们的理由是，如果保证这些部位都能擦干，必然需要较长时间，唯恐孩子会因此着凉。

诊室镜头回放2

这个宝宝是这样穿的

在一个冬天的上午，1个1岁零2个月的宝宝，只穿一身稍厚的针织服，外面套大衣，由家长送到医院进行体检。进门后，家长将孩子的大衣脱掉。孩子看起来很舒服、自在。

经过与家长交流，我了解到，入冬后，宝宝家中的温度基本维持在22～24℃。平素白天孩子穿着稍厚的针织服，外出时穿上大衣；晚上睡觉时换上薄的针织服，盖上被子。平时孩子手脚偏凉，不过家长认为孩子身上温暖就可以了。他们也是每天给孩子洗澡，但每次洗完澡，给孩子擦拭身体后，他们会给孩子穿上浴衣，并用吹风机将孩子的头发吹干。一般在浴室要待上15～20分钟，等孩子全身都干爽后，才换上衣服回到卧室。

肤血管就会舒张，同时汗腺分泌汗液，夏天天气炎热的时候，人的皮肤会发红、出汗，就是这个原理。因为这样可以达到散发身体内多余热量的作用，维持体温恒定于36～37℃。相反，环境温度下降后，皮肤血管会收缩，汗腺关闭，以保持体内温度不会降低，同样达到恒定体温的目的。当天气特别寒冷时，皮肤的立毛肌还会收缩，以保证体内温度尽可能少地散发到环境中。除了皮肤具有调节体温作用外，呼吸道也会通过调节呼吸频率、控制呼出气体的湿度等方式散发或保存人体内热量，达到恒定体温的作用。

这种恒温动物普遍具有的生理现象也适用于孩子。只是孩子通过皮肤调节体温的作用不够强，如果冬天孩子因为穿得过多而出汗时，一旦吹了凉风，汗液会迅速变凉，但是皮肤立即收缩的功能不能马上跟上，造成体温一过性降低，以致体内状况发生改变，使存在于环境中的病菌有机可乘，侵入孩子体内，出现呼吸道感染。在冬季，通常室内温度都会低于体温，而孩子出汗时，汗液与体温的温度是一样的，这样室内温度自然就成了凉风。孩子洗澡后，皮肤毛细血管处于舒张状态，身体表面存有水迹，遇到室内同样的温度，就会造成出汗一样的后果。由此可以看出，着凉就是体内温度突然降低，造成呼吸道病菌侵袭所致。也就是说，着凉不是导致呼吸道患病的原因，而是患病的诱因。着凉这种现象不仅存在于孩子，成人也会出现。比如，出了一身大汗后马上冲凉水澡，就会着凉，出现发热、咳嗽等症状。

[第77课]
旅游中常见宝贝健康问题

计划带宝贝去旅游，要做的准备可真不少，因为身边多了个小人儿。在快乐享受山水的时候，还要保证孩子身体健康。为了做到心中有数，你需要知道在旅游中孩子最容易得什么样的疾病，该怎么去预防，一旦发生了该怎么办。

常见问题之一：腹泻

宝贝资料：悦悦，3岁；家庭旅游目的地：泰国曼谷

父母述说

"曼谷的自然环境与北京相差很大，饮食上更是如此。丰富且新鲜奇异的各种海产品和水果一下子吸引了悦悦。我们虽然'非常认真'地处理了食品，但毕竟出门在外，不像在家，能认真清洗与加工。不幸的是，当天晚上孩子就出现了高烧和腹泻。"

诊断结果

高热同时存在腹痛，并排出恶臭的、带有黏液的大便。这是典型的细菌性肠炎，属于感染性腹泻。

案例分析

医学上，将旅游期间出现的腹泻称为旅游者腹泻，其中感染是最常见的原因。感染性腹泻是通过当地受到污染的食物和水源，由致病的细菌、寄生虫和病毒所致。其发病迅速，常见于发展中国家，特别是气候较为炎热的地区。发病高危险区包括亚洲的大多数地区、中东地区、非洲、美洲的中部和南部。主要有以下几种情况：

30%~60%的腹泻是由于细菌所致。常见的细菌包括沙门氏菌、致病性大肠杆菌、痢疾杆菌、霍乱弧菌等。这些细菌非常容易存活于潮湿的环境中，特别是营养丰富的不熟的或存放过久的食物。旅行中常吃不熟食品，比如，加工不是非常熟的海鲜，或是冷藏食品（汉堡包等快餐食品），容易受到细菌的污染。

10%的腹泻小儿可能患上寄生虫感染。这种病的特点主要是急性期为暴发性腹泻，大便水样，具有恶臭味，有时带血，伴腹胀、恶心或腹痛；病程持续3～4天，但也可持续数月转为慢性腹泻。

少数小儿也可患上病毒感染，以轮状病毒感染为多。小儿排大量蛋花汤样大便，每日次数较多，非常容易合并脱水。

预防建议

充分清洗、蒸煮食物，选择合格的水源。

腹泻治疗思路

● 尽快服用胃肠黏膜吸附剂，如思密达。既可保护受损的肠黏膜，免受病菌和过敏原的侵袭，又可吸附肠道中的病菌。

● 对于伴有发热的小儿，选择适当的抗生素。由于腹泻主要侵犯肠道，特别是小肠和结肠。因此，所选用的抗生素最好是在小肠以下才可被吸收的药物，如阿莫西林等。一般不推荐小儿服用黄连素、痢特灵、利福平等药物。据研究表明，这些药物对小儿骨骼发育可能会有一定的影响。

● 补充足够的水分，最常选用的是口服补液盐。

● 如果小儿频繁呕吐以致不能经口补充水分，或者已出现严重脱水症或出现神志改变时，就应及时将小儿送往医院接受治疗。

● 尽可能进行大便检查，寻找和确定腹泻的病因。

● 旅游归来后，不论孩子病情是否好转，一定要接受儿科医生的全面检查。以防存留慢性腹泻的问题。

常见问题之二：过敏

宝贝资料：婷婷，5岁；家庭旅游目的地：海南

父母述说

"虽然过去也吃过不少海鲜制品，但这次到了海南，才算吃到真正新鲜的海货。可刚到海南，大吃了一顿，还没来得及出去玩，婷婷全身就出现很多红色疹子，又吐又泻。我们以为是吃了什么不干净的东西，还与饭店的经理理论了一番。既然呕吐、腹泻了，所吃的食物自然简单了许多。没想到，1天后，婷婷就逐渐好转起来。"

案例分析

过敏是旅行中另一常见健康问题，主要表现为起皮疹、呕吐、腹泻等。过敏性腹泻又称功能性腹泻，发生人数不如感染性腹泻那么多。如内地人到海滨旅游，一次食用过多海产品，即可出现过敏反应，有时食用了不太新鲜的海产品（其中含有较多的组氨酸）就可导致腹泻。

只要停止食用海产品，1～2天内症状多半可以自行终止。

特别提示

生吃海鲜一次不要太多。症状严重时可服用抗过敏的药物，比如扑尔敏、苯海拉明。

常见问题之三：蚊虫叮咬

宝贝资料：扬扬，4岁；家庭旅游目的地：泰国普吉岛

父母述说

"到岛上的第二天，扬扬全身就被蚊子叮咬了很多包。即使白天也无法逃脱蚊虫的光顾。没想到，蚊子大战成了全家关注的主题，真有点扫兴！"

案例分析

在任何地区，只要是炎热的季节，被蚊子叮咬都会经常发生。预防蚊子叮咬不仅是为了减轻蚊子叮咬后的痛苦，关键是预防可能传播的疾病。疟疾、登革热、乙型日本脑炎及黄热病都是由蚊叮而传染的疾病。疟疾在热带及亚热带地区很是普遍；登革热存在于东南亚、南亚、太平洋地区、非洲及中美洲；乙型日本脑炎发生在东亚及东南亚大部分地区；黄热病流行于中非及南美洲。

一般预防建议

● 在亚热带或热带旅行时，应带宝宝尽量避开蚊子多的草地。

● 晚间外出时穿着长袖衫及长裤。

● 用驱虫剂涂在身体外露的部分，防止蚊叮。注意：不要涂在手上，以防宝宝吸吮手指时将药液吞入。

● 晚间睡觉时，最好使用隔蚊帘或蚊帐，还可考虑使用驱蚊器等。

特别提示

● 旅游前向有关医生咨询，或上网查找旅游目的地传染病流行情况。

● 如要预防黄热病可作疫苗注射，有效期为10年。

● 如要预防乙型日本脑炎，亦可作疫苗注射。

● 任何旅游者于旅游后出现发热，都应及时看医生，并说明曾前往旅游的地点。

妈妈们的经验

小药箱

带着孩子去旅游，小药箱是必不可少的。虽说有时根本用不上，可带上了，心里就会踏实许多，万一有情况，就能派上大用场。

——李蓝，女儿5岁

把饭菜先盛出来

去年去云南，我们一家3口是跟着旅游团出去的。吃饭通常是10个人一桌，为了避免交叉感染，在大家动筷子之前，我都会先把菜给孩子夹出来，放在他面前的盘子里。

——秦梅，儿子6岁

水果不要贪吃

说实话，到了泰国特别想放开了吃水果。幸亏一个朋友提醒，她说别让孩子一下吃太多新奇的水果。芒果、山竹……我们都吃了个遍，但每样都少吃。

——林嘉嘉，儿子5岁

[第] **78** [课]
暑期里的"意外烦扰"

意外伤害就是在预料之外的情况下对人体造成的伤害。它包括外伤、中毒、物理创伤、季节性疾病等多种伤害。暑期中常会发生哪些意外伤害呢？

加热不透，食物不洁

在暑期众多意外伤害中，最常见的是夏季疾病如肠道感染。由于家长平日工作繁忙和孩子假期喜欢睡懒觉的缘故，暑期期间的早、午饭常由孩子自行料理。为了减轻孩子的负担，父母往往会为孩子购买许多方便食品放在冰箱中或留有零用钱供孩子自行购买食物。而很多孩子往往不能正确加工从冰箱内取出的方便食品。孩子们通常会犯的错误是：

- 从冰箱内取出的食品用微波炉加热不彻底。
- 冰箱内存放的水果等食用前没有再次清洗。
- 市场购买的水果、蔬菜清洗不净。
- 不能判断街头巷尾出售的熟食品质。

要知道，这些存在于食物中的细菌对孩子相当狠毒，易造成肠道感染甚至痢疾。

空调大开，门窗紧闭

现在，家庭空调很普及，家长容易将室内温度调节过低，造成室内外温差过大，同时由于门窗关闭过严，造成房间空气不流通。空气污浊再加上平日的空调过滤器清洗不够，积存的细菌均可增加孩子呼吸道疾病发生的危险。

游戏无度，规律打乱

孩子独自在家，如果长时间沉迷于游戏机，还会导致头晕、头痛、视力模糊等眼部及大脑疲劳的表现。长此可造成视力减退、记忆力下降。晚上不睡，早上不起。另外，学无准点，饭无定时，打乱了生活规律，也会造成一定的机体紊乱。若沉迷于电子游戏的挑战式情节，常常会使孩子对其他学习活动失去兴趣，对新学期的学习生活相当不利。

渴望探险，忽略安全

暑期外出游玩是孩子们向往已久的事情。但由于孩子喜欢探险却缺少安全教育，往往易造成意外的伤害。轻者表现为皮外伤、骨折，重者出现脑震荡、复合挤压伤等。

除了喜欢探险外，孩子还喜欢采食甜、酸的野果，如果误食了曼陀罗、蓖麻子等有毒果子就会造成中毒，严重者可危及生命。外出旅游期间，被蚊虫叮咬若处理不及时，也可发生皮肤继发性感染。

考试负荷，父母压力

暑假前的考试往往是比较重要的。有些家长对考试成绩不理想的小孩子大发雷霆，挫伤了孩子的自尊心，致使孩子心理压力过大甚至做出一些自残的傻事。

了解了这些"意外"发生的规律和可能性就可以把它们当作可预料之事加以防范。

暑期生活提示

- 帮助孩子保持规律的起居生活，制订一个比平时宽松一些的暑期作息表。
- 教会孩子用微波炉加热食物，告诉他们不同饭菜加热的具体时间。
- 不要让孩子到市场上自行购买熟食制品，特别是肉类或豆制品等易变质的食品。
- 告诉孩子要彻底清洗水果、蔬菜，冰箱内拿出的水果也要再次清洗。
- 外出游玩时，选择适合孩子年龄特点的游玩地点和游伴。
- 不要采摘、品尝野果，特别是不认识的果实。
- 不要将室内温度设置过低，保持室内温度不低于25℃，并经常开门窗，保持空气流通。
- 玩游戏机时间不宜持续过长，一般一次不要超过1小时，每次间隔不要短于4小时。
- 遇到心里不舒服的事情，及时与父母或好友述说解除心中的郁闷。

[第]**79**[课]

生二宝，你准备好了吗？

两个孩子会给家庭生活带来更丰富的感觉，但是，要孩子之前，家长不仅要做好各种物质准备，还要做好处理两个孩子关系的准备以及老大的安抚工作，因为这关系到两个孩子的健康成长。

让妈妈先"退居二线"

准备生第二个孩子时，很多家长会跟孩子说，弟弟或者妹妹要来了。但是对于只有几岁的孩子来说，还不太懂这是什么意思，也没有什么思想准备。等二宝出生了，他突然发现有一个小朋友会跟他争夺妈妈的爱，就会觉得不舒服、不适应，甚至出现反抗的表现。

曾经有一个7岁的女孩因为肚子疼到我这儿看急诊，她爸爸不停地给她揉，一停下她就叫疼。详细询问才知道，她妈妈刚生了一个小宝宝。其实，这个孩子并没有器质性的问题，她就是因为家里新添了小宝宝，心理上不适应造成的肚子疼。

怎样解决这个问题？我建议妈妈开始怀孕的时候，就逐渐退出主要照顾孩子的角色，不再单独照顾孩子，而由爸爸或者奶奶、姥姥主要照顾孩子，哄他睡觉，给他洗澡，喂他吃饭，让孩子从依赖妈妈转而依赖爸爸或其他家庭成员，以后妈妈照顾小宝宝的时候，老大就比较容易接受。

孩子不是妈妈独有的

孩子是妈妈身上掉下来的一块肉，所以，很多时候，妈妈总觉得孩子是自己身体的一部分，自己和孩子是一体的，护犊心切

诊室镜头回放1

二宝出生后，大宝变"娇气"了

3岁的嘟嘟升级做哥哥了，有了一个可爱的小妹妹，爸爸妈妈沉浸在儿女双全的喜悦当中。可是最近妈妈却发现，嘟嘟变得娇气了：原来会穿衣服，现在非要妈妈给他穿，原来外出从来不要抱，现在走几步就要妈妈抱，而且经常说肚子疼……

诊室镜头回放2

老二怎么老生病？

小袁带着快2岁的二宝又来到了诊室，因为二宝发烧了。她苦恼地跟医生说："以前我家老大3岁前除了得过一次幼儿急疹，身体一直很好。二宝不到2岁，已经病了好几次了。是不是因为我生二宝时年龄大了，所以他的体质比大宝弱啊？"

的妈妈总想把宝宝护得严严实实的。举个例子，孩子生病了，妈妈会想：爸爸经常外出，可能是爸爸传染的，于是对爸爸说："你最近就别回来了，省得传染孩子！"无形中就把爸爸排除在外了，给孩子的感觉是只有妈妈才是最亲的，所以，有的孩子天一黑，就只找妈妈，家里其他人都不行。很多妈妈会以此为自豪，觉得孩子跟自己特别亲。其实这样并不好。

孩子是整个家庭的孩子，要让家里的其他成员也参与进来一起照顾孩子，让孩子对所有的家庭成员都能相容，而不是非妈妈不可。这样等到生第二个孩子时，老大的心理就不会受到太大的冲击。如果孩子对妈妈过于依赖，妈妈生了小宝宝，他可能会受不了。

让着弟弟，并不是老大的必修课

我接触过不少有两个孩子的家庭，很多家长都说老二比老大厉害。在跟家长交流的时候，我发现并不是老二天生就比老大厉害，而是妈妈什么时候都要求老大必须让着老二，老二做什么都可以原谅，无形中就会使老二觉得他是家庭中的主宰。

我遇到过这样一件事。一个妈妈带着两个孩子来打预防针，两个小家伙在诊室为了谁先打预防针的事情打得不亦乐乎，妈妈出面了，让哥哥做表率。我跟妈妈说，让他们自己决定，不用管。结果，妈妈还没气完呢，两个孩子已经达成协议，然后按顺序打完针并拉着手出去玩儿了！可见，两个孩子闹矛盾，很多情况下并不需要家长介入，家长也不能认为老大就必须让着老二，不能以年龄小作为必须让着他的理由。孩子们自己能解决问题，在争争打打中，他们的关系会发展得更好，将来走入社会后，他们才能知道如何与人相处。

老二体质比老大弱？

第一个孩子出生时，家长都是小心翼翼的，照顾得特别周到，希望孩子能长得好，不生病或少生病。有了第二个孩子，却发现老二很小就开始生病了，是不是生老二时妈妈年龄大了，所以老二的抵抗力比较差？

老二出生时，通常老大已经上幼儿园或上小学了，刚入园的孩子正是频繁生病的时候，老大会把老二也带得频繁地生病。所以，不少老二生病的年龄往往会比老大要早。

生病是每个孩子必然要经历的，孩子的免疫力是在不断与疾病的对抗中成熟的，早生病早成熟，晚生病晚成熟。老二生病的提前意味着他的免疫系统成熟也在提前，并不是体质弱。当他到了上幼儿园的年龄，会很容易度过入园的第一年，不像老大那样频繁生病。

不要拿两个孩子来比

经常会有家长问我这样的问题："以前我们老大11个月已经会走了,老二现在11个月了,怎么还不会走?"他们会拿两个孩子做得好的地方来轮流做标准,以此来判断谁发育得更好。

每个孩子都有个体化的发育历程,即使是亲兄弟姐妹,生长发育的步伐也不相同,要根据孩子的具体情况和外在环境来考虑,比如,老大比老二先会走,可能是他学走的时候季节合适,穿的衣服少;而老二学走时正好赶上冬天,穿的衣服多,学走就没那么容易。只要在正常范围内,早一些或晚一些并不能说明什么问题。

把孩子当作一个独立的人来养

我们养孩子的时候,通常很难把他当作一个独立的人来养,而是把他当成自己的一部分,特别是独生子女家庭。你把他当成你的一部分,他自然也会把自己当作你的一部分,他会靠在你的身上。当你的重心稍一转移,他就要倒下来,因为他立不住。倒下来的时候,就会出现各种状况,比如说心理的退行,他会变得更小,本来会的技能现在又不会了,因为他要用各种方式引起你对他的关注。他希望回到原来的状态,靠在你身上。

如果从小就把孩子当作一个独立的人来养,充分尊重他个性的成长,让他时时感受到自己的力量,那么,当家里又有了一个小宝宝,他会感觉到自己有能力和你一起照顾小宝宝,他是在和你一起共同面对,共同呵护弱小的生命。

诊室小结

● 妈妈怀二宝后,要逐渐退出主要照顾大宝的角色,而由爸爸或者奶奶、姥姥主要照顾大宝。

● 不要要求大宝必须让着二宝。

● 孩子的免疫力是在不断与疾病的对抗中成熟的,早生病早成熟,晚生病晚成熟。老二生病的提前意味着他的免疫系统成熟也在提前,并不是他体质弱。

● 每个孩子都有个体化的发育历程,即使是亲兄弟姐妹,生长发育的步伐也不相同,所以不要总拿两个孩子做比较。

第十五单元

预防接种

本单元你将读到以下精彩内容：

- 预防接种是最有效、最便捷的获得免疫力的方式。
- 一类疫苗与二类疫苗同样重要。
- 无论是国产疫苗还是进口疫苗，只要是通过市场上市的，都是安全有效的。

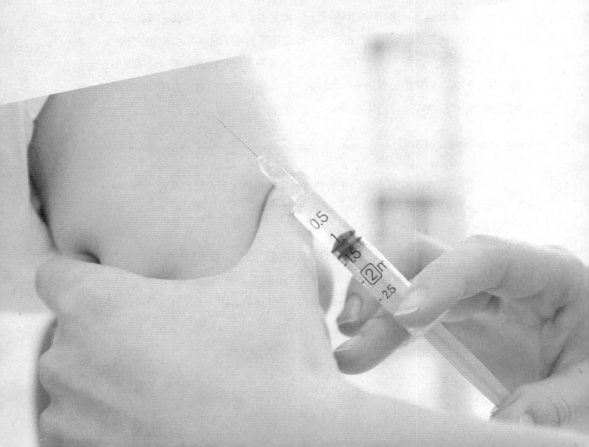

[第80课]

预防接种，促进免疫力成熟

孩子的免疫力是慢慢成熟的，在这个过程中，疫苗起了很大的作用，因为接种疫苗可以让孩子在免疫力没有成熟的时候，免受严重疾病的侵袭，促进他的免疫力成熟，保护他健康成长。

人体的3种免疫力

人体具有3种类型的免疫力——先天免疫、主动免疫、被动免疫。

先天免疫。孩子出生时就有天生的、自然的免疫力，比如皮肤、黏膜，都是天生的保护层，是人体重要的免疫力。

主动免疫。主动免疫是随着宝宝成长而逐渐获得的，是在不断接触病原体和接种疫苗而发展起来的。这种主动获得的免疫力可以持续很长时间。

被动免疫。被动免疫则是通过外部给予抗体等免疫成分而产生暂时的保护作用，就好比是从其他地方借来的免疫力，只能持续较短的时间，比如，母乳中的抗体只能保护婴儿6个月的时间。

疫苗让孩子免受疾病侵害

孩子自身的免疫系统建立完善需要一定的时间，在免疫系统完善之前，孩子容易遭受各种病菌的袭击，好在孩子出生时，体内有来自妈妈的抗体，但这种抗体会随着时间的推移而日渐减少，只能持续6个月左右，所以，6个月以内的孩子很少有呼吸道、胃肠道感染，但6个月以后，孩子生病的机会开始增多。

虽然生病可以帮助孩子提高免疫力，但年龄小的孩子免疫功能还没有发育完全，如果只通过原始的自然感染方式获得抗体，会让孩子的健康面临高风险，比如，麻疹、脊髓灰质炎、流脑、乙脑等严重感染性疾病会威胁孩子的健康，一旦孩子被感染，会引起严重的后果或者并发症。通过接种疫苗刺激机体产生抗体，是预防传染病最安全、最有效和最便捷的获得免疫力的方式。

接种疫苗不会影响免疫力的成熟

有的家长担心孩子接种过多的疫苗，会影响孩子免疫力的成熟，这种担心是不必要的。

疫苗作为异体蛋白接种到人体后，会刺激机体的免疫系统产生特异性抗体，避免患上疫苗所预防的传染性疾病。人体的免疫系统能够一次对数百种抗原产生免疫应答，这个过程与生病一样，会不断地刺激免疫系统成熟，不仅不会降低免疫力，反而是增强机体免疫力的方法之一。

诊室小结

● 孩子出生时，体内有来自妈妈的抗体，但这种抗体会随着时间的推移而日渐减少，只能持续6个月左右，所以，6个月以内的孩子很少生病。

● 通过接种疫苗刺激机体产生抗体，是预防传染病最安全、最有效和最便捷的获得免疫力的方式。

● 接种疫苗会不断地刺激免疫系统成熟，不仅不会降低免疫力，反而是增强机体免疫力的方法之一。

[第 **81** 课]
一类疫苗与二类疫苗

一类疫苗与二类疫苗是我国对疫苗的一种分类，一类疫苗是国家规定必须接种的，二类疫苗是选择接种的。但这并不代表一类疫苗比二类疫苗重要。

什么是一类疫苗、二类疫苗？

一类疫苗是公民应当依照政府规定必须接种的疫苗，家长应该按照疫苗接种程序按时带孩子去接种。一类疫苗是免费接种的，不需要家长付费。

一类疫苗包括：乙肝疫苗、卡介苗、脊髓灰质炎疫苗、百白破疫苗、白破疫苗、麻风疫苗、麻腮风疫苗、甲肝疫苗、乙脑疫苗、A群流脑多糖疫苗、A群C群流脑多糖疫苗。

二类疫苗不是必须接种的，而是由家长自愿选择是否给孩子接种，而且二类疫苗不是免费的，需要家长自费给孩子接种。

二类疫苗包括水痘疫苗、肺炎球菌疫苗、b型流感血杆菌疫苗、轮状病毒疫苗等。

二类疫苗同样重要

不少家长都认为，一类疫苗必须接种，所以很重要，而二类疫苗是自愿接种的，所以不重要。其实，这是对二类疫苗的误解。

因为各种原因，有的疫苗还未被全部列入国家免疫规划，属于二类疫苗，但并不是说这些疫苗是不重要的，可有可无的。疫苗的分类与疫苗的重要性无关，有些二类疫苗也很重要，比

> **诊室镜头回放**
> **二类疫苗不重要？**
> 苗苗妈妈带苗苗去接种疫苗时，医生征求她的意见，是否给苗苗接种Hib疫苗。妈妈说："不用了。二类疫苗既然是可接种可不接种的，肯定不如一类疫苗重要，我们就不接种了。"

如，肺炎结合疫苗和肺炎球菌、b型流感血杆菌疫苗等，条件允许的话，还是应该给孩子接种。

如何选择二类疫苗？

在我国的二类疫苗中，有一些在国际上已纳入免疫规划（即一类疫苗），只是考虑到国内还缺乏与这些疫苗相关疾病的流行病学基础数据、适宜经济条件和实施可行性等综合因素，在我国现阶段尚未纳入一类疫苗。有经济条件的家长可以根据孩子的身体健康与需求情况，选择是否接种这类疫苗，比如，水痘疫苗、肺炎球菌疫苗、b型流感血杆菌疫苗等。

另外，二类疫苗中有不少联合疫苗，即将几种疫苗合并起来制作成一种疫苗，可以同时预防几种疾病，如甲型乙型肝炎联合疫苗、灭活脊髓灰质炎吸附无细胞百白破b型流感嗜血杆菌联合疫苗（俗称五联苗）等，可以选择给孩子接种。联合疫苗最大的好处就是可以减少接种次数，并因此而减少接种疫苗发生不良反应的可能性。

诊室小结

● 一类疫苗是国家免费提供的，必须接种。二类疫苗是自费的，自愿接种。

● 疫苗的分类与疫苗的重要性无关，有些二类疫苗也很重要，比如，肺炎结合疫苗、Hib疫苗等，应该给孩子接种。

● 联合疫苗最大的好处就是可以减少接种次数。

[第]82[课]
疫苗接种答疑

孩子经常要跟疫苗打交道，尤其是1岁以内的孩子，几乎每个月都要接种疫苗。正因为如此，家长对疫苗接种有很多的疑问。

接种疫苗后通常会有哪些正常反应？

孩子接种疫苗后，常见的反应是注射部位处出现短暂的红、肿、热、痛，几乎每种经注射接种的疫苗都可能引起这种局部反应。可以用清洁的毛巾热敷注射部位，以减轻疼痛和不适感。如果接种部位的红、肿、热、痛持续性加剧，局部淋巴结明显肿胀、疼痛，说明有可能出现了继发感染，要带孩子到医院请医生处理，不过这种情况比较少见，家长可不必担心。

另外一种比较常见的反应是发热，一般在接种疫苗后的24小时内出现，发热的同时还可能伴有乏力、嗜睡、烦躁等表现，接种疫苗后出现的发烧一般体温都在38.5℃以下，持续时间1~2天，很少超过3天。

如果发热在38.5℃以下，孩子没有其他的不适，可以让孩子多喝水、多休息，1~2天内体温就能恢复正常。如果体温超过38.5℃，可以给他服用退热药。

接种疫苗后就一定不会得病吗？

接种疫苗预防疾病的效果已得到充分肯定，但接种疫苗后仍有可能会得病，因为任何疫苗的保护效果都达不到100%，由于免疫应答能力低等特殊原因，少数人接种疫苗后并没有产生保护

诊室镜头回放1

接种疫苗后发烧了
米粒上午接种了百白破疫苗，下午就发烧了。虽然温度不高，37.9℃，但此前米粒从未发过烧，所以全家人都很担心。当咨询了医生后，知道这是接种疫苗的正常反应，才放下心来。

作用，仍有可能得病。不过，接种疫苗的人与未接种疫苗的人相比，感染发病后的症状要轻很多，而且病程也较短。

另外，接种疫苗后，人体内特异性抗体水平会随着时间的延续而逐渐衰退，当衰退到一定程度，已经达不到保护水平时，就会感染发病。

诊室镜头回放2

选进口疫苗还是国产疫苗？

豆豆妈妈决定给豆豆接种流感疫苗，医生征求她的意见："你们是选择进口疫苗还是国产疫苗？"豆豆妈妈想了想说："还是选择进口的吧，进口的质量总比国产的好吧？"

是不是进口疫苗质量更好？

所有在我国销售和使用的疫苗都必须符合我国的质量控制标准，只要是通过审批上市的疫苗都是安全有效的，这些疫苗的安全性和有效性都是经过了人体临床验证的，无论是进口疫苗还是国产疫苗，都是安全、有效、质量可靠的，没有国产疫苗不如进口疫苗的说法。

孩子感冒可以接种疫苗吗？

孩子只是轻微感冒、咳嗽，没有发烧，可以正常接种疫苗，不会影响接种效果。如果孩子发烧，那么发烧期间是不能接种疫苗的，要等孩子体温正常后2～3天才能接种。疫苗接种都有一定的时间范围，也有一定的浮动余地，偶尔一次推迟接种不会影响后面的疫苗接种，家长不用着急。

对牛奶或鸡蛋过敏能接种疫苗吗？

目前国家免疫规划推荐的所有疫苗中都不含有牛奶成分，所以，如果只是单纯对牛奶蛋白过敏的孩子，接种疫苗是没有限制的。

在流感疫苗的制备过程中会残留痕量的卵清蛋白成分，对鸡蛋过敏的人接种后可能有发生过敏反应的风险。如果孩子对鸡蛋过敏，要如实告诉保健医生，由专业人士来决定孩子是否可以接种。麻疹、风疹二联疫苗；麻疹、风疹、腮腺炎三联疫苗在成纤维细胞中获得，鸡蛋过敏儿童可以接种。

同种疫苗，是选择灭活的好还是减毒的好？

灭活疫苗采用的是已经被杀灭的病原微生物或病原微生物的部分成分，没有致病性，对孩子免疫系统的刺激较弱，产生的抗体也较少，因而需要多次、反复接种。减毒疫苗采用的是经过处理后的致病性极弱的活的病原微生物，对孩子免疫系统刺激较大，产生的抗体较多，维持时间也较长，接种一次就可以达到比较满意的免疫效果。

相比较而言，灭活疫苗更安全，因为在极其偶然的情况下，减毒活疫苗中的病原微生物可能恢复致病性。目前越来越多的疫苗开始采用灭活的制剂，同种疫苗如果有灭活和减毒两种可选，建议选择灭活疫苗。

诊室小结

● 孩子接种疫苗后，在注射部位处出现短暂的红、肿、热、痛，或出现发热，都是常见的接种反应。

● 无论是进口疫苗还是国产疫苗，都是安全、有效、质量可靠的，没有国产疫苗不如进口疫苗的说法。

● 孩子有轻微的感冒、咳嗽，可以接种疫苗，如果孩子发烧，要推迟接种疫苗。

● 灭活疫苗比减毒疫苗更安全，同种疫苗如果有灭活和减毒两种可选，建议选择灭活疫苗。

生长发育监测

本单元你将读到以下精彩内容：

- 身高、体重的绝对值意义并不大，重要的是要通过这些数值知道孩子生长发育的变化，这样才能对孩子的发育有个客观的评价。

- 有一种说法认为，小宝宝每天都要净增长多少克才是正常的，其实这种说法并不科学。

- 孩子什么时候会走，什么时候会站，是水到渠成的事，不是爸爸妈妈训练出来的。爸爸妈妈要做的，是在孩子有爬、站、走等意愿时，给他一些助力。

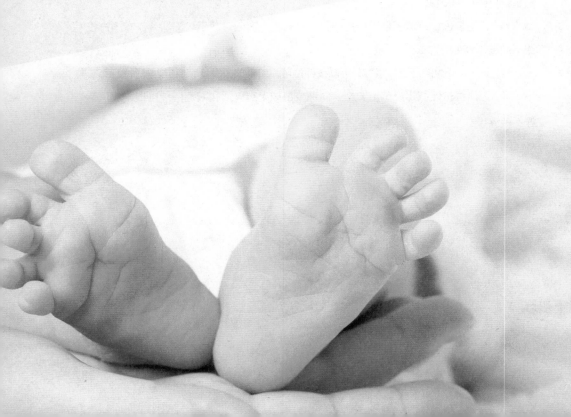

第三部分
悉心护理

[第]83[课]

新生儿筛查，查什么？

说到新生儿筛查，刚做父母的家长并不陌生。新生宝宝出院回家前，都要抽点血或进行一下听力检查等等。为什么要做筛查？它包括哪些项目？如何对待筛查的结果……这些都是新手父母们最关心的问题。

筛查结果，该如何看待？

这两个例子中的家长对新生儿筛查结果的反应说明，目前我们对新生儿筛查的宣传和教育还不够深入、普及。

筛查，实际上是在相应人群中对一种或几种疾病的初步挑选的方法。由于筛查所面临的对象基数庞大，而且还要求快速获得结果，因此，采用的技术方法应当是相对简便的。当然，简便的方法所获得的数据其精确度就不会很高。为了避免因不高的精确度造成真正病人的漏诊，初步筛查后，医院会将稍有可疑的病例都作为复查的对象。这样，很多复查的对象实际并不是病人，这也是医学上称为假阳性的结果。经过筛查和复诊，真正的病人就能找到。所以，没有通过筛查的对象并不能称为病人，只有通过复查才能最终确定。弄明白了这一点，希望家长能够理解，并能正确对待筛查的结果。

新生儿筛查是通过相应群体的初筛、复查，将那些能够及早替代治疗、早期干预的疾病尽早发现，适当治疗或纠正，从而提高下一代的身体状况和生活质量。这项工作工程庞大而复杂，但其中最关键的环节是能得到父母们的支持和理解。

诊室镜头回放1

宝宝是否患有苯丙酮尿症？

护士通知小强的父母，请他们带孩子到市新生儿疾病筛查中心进行抽血复查，以确定是否患有苯丙酮尿症。一下子，还沉浸在添子喜悦之中的全家，立即跌入了无底的深渊，天昏地暗地过了艰难的几天。当复查结果证实孩子没有问题时，头上的乌云虽然瞬间驱散，但家长心中的疑惑依旧未消。家长来到医院问我，这究竟是什么原因？是医院当时取血的问题，检查技术的问题，还是血样标本弄错的问题？复查结果说明孩子没有问题，是否孩子以后就不会出现这种问题？

诊室镜头回放2

宝宝真的有听力障碍吗？

与小强的父母一

289

样，身体健康的小青夫妇，也有一个解不开的疑虑：全家没有任何人患有听力问题，而他们刚出生3天的宝宝被怀疑有听力障碍。医生建议1个月后进行复查。难道孩子患有先天性耳聋？这对年轻夫妇的心中像是压上了一块巨石。

为什么要做筛查？

先天性疾病是指母亲怀孕期间即开始发生、发展的一类疾病。这类疾病往往不易根治，但有些是可以通过药物、食物或其他方法进行替代、干预或治疗的，从而避免、延缓或减少疾病对人体的影响。

一种称为苯丙酮尿症的疾病，是由于体内缺少苯丙氨酸羟化酶，致使人体不能代谢苯丙氨酸。这样，体内就会出现苯丙氨酸堆积，造成人体器官受损，特别是大脑，严重影响孩子的智力。如果能及早发现，及早采用低苯丙氨酸奶粉替代一般婴儿配方粉或母乳，可避免体内苯丙氨酸的堆积，从而阻止大脑的损害。

另一种称为先天性甲状腺功能低下的疾病，是由于先天性甲状腺功能发育迟缓，不能产生足够的甲状腺素，致使包括大脑在内的人体器官发育受阻，出现以呆傻为主要表现的发育落后。及早合理补充甲状腺素片，可避免人体的受损。

还有一些原因可导致听力系统发育受损。先天性听力功能降低，可导致续发的发音障碍，导致先天性聋哑。若早发现（最好在出生后6个月内），可及早使用助听器或进行人工耳蜗植入手术，这些措施对改善发音障碍都非常有利。

筛查项目有哪些？

苯丙酮尿症和先天性甲状腺功能低下的筛查

目前，这两项新生儿筛查比较普及。

采用的办法

在新生儿开始吃奶72小时后从足跟取几滴血，使血洇在试纸上进行苯丙酮尿症和先天性甲状腺功能低下的筛查。这种筛查可以最后查出孩子是否患有这两种疾病。

听力筛查

新生儿／儿童听力筛查已广泛采用，耳聋基因筛查当前还处于大力推广的阶段。

采用的办法

听力筛查采用的是耳声发射、耳聋基因筛查、脑干听觉诱发电位或／和行为测听等生理学检测方法。由于听力是由外耳、中耳及内耳经过机械能（声波）向电能转换等一系列复杂过程完成的，整个过程中任何一环出现问题都会造成听力损害。检测各个听力发生及传导过程需要客观检查和主观配合共同完成。

特别说明

新生儿听力检查只是检查机械能传导的过程，对于孩子存在进行性听神经系统退行性疾病，这种筛查并不能发现。所以说，新生儿通过筛查并不能保证今后不存在发生相关疾病的危险，只是再出现相关疾病时，发病的病因与筛查时所排除的病因不同而已。

特殊地区筛查

有些地区包括比较特殊的地区高发性疾病，当地也会进行相应的筛查。除了新生儿筛查，针对很多情况当地政府都会进行相应的筛查，比如，缺碘的筛查、高血压筛查等。

养育笔记

[第84课]

孩子的身体，你最懂

孩子的健康状况有份记录吗？

从出生到现在，孩子的照片不少，一本本影集记录着成长。而关于孩子身体状况、健康状况的记录呢？它们在哪里？

孩子出生以后，一般来说，医院都会给父母一个小册子，里面可以记录关于孩子健康的各种重要事情。刚开始的一段时间，你也许还会兴致勃勃地做着记录，但往往维持不了多久便不怎么记了。

高与矮、胖与瘦，你怎么看？

有的孩子比较瘦或比较矮，可实际上他生长发育得很好；而有些孩子本来又高又胖，可发现孩子发育不好的时候，已经有一段时间了。

其实，儿童保健科里会有儿童生长发育曲线表，每个家长手里应该有一份。一般来说，孩子两岁前家长会特别关心这个问题；两岁以后呢？有的家长就疏忽了，按道理应该接着画下去。孩子的身高、体重的发育是增速，减速，还是匀速？要连续观察才会有结论。身高、体重的绝对值意义并不大，重要的是通过这些数值知道孩子生长发育的变化，这样才能对孩子的发育有个客观的评价。

最近一次孩子生病是什么时候？得了什么病？

除了保存孩子看病时的病历本以外，你还可以再建立一份更详细的关于孩子生病情况的记录。

孩子每次生病，你都不妨随手记录下来：看病的日期，哪个医院的哪个医生给看的？医生的嘱咐是什么？可能的病因是什么？以后要注意什么？开了什么药，吃了几次开始见效了？测体温了吗？温度是多少？等等。

这样的记录看起来有些烦琐，但如果坚持下来，对孩子身体的基本状况你会有一个清晰的了解，并做到心中有数。

病，究竟"生"在哪里？

虽然检查疾病是医生的职责，但在一般的医院里，医生很难有充分的时间对每一个生病的孩子都检查得很详细。如果你在带孩子就医前对孩子的状况有个基本的了解，就可以与医生有更好的交流，效果肯定会好一些。否则，每次都可能是急急忙忙地到医院，回家后，觉得问题不大，但又没有彻底解决，总是有点疑虑。

反复出现的小毛病

孩子经常出现的问题大多都是呼吸道的问题。如上呼吸道感染（简称上感）。这种呼吸道感染的部位往往比较固定，反复在一个部位。那么，就需要你注意一下：孩子经常得的是咽炎、喉炎，还是扁桃体炎……

比如，孩子经常得的是咽炎，医生会特别注意到这次咽炎有没有发作。还有喉炎，如果孩子有喉炎的病史，那么每次感冒一定要跟医生说。医生就会特别关注，他会根据这个来处理。

尤其是扁桃体炎，每次发作，扁桃体都会增大，再缩回去也不会回到原来的水平。发作一次增大一次，到一定程度就会出现上气道不畅，睡觉打鼾，甚至时间长了还会慢性缺氧，这种情况下可能就要摘除扁桃体。医生会询问家长扁桃体肿了多长时间，如果你清楚地知道，就很有利于医生做出诊断。

中耳炎也要注意，如果孩子以前得过，一定要提示医生，这样医生会重点地去查。因为一般的儿科医生手里没有耳镜，而孩子即便是感觉不太舒服也不太会说出来的。如果你特别地提示一下，会提醒医生做些特别的检查。

发烧

孩子发烧了，家长往往把所有的注意力都放在孩子的体温上。如果烧不退，就会千方百计地让温度降下来，而一旦烧退了，就一下子放松了。可是，你是否关心过孩子为什么发烧？

其实，发烧永远是个结果，不是原因。而背后的原因，比如，咽炎、喉炎、扁桃体炎，甚至中耳炎等，才是反反复复引起发烧的祸首。如果不找到原因，退烧的治疗往往不能持久。反复发烧会给孩子带来极大的痛苦。

肚子疼

如果是饭前疼，吃过饭后缓解，有可能是幽门螺旋杆菌感染甚至是胃溃疡；而如果是吃过饭后疼，尤其是小孩，也许只是他的胃肠蠕动不规律，大便后就好了，这算是正常的生理现象。

如果孩子肚子疼，你能告诉医生孩子是在饭前疼，还是饭后疼吗？

过敏

如果是食物过敏，医生会问出疹前吃了什么？除了你给孩子吃的，别人是不是也给孩子吃过什么了？如果是接触性皮炎，医生会问你接触过什么特别的东西吗？

孩子病了，你一定会很紧张，希望他快点好。但别忘了仔细地想一想：可能的原因是什么？在生活中更加细致地了解孩子的身体，这样你不仅在孩子生病时能与医生进行更好的交流，帮助孩子尽快痊愈，而且，你还会知道如何更好地保护他的身体。

日常的护理

退烧

吃退烧药可以调节中枢，使身体发汗以便散热。热能不能散出来也与环境有关，环境温度不要太低。环境温度低，导致皮肤血管收缩，减少了经皮肤散热。另外，冰袋只能起到局部散热的作用，不能过分依赖。

如果孩子的精神状态比较好，洗热水澡是个不错的办法。

脱臼

小儿的桡骨小头半脱位（简称脱臼）很常见。有时一抻孩子，胳臂就动不了了，必须到医院进行处理。处理完以后，注意不要使劲拉孩子的胳膊，这一点还要告诉所有看护孩子的人，幼儿园的阿姨，家里的爷爷奶奶、保姆等，否则很容易再次造成脱臼。

崴脚

崴脚后局部肿。主要是看当孩子主动动和被动动时有没有特别疼痛的感觉。如果仅仅是软组织损伤，可以涂用扶他林并揉搓；如果骨折了，揉搓只能加重病情。崴脚后的三天内冷敷患处。

生殖系统的感染

如果你家里有个小男孩，你需要注意他的生殖器包皮粘连的问题，要经常冲洗，看看有没有红肿，有没有白色的污垢。

如果你家里有个小女孩，你需要注意的是泌尿系感染。不用刻意预防感染，天天用清水冲就可以了。特别注意：不要用成人用的洁尔阴或其他清洗剂来处理。

尿布疹

现在，小孩子用纸尿裤的越来越多。纸尿裤的外面是一层防水的材料，这就使潮气被挡在里面。另外，消毒巾也用得很普及。消毒巾是湿的，给孩子擦完以后就裹上了尿布，这样小屁屁就总是潮的。在潮湿的环境中，小屁屁很容易起疹子。

预防尿布疹，最重要的是尽可能保持干燥。

养育笔记

[第]**85**[课]

如何评价宝宝的生长发育状况

长得不够快是什么原因？

露露6个月时体重已经达到7.5千克了，但现在1岁零5个月只长到9千克，而且身长在平均年龄里也算低的，刚刚到80厘米。她的妈妈想了解，女儿之所以长得慢，除了遗传因素外，还有没有其他的原因，比如喂养不当，饮食结构不合理，或者是她身体缺什么东西。

出生体重偏低，怎样评价生长发育状况？

昊昊出生时体重是2900克，当时他的爸爸妈妈挺担心的，觉得孩子比较小。但满月的时候他的体重升到了4100克，前几天打疫苗的时候跟周围的同月龄孩子比感觉并不小。对于孩子的生长发育，昊昊的父母确实很迷茫，对普通父母来说没有明确

孩子一天天长大，爸爸妈妈的担心却似乎只多不少，即使他看起来健康快乐，我们仍不免焦虑：他的体重达标了吗？他的个头怎么长得慢了？比他小两个月的牛牛都会走了，他怎么连站都站不稳？他什么时候开口叫"妈妈"？

生长发育，这两个词我们通常都连在一起说。通过下面的解析，我们就会知道该怎么看待生长，又该如何促进发育。

生长：让生长曲线说话

画好生长曲线

说到生长，就要提到生长曲线。世界卫生组织在2006年和2007年发布了一组生长曲线（www.who.int/childgrowth/standard/en），它是根据母乳喂养的孩子进行的一系列监测，包括身长、头围、体重这三项基本指标。这个曲线分成三个部分，中间一条线代表50%百分位，最上面一条线代表97%百分位，最下面一条线代表3%百分位。3%～97%之间都是正常范围。横坐标代表的是孩子出生的月龄，纵坐标代表的是身长、头围、体重。以孩子出生时为基本的起始点，以后定时记录，连成曲线。

有一种说法认为，小宝宝每天都要净增长多少克才是正常的，其实这种说法并不科学，因为每个孩子的出生基数不一样，怎么可能每个孩子每天生长都要达到一定的克数呢？这是静态的一种测量，而生长曲线是动态的，它会告诉你孩子是否按照正常

的曲线生长，所以我们一定要把生长曲线作为手边最主要的工具来监测，最短间隔期间应该是一个月，画上以后，就会发现整个趋势。

给孩子描绘生长曲线时，最关键的是要用同一种测量的工具来连续监测。如果你监测身长、头围是带孩子打预防针的时候以保健科查的为标准，那以后都以这个为准，如果是自己在家测量的，那以后都用这个工具自己测量，测量的工具和方法不同，会有一定的误差，如果这次以保健科的为准，下次又以自己的为准，则无法准确反映孩子的生长情况。监测的误差是一个恒常的数，只有每次测定的方式都一样，描绘的生长曲线才准确。

的指标，书中有一些，甚至有的书里的标准不太一样。所以很多时候跟周围的孩子比一比，看一看，你们家孩子长这么大，我们家孩子长这么小。智力发育这方面就更难判断了，尤其是孩子小的时候，会说话以后可能还好判断一些。

读懂生长发育曲线

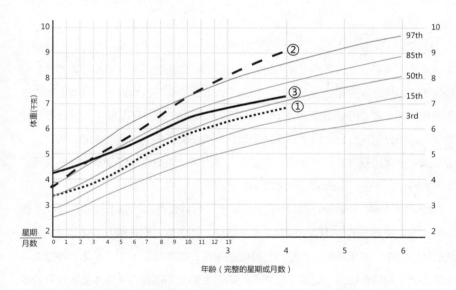

年龄（完整的星期或月数）

正常的生长曲线（图中线1）
这样的生长曲线，表明孩子生长得非常匀称，他的生长速度是正常的，今后只要继续正常喂养就可以了。

生长过快的曲线（图中线2）
这条曲线看上去很好，芝麻开花节节高，一次比一次高，很多爸爸妈妈认为这是好现象，其实不然，因为孩子在短短的时间内生长发育过快是喂养过度的表现。孩子出生时候的体重、身长，是怀孕10个月才逐渐发育到这个水平的，他的脏器功能也在逐渐发育中。孩子出生后，如果体重、身长增长的速度很快，而脏器功能却仍然按部就班一个月一个月地增强，就会使脏器功能和孩子的体重、身长增长不匹配，造成脏器负担过重。

另外，长得过快，会使孩子在生长过程中脂肪堆积过多，脂肪细胞分化过快，脂肪细胞的数量增加，这不仅会使孩子以后出现肥胖的机会比别的孩子多很多倍，而且脂肪细胞数多的孩子以后减肥效果非常差。所以，适当的生长速度才是好的，千万不要以为孩子长得越快越好，特别是孩子2岁前。

生长缓慢的曲线（图中线3）

这样的曲线表示孩子越长越慢，需要及时纠正。要纠正，就要找到长得慢的原因。

进食不够

这又分几种情况。

● 奶量减少。母乳喂养的孩子到一定时候妈妈的乳汁不够了，或妈妈因为各种情况不能再继续母乳喂养了，而很多孩子又不接受配方粉，导致奶量减少，生长发育减慢。而很多爸爸妈妈这时候通常会用辅食来弥补，但孩子胃肠道功能还没有健全，辅食的吸收率不如奶的吸收率高，使孩子出现营养不足。很多孩子都是4~6个月以后生长发育开始缓慢，就是因为妈妈这时候开始上班了，无法喂母乳，孩子又不接受奶瓶造成的。所以，一定要提前让孩子接受奶瓶喂养，可以不时地把母乳挤出来，用奶瓶喂宝宝，这样一旦妈妈不能喂母乳的时候，孩子可以很顺利地用奶瓶吃喝。

● 辅食选择不合理。加辅食以后孩子长得不好，是辅食选择不当造成的。母乳中脂肪含量很高，母乳喂养的孩子50%的能量来自于脂肪，而爸爸妈妈开始添加辅食时，大多以低脂肪的辅食为主，如果用碳水化合物代替脂肪的话，要吃两份半的碳水化合物才能与吃一份脂肪所产生的热量相当，而孩子显然不能吃下去那么多辅食，所以体重增长开始变慢。有的爸爸妈妈在给孩子加辅食的时候，重视的通常是他一次吃了多少量，却很少考虑这一次的量中到底有多少能够提供能量的东西。所以我们建议，最好以婴儿营养米粉作为最早添加的辅食，因为营养米粉里增加了很多营养物质，能够满足孩子生长发育的需要。

消化吸收不好

消化不好的表现是，大便次数多，大便中含有很多没有消化的食物颗粒，吃什么拉什么，说明食物没有被消化就排出去了。吸收不好则表现为孩子吃得不多，大便性状也很正常，但是大便的量比较多。所以，判断孩子的消化吸收是不是正常，一定要关注他的排便，一是看他的排便中有没有原始的食物颗粒成分；二是看他每天大便量是不是异常的多。

异常丢失

除了少数孩子是因为慢性疾病导致的营养丢失，大多数孩子是因为有时候肠道有损伤造成的营养丢失，其中最为常见的就是过敏。过敏对肠道的损伤就像用一把刷子在肠道上刷过，使肠道出现渗血。虽然渗血的量很少，但如果这把刷子天天刷，肠道天天渗血，最后就会导致孩子出现异常的营养丢失。如果孩子不是摄入量不够，也不是消化吸收的问题，生长速度却放慢了，一定要给他查大便中的潜血，看看有没有少量失血的情况。

小提示

如何评价孩子的生长？关键在于如何选定参照物，不应是邻家或者朋友的孩子，而应是科学家们选定的一群正常孩子生长的数值，根据科学化处理，形成生长发育曲线，以此作为参考。有来自国外某些国家的，也有来自世界卫生组织的，还有来自中国的生长曲线。也有专为早产儿设计的生长曲线。

使用生长曲线应从婴儿出生的体重、身长和头围开始，定期（出生后头6个月每月测量一次，以后2~3个月测量一次）将测量值画在曲线上，了解孩子生长的过程。观察孩子的生长不是关注某点的测量值，而是关注生长趋势。只要趋势显示正常，就说明生长正常。

发育：有耐心，有引导，有示范

发育，似乎大家心里都可以找到一个标准。但是一旦把这标准拿来，又会觉得不好用，不像生长，可以画在曲线上。我们通常所说的发育包含了4点：大运动发育、精细动作发育、语言发育和社交发育。

大运动，水到渠成

孩子出生以后，刚开始出现的是大运动，比如，新生儿出生以后，医生会检查他的一些新生儿反射能力，这些反射都是大运动。我们经常看到小宝宝伸胳膊蹬腿的，这些也属于大运动。

一举头，二举胸，三翻六坐，实际上这些都是大家总结出来的孩子大运动发育的规律。从这些规律可以看出，孩子的大运动发育是水到渠成的事，爸爸妈妈不用跟别的孩子比。3岁之内的孩子发育具有很大个体差异。有的孩子12个月自己走得很好，有的孩子1岁半还走不好，这并不是孩子的发育有问题。

可见，孩子什么时候会站，什么时候会走是水到渠成的事，不是爸爸妈妈训练出来的，爸爸妈妈要做的，是在孩子有爬、站、走等的意愿时，给他一些助力和推力，千万不要拔苗助长。

精细动作，合理引导

给孩子选玩具的时候你会发现，年龄小的孩子玩具都是大块的，然后才慢慢变小。因为孩子的动作也是由大到小，由粗到细的。比如，我们给孩子一支笔，大孩子和小孩子拿笔的方式是不一样的。四五个月的孩子是用掌心接这支笔，而1岁多的孩子不是用掌心去接，而是用手指头捏，这就是孩子的精细动作。

和大运动能力不同的是，孩子的精细动作需要爸爸妈妈的训练和引导。如果你从来不让孩子学着去用筷子，他不会到一定年龄就会用筷子的。所以，爸爸妈妈要经常训练孩子的精细动作，比如给他一些小东西让他尝试用手指头去捏，握着他的手让他轻轻地抚摩你的脸，体会不同的力度。有的爸爸妈妈很郁闷地说孩子爱打人，其实他不是真正想打人，而是他没掌握好力度，精细动作掌握好后，他遇到喜欢的人就会轻轻摸，而不再是一巴掌打过去。

语言能力要多交流

要想孩子的语言能力发育得好，爸爸妈妈要多示范、多说。慢慢地，孩子也会学着用他的语言来表达感情。

有的爸爸妈妈让孩子看电视学语言，其实那样做不仅不能发展孩子的语言能力，反而会影响到他的语言表达。因为语言是要互相交流的，电视无法做到这些。你在跟孩子交流的时候，他实际上接收到的并不只是你说出的那些话，还有你的表情、你声音的高低、你的语气，还有说话时的场合等，这些方面综合在一起，慢慢地就能让孩子对语言，以及语言环境、说话的表情等有了一个立体的理解。

社交能力要做表率

培养孩子的社交能力，可以从宝宝很小的时候做起。在孩子很小的时候，别人来看他时，要告诉他："阿姨看你来了，摸一摸阿姨。"多带他到户外转转，接触不同的人和环境；鼓励宝宝与其他小朋友一起玩。带宝宝参加朋友聚会或者约宝宝好朋友的父母一起出游，也欢迎宝宝的朋友来家里玩，给宝宝创造良好的人际环境。家里来了客人，爸爸妈妈除了热情接待，别忘了把孩子也介绍给客人，抱着他和客人聊天。不要以为孩子还小，不用接触这些，家里来人了就把他带到别的屋子里，这样他就无法学会与人交往。

对于宝宝的社交能力的培养，爸爸妈妈的表率作用很重要。父母是宝宝最重要的生活榜样，宝宝的许多行为都来自父母潜移默化的影响。如果父母在与亲戚朋友、邻居交往中友好、包容、乐于助人，宝宝也会慢慢拥有这些品质。带着他外出时，你们自己要主动跟大家友好地打招呼，做好表率。另外，你们还要告诉宝宝哪些行为是好的，以及怎样做到，比如，分享、合作、赞扬别人、遵守游戏规则、学会道歉、愿意帮助别人……哪些行为是不好的，比如，攻击行为、霸道、争吵、说脏话、抢东西、嘲笑别人……并教给宝宝怎样避免这些行为。

养育笔记

附录1 常用药的L1~L5分类

用途	药物名称	分级
妇产科药物	克罗米芬	L4
妇产科药物	口服避孕药	L3
妇产科药物	炔诺孕酮	L1
妇产科药物	炔诺孕酮＋乙炔雌二醇	L3
妇产科药物	甲硝唑（阴道用）	L2
呼吸系统药物	沙丁胺醇	L1
呼吸系统药物	沙丁胺醇＋异丙托溴铵	L3;L4(产后一周)
呼吸系统药物	倍氯米松	L2
呼吸系统药物	布地奈德	L3
呼吸系统药物	色甘酸钠	L1
呼吸系统药物	右美沙芬	L1
呼吸系统药物	麻黄素	L4
呼吸系统药物	愈创甘油醚	L2
呼吸系统药物	沙丁胺醇	L2
呼吸系统药物	孟鲁司特钠	L3
呼吸系统药物	伪麻黄碱	L3 急用
激素类药物	地塞米松	L3
激素类药物	氢化可的松	L2
激素类药物	倍他米松	L3
激素类药物	甲泼尼龙	L2
激素类药物	泼尼松	L2
解热镇痛药	布洛芬	L1
解热镇痛药	安替比林	L5
解热镇痛药	阿司匹林	L3
解热镇痛药	对乙酰氨基酚	L1
抗变态反应药物	西替利嗪	L2
抗变态反应药物	氯苯那敏	L3
抗变态反应药物	苯海拉明	L2
抗变态反应药物	氯雷他定	L2
抗病毒药	阿昔洛韦	L2
抗病毒药	金刚烷胺	L3
抗病毒药	两性霉素B	L3
抗病毒药	干扰素	L3
抗病毒药	拉米夫定	L2
抗生素	阿米卡星	L2
抗生素	阿莫西林	L1
抗生素	阿莫西林－克拉维酸钾	L1
抗生素	氨苄西林	L1
抗生素	氨苄西林＋舒巴坦	L1
抗生素	阿奇霉素	L2
抗生素	氨曲南	L2
抗生素	羧苄青霉素	L1
抗生素	头孢克洛	L2

L1 代表母乳喂养期间妈妈使用该药物对婴儿非常安全；L2 代表比较安全；
L3 代表基本安全；L4 说明可能存在危险；L5 提示使用该药物期间禁忌母乳喂养。

用途	药物名称	分级
抗生素	头孢羟氨苄	L1
抗生素	头孢唑啉	L1
抗生素	头孢地尼	L2
抗生素	头孢妥仑	L3
抗生素	头孢吡肟	L2
抗生素	头孢克肟	L2
抗生素	头孢哌酮钠	L2
抗生素	头孢噻肟	L2
抗生素	头孢替坦	L2
抗生素	头孢西丁	L1
抗生素	头孢泊肟	L2
抗生素	头孢丙烯	L1
抗生素	头孢他啶	L1
抗生素	头孢布坦	L2
抗生素	头孢唑肟	L1
抗生素	头孢曲松	L2
抗生素	头孢呋辛	L2
抗生素	头孢氨苄	L1
抗生素	头孢噻吩	L2
抗生素	头孢匹林	L1
抗生素	头孢拉定	L1
抗生素	氯霉素	L4
抗生素	环丙沙星	L4
抗生素	克拉霉素	L2
抗生素	克林霉素	L3
抗生素	克林霉素阴道片	L2
抗生素	氯唑西林	L2
抗生素	红霉素	L1
抗生素	磷霉素	L3
抗生素	庆大霉素	L2
抗生素	氧氟沙星	L3
抗生素	林可霉素	L3
抗生素	洛美沙星	L3
抗生素	美罗培南	L3
抗生素	甲硝唑	L2
抗生素	米诺环素	L2急用
抗生素	莫匹罗星	L1
抗生素	呋喃妥因	L2
抗生素	诺氟沙星	L3
抗生素	氧氟沙星	L3
抗生素	青霉素G	L1
抗生素	硫酸多粘菌素B	L2
抗生素	制霉菌素	L1
抗真菌药	克霉唑	L1

L1 代表母乳喂养期间妈妈使用该药物对婴儿非常安全；L2 代表比较安全；
L3 代表基本安全；L4 说明可能存在危险；L5 提示使用该药物期间禁忌母乳喂养。

用途	药物名称	分级
抗真菌药	米康唑	L2
内分泌药物	降钙素	L3
内分泌药物	骨化三醇	L3
内分泌药物	酯化雌激素	L3
内分泌药物	卵泡促性腺激素	L3
内分泌药物	胰岛素	L1
内分泌药物	甲状腺素	L1
内分泌药物	褪黑素	L3
内分泌药物	诺孕曲明 + 乙炔雌二醇	L3
内分泌药	炔诺酮	L1
内分泌药物	炔诺酮 + 乙炔雌二醇	L3
内分泌药物	异炔诺酮	L2
内分泌药物	黄体酮	L3
内分泌药物	促甲状腺素	L1
皮肤科药物	芦荟	L3
皮肤科用药	甲硝唑（外用）	L3
皮肤科用药	泼尼卡酯	L3
微量元素	右旋糖酐铁	L2
微量元素	锌	L3
维生素类药物	维生素C	L1
维生素类药物	叶酸	L1
维生素类药物	维生素A	L3
维生素类药物	维生素B_{12}	L1
维生素类药物	维生素D	L3
维生素类药物	维生素E	L2
消化系统药物	阿托品	L3
消化系统药物	蓖麻油	L3
消化系统药物	西咪替丁	L2
消化系统药物	多潘立酮	L2
消化系统药物	艾美拉唑	L2
消化系统药物	硫酸镁	L1
消化系统药物	奥美拉唑	L2
消化系统药物	雷尼替丁	L2
消化系统药物	番泻叶	L3
疫苗	百白破疫苗	L2
疫苗	乙肝疫苗	L3
疫苗	甲肝疫苗	L3
疫苗	流感病毒疫苗	L3
疫苗	流脑疫苗	L1
疫苗	麻风腮疫苗	L2
疫苗	脊髓灰质炎疫苗	L2
疫苗	狂犬疫苗	L3
疫苗	风疹疫苗	L2
疫苗	水痘疫苗	L2

L1 代表母乳喂养期间妈妈使用该药物对婴儿非常安全；L2 代表比较安全；
L3 代表基本安全；L4 说明可能存在危险；L5 提示使用该药物期间禁忌母乳喂养。

附录2 早产儿宫内生长曲线（Fenton生长曲线2013）—男孩

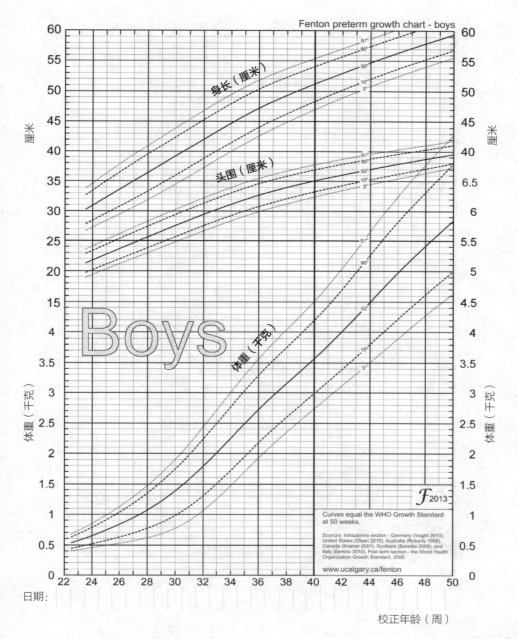

早产儿宫内生长曲线（Fenton生长曲线2013）—女孩

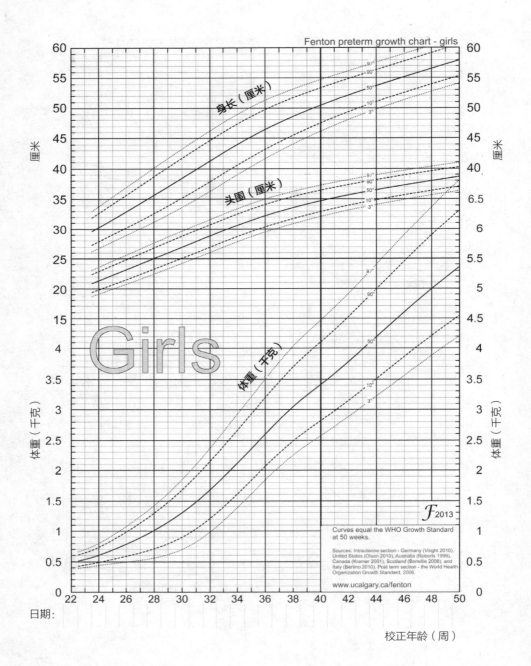

Fenton preterm growth chart - girls

身长（厘米）

头围（厘米）

Girls

体重（千克）

厘米

体重（千克）

厘米

体重（千克）

ℱ 2013

Curves equal the WHO Growth Standard at 50 weeks.

Sources: Intrauterine section - Germany (Voigt 2010), United States (Olsen 2010), Australia (Roberts 1999), Canada (Kramer 2001), Scotland (Bonellie 2008), and Italy (Bertino 2010). Post term section - the World Health Organization Growth Standard, 2006.

www.ucalgary.ca/fenton

日期：

校正年龄（周）

后记

《崔大夫诊室》栏目整整17年了，《崔玉涛：宝贝健康公开课》，一本汇集栏目内容精华的书籍要出版了！

或许这就是杂志的魅力，做杂志人的幸福，在空间的维度上看到与众不同，同时又有机会见证时间维度上的积累与沉淀。在习惯了快餐文化的今天，我真的很喜欢"时间"这个词，喜欢因时间打磨而出来的那份信赖与厚重。

10多年前，刚到杂志社不久，我还是一个初出茅庐的新手，偶然在某个国际会议上与崔玉涛大夫相识，凭着直觉认为他将是一位好作者——观点独特、有国际视野。于是，拉着时任主编杜迺芳、副主编徐凡二位老师，与崔大夫见面。至今，我还记得那个傍晚，记得那天谈到的话题：孩子生病并不都是坏事，有小宝宝的家庭要干净但不必无菌……两个多小时后，我们决定为这位"年轻的儿科医生"在杂志上开设一个专栏：讲述儿科医生诊室里发生的故事，做针对性解答，并以点带面介绍前沿的健康知识，栏目名称定为"崔大夫诊室"。

感谢当年我朴素的直觉，杜、徐二位主编丰富的经验与果断。

现在想起，这个栏目开创了一个先河：有故事，有互动；由崔大夫从个性、人性化视角解读健康、解读儿童疾病；不分科，而是将孩子作为生命整体来看待……在当时，在儿童健康知识普及方面，还真没有这样一种写作方式，更重要的是，在看病难困扰着无数新手父母时，"从群众中来，到群众中去"让大家感到很温暖、很贴心。

栏目17年，是崔玉涛大夫与《父母必读》杂志共同致力于儿童健康知识普及、公众教育的17年。十几年里，《父母必读》杂志组建了汇集国内外儿科、儿童营养、保健等领域一流权威专家的顾问团，与权威医学组织建立广泛合作。而崔大夫，也以他特有的方式感染着这个领域的专业人员，推动国内儿童健康科普的写作与传播水平。

"我是一名儿科医生"是崔大夫微博的签名。

如果可以为这句话加上一个注解，我想加这样一句话：一名不断实践着将科学与艺术结合，有着人文精神与科学普及情怀的儿科医生。

《父母必读》杂志主编

《崔大夫诊室》栏目第一任编辑

恽梅

《崔玉涛谈自然养育 理解生长的奥秘》

生长曲线为什么越看越纠结？你的方法对吗？你真的读懂了吗？20多个宝贝生长真实案例，崔大夫手把手教你如何用好生长曲线，读懂宝宝成长的变化。

《崔玉涛谈自然养育 一学就会的养育细节》

新生儿到婴幼儿期，高能提醒营养、睡眠、便便、护理中的大问题与小陷阱。新手父母上岗必备的一本育儿书。

《崔玉涛谈自然养育 看得见的发育》

你如何看待发育，决定孩子的未来。看得见发育≠看得懂发育。骨骼、肌肉、语言、认知、社交、心理发育各有各规律，崔大夫带你看清楚，扫清孩子发育中的那些误区。

《崔玉涛谈自然养育 解锁常见病的秘密》

全面解读发烧、咳嗽、鼻塞、便便4大高频疾病关键词；11个主题看如何给孩子用药，走出治疗误区；快速读取，面对问题，缓解焦虑，看清免疫和疾病的关系，帮助孩子打造健康全方案。

《崔玉涛谈自然养育 绕得开的食物过敏》

过敏的孩子越来越多，原来不是食物的错，是喂养方式惹了祸。崔大夫告诉你母乳是食物过敏的一剂预防针；经典案例带你解读关于儿童过敏各式问题，教你判断孩子过敏的金标准。

《崔玉涛谈自然养育 直击常见病的护理》

点击发烧、咳嗽、鼻炎、腹泻、皮肤困扰你的儿童疾病问题；搜索24个常见护理热点，让你快速了解男孩、女孩的护理知识，全面升级你对孩子的护理理念、细节及方法，让养育不再是难题。

父母必读 养育系列图书
全程陪伴育儿旅程 健康养育篇

《0~12个月宝贝健康从头到脚》《1~4岁宝贝健康从头到脚》
超人气儿科医生崔玉涛全程引进、倾力翻译，儿童健康六步法，全方位细致解答婴幼儿从头到脚常见的健康问题。

《儿童健康科普指南》
美国儿科学会原著畅销18年，国内30多位专家审定，一本科学、专业、前沿、全面的儿童健康科普宝典，使年轻父母冷静面对孩子健康问题。

《家庭育儿百科》
从养育到教育，陪伴孩子出生到长大的育儿参考书，孕期+新生儿+0~12个月+1~3岁+3~6岁新育儿时代父母"闯关"必备常识。